# 岩土工程勘测与设计

主编　聂浩帆　薛晓晶　孙宗波

北京交通大学出版社

·北京·

**图书在版编目（CIP）数据**

岩土工程勘测与设计/聂浩帆，薛晓晶，孙宗波主编 . -- 北京：北京交通大学出版社，2024. 11. -- ISBN 978-7-5121-5372-1

Ⅰ. TU412

中国国家版本馆 CIP 数据核字第 20248U13M5 号

**岩土工程勘测与设计**

YANTU GONGCHENG KANCE YU SHEJI

责任编辑：高振宇　　　　助理编辑：陈成梅

出版发行：北京交通大学出版社　　　　　　电话：010-51686414

地　　址：北京市海淀区高梁桥斜街 44 号　　邮编：100044

印 刷 者：北京虎彩文化传播有限公司

经　　销：全国新华书店

开　　本：185 mm×260 mm　　印张：16.5　　字数：375 千字

版 印 次：2024 年 11 月第 1 版　　2024 年 11 月第 1 次印刷

定　　价：62.00 元

本书如有质量问题，请向北京交通大学出版社质监组反映。对您的意见和批评，我们表示欢迎和感谢。

投诉电话：010-51686043，51686008；传真：010-62225406；E-mail：press@ bjtu. edu. cn。

# 编 委 会

主　编　聂浩帆　四川省川建勘察设计院有限公司

　　　　薛晓晶　深圳市南山区建筑工务署

　　　　孙宗波　深圳市南山区建筑工务署

副主编　龚选波　北京城建勘测设计研究院有限责任公司

　　　　玉俊杰　华杰工程咨询有限公司

　　　　李永明　中建八局第二建设有限公司

　　　　邵宗平　中国公路工程咨询集团有限公司

编　委　刘德成　中冶地勘岩土工程有限责任公司

　　　　孙策策　中冶地勘岩土工程有限责任公司

　　　　王鹏飞　中冶地勘岩土工程有限责任公司

　　　　蔡宗洋　北京城建设计发展集团股份有限公司

　　　　秦　琴　中国市政工程中南设计研究总院有限公司第九设计院

　　　　宋　澍　广东省交通规划设计研究院集团股份有限公司

# 前　言

　　岩土工程是以岩体、土体和水体为对象，以工程地质学、岩石力学、土力学及基础工程学的基本理论和方法的综合为指导，研究岩土体的工程利用、整治和改造的一门综合性的技术科学。工程建设程序坚持先勘测设计、后施工的原则，因此岩土工程勘察测量与设计是工程建设的前期工作。对于工程建设项目来说，建筑方案的实施都必须以岩土工程勘测成果与方案设计为依据。编者在参考《岩土工程勘察规范》（GB 50021—2001，2009 年版）、《工程岩体试验方法标准》（GB/T 50266—2013）、《建筑边坡工程技术规范》（GB 50330—2013）及其他最新国家标准和行业标准的基础上，对岩土工程勘察基本知识与技术进行阐述，结合相关实践案例，如成都国际商城基坑工程支护设计案例，对地基与基础、深基坑、边坡等工程设计内容进行探析，力图做到概念清楚、结构严谨、图文并茂、重点突出。全书总共 8 章，分别为绪论、岩土工程现代测绘技术、岩土工程勘探和取样、岩土工程勘察室内试验技术、不良地质作用与地震稳定性分析评价、地基与基础工程设计、深基坑工程设计和边坡工程设计。

　　本书适合高校岩土工程专业师生阅读，也可为从事岩土工程勘测与设计及相关工作的人员提供专业参考。由于编者水平有限，加上编写时间不足，疏漏之处在所难免，敬请读者批评指正。

CONTENTS

# 目　　录

第1章　绪论 ················································· 1

1.1　岩土工程勘察概述 ····································· 1

1.1.1　岩土工程勘察基本概念 ························· 1

1.1.2　岩土工程勘察的主要内容 ····················· 2

1.1.3　岩土工程勘察的等级与工作阶段 ··············· 2

1.2　岩土工程设计概述 ····································· 5

1.2.1　岩土工程设计的基本概念与特点 ··············· 5

1.2.2　岩土工程设计的基本原则与内容 ··············· 5

1.2.3　岩土工程概念设计 ··························· 7

1.3　岩土工程测绘与调查 ··································· 11

1.3.1　岩土工程测绘范围的确定 ····················· 11

1.3.2　岩土工程测绘比例尺的选择 ··················· 12

1.3.3　地质观测点的布置、密度和定位 ··············· 13

1.3.4　岩土工程测绘与调查的内容 ··················· 14

1.3.5　岩土工程测绘与调查的方法 ··················· 16

1.4　岩土工程分析与评价 ··································· 16

1.4.1　岩土工程分析评价的要求与内容 ··············· 16

1.4.2　岩土参数的分析与选定 ······················· 17

第2章　岩土工程现代测绘技术 ······························ 19

2.1　卫星定位测量 ········································· 19

2.1.1　卫星定位基本知识 ··························· 19

2.1.2　卫星定位静态测量 ··························· 26

2.1.3　卫星定位差分测量 ··························· 35

2.2　地理信息系统 ········································· 42

2.2.1　地理信息系统基本知识 ……………………………… 42

2.2.2　GIS 的构成 ………………………………………… 45

2.2.3　GIS 的基本功能 ……………………………………… 48

2.2.4　GIS 的空间数据结构 ………………………………… 51

2.3　测绘遥感技术 ………………………………………………… 54

2.3.1　遥感技术基本知识 …………………………………… 54

2.3.2　遥感信息获取技术 …………………………………… 56

2.3.3　遥感信息提取技术 …………………………………… 58

第3章　岩土工程勘探和取样 ………………………………………… 60

3.1　岩土工程勘探的任务、特点和方法 ………………………… 60

3.1.1　岩土工程勘探的任务 ………………………………… 60

3.1.2　岩土工程勘探的特点和方法 ………………………… 61

3.2　钻探 ……………………………………………………………… 62

3.2.1　钻孔的相关规定 ……………………………………… 62

3.2.2　钻探方法及要求 ……………………………………… 63

3.2.3　钻探记录 ……………………………………………… 63

3.3　取样 ……………………………………………………………… 64

3.3.1　取样技术 ……………………………………………… 64

3.3.2　试样采取和保管的规定 ……………………………… 72

3.3.3　岩土样的现场检验、封存和运输 …………………… 73

3.4　井探、槽探、洞探 …………………………………………… 74

3.4.1　井探、槽探、洞探特点及适用条件 ………………… 74

3.4.2　井探、槽探、洞探观察描述和绘制展示图 ………… 75

3.5　工程物探 ……………………………………………………… 77

3.5.1　电阻率法 ……………………………………………… 77

3.5.2　地震勘探 ……………………………………………… 78

3.5.3　电视测井 ……………………………………………… 79

3.5.4　地质雷达 ……………………………………………… 80

3.5.5　综合物探 ……………………………………………… 80

3.6　原位测试 ……………………………………………………… 81

3.6.1　荷载试验 ……………………………………………… 81

3.6.2　十字板剪切试验 ……………………………………… 84

3.6.3　标准贯入试验 ………………………………………… 86

3.6.4　静力触探试验 ………………………………………… 89

3.6.5　动力触探试验 ………………………………………… 91

**第4章　岩土工程勘察室内试验技术** ………………………………………… 93

4.1　岩土样的鉴别 ……………………………………………………………… 93

4.1.1　分类体系、目的和原则 ………………………………………… 93

4.1.2　分类方法 ………………………………………………………… 93

4.2　室内制样 …………………………………………………………………… 96

4.2.1　试样制备所需的主要设备仪器 ………………………………… 97

4.2.2　原状土试样的制备 ……………………………………………… 98

4.2.3　扰动土试样的备样 ……………………………………………… 98

4.2.4　扰动土试样的制样 ……………………………………………… 98

4.3　土工试验的方法 …………………………………………………………… 99

4.3.1　土的物理性质指标 ……………………………………………… 99

4.3.2　砂类土的粒度测定 ……………………………………………… 104

4.3.3　细粒土的粒度测定 ……………………………………………… 105

4.3.4　土的颗粒密度测定 ……………………………………………… 108

4.3.5　土的干密度测定 ………………………………………………… 111

4.3.6　土的含水率测定 ………………………………………………… 112

4.3.7　细粒土的液限测定 ……………………………………………… 112

4.3.8　细粒土的塑限测定 ……………………………………………… 113

4.3.9　土的压缩性测定 ………………………………………………… 114

4.3.10　土的剪切强度测定 ……………………………………………… 117

4.3.11　岩石的单轴抗压强度测定 ……………………………………… 121

4.3.12　岩石的抗拉强度测定 …………………………………………… 122

4.3.13　岩石的剪切强度测定 …………………………………………… 123

**第5章　不良地质作用与地震稳定性分析评价** ………………………………… 126

5.1　不良地质作用分析评价 …………………………………………………… 126

5.1.1　岩溶 ……………………………………………………………… 126

5.1.2　滑坡 ……………………………………………………………… 133

5.1.3　危岩和崩塌 ……………………………………………………… 135

5.1.4　泥石流 …………………………………………………………… 137

5.1.5　采空区 …………………………………………………………… 139

5.2　地震稳定性分析评价 ……………………………………………………… 142

5.2.1　一般规定 ………………………………………………………… 142

5.2.2　场地类别划分 …………………………………………………… 144

5.2.3　液化判别 ………………………………………………………… 146

5.2.4　软土震陷 ………………………………………………………… 148

5.2.5　活动断裂 ………………………………………………………… 148

**第6章　地基与基础工程设计** ································· 151

　6.1　地基与基础方案论证分析 ···························· 151

　　6.1.1　岩土工程分析与评价 ························· 152

　　6.1.2　地基基础方案论证 ··························· 153

　　6.1.3　基坑边坡支护方案及地下水控制 ············ 156

　6.2　地基处理设计 ····································· 156

　　6.2.1　人工地基处理方法 ··························· 156

　　6.2.2　复合地基处理设计 ··························· 163

　6.3　抗浮分析评价与设计 ······························ 170

　　6.3.1　抗浮桩锚承载力、耐久性分析 ·············· 170

　　6.3.2　建筑物抗浮措施适用性分析 ················ 171

　　6.3.3　地基基础抗浮设计方法 ····················· 171

　　6.3.4　工程分析 ································· 172

　6.4　基础变形控制设计 ································· 174

　　6.4.1　分层总和法 ······························· 175

　　6.4.2　规范法 ································· 175

**第7章　深基坑工程设计** ································· 177

　7.1　深基坑支护设计 ··································· 177

　　7.1.1　土钉墙支护设计 ··························· 177

　　7.1.2　水泥土重力式挡墙支护设计 ················ 184

　　7.1.3　双排桩悬臂式支护设计 ····················· 189

　7.2　深基坑地下水控制设计 ···························· 192

　　7.2.1　止水帷幕与止水方法 ······················· 192

　　7.2.2　止水设计 ································· 194

　　7.2.3　降水方法 ································· 196

　　7.2.4　降水设计 ································· 197

　7.3　深基坑监测 ····································· 203

　　7.3.1　监测的原则、对象与一般规定 ·············· 203

　　7.3.2　监测的内容与监测点布置 ·················· 204

　　7.3.3　监测技术 ································· 211

　7.4　成都国际商城基坑工程支护设计案例 ··············· 212

　　7.4.1　工程概况 ································· 212

　　7.4.2　设计计算参数 ····························· 214

　　7.4.3　基坑支护体系 ····························· 215

　　7.4.4　排水体系设计 ····························· 215

　　7.4.5　排桩与预应力锚索设计 ····················· 216

**第8章 边坡工程设计** ································································ 217

　8.1　边坡稳定性分析 ························································· 217

　　8.1.1　边坡稳定性影响因素 ········································· 217

　　8.1.2　工程地质类比法 ·············································· 220

　　8.1.3　赤平投影法 ··················································· 222

　　8.1.4　刚体极限平衡法 ·············································· 226

　8.2　边坡支挡工程设计 ····················································· 230

　　8.2.1　支护工程设计原则与方法 ···································· 230

　　8.2.2　抗滑挡土墙设计 ·············································· 231

　8.3　边坡工程监测 ··························································· 237

　　8.3.1　边坡工程监测目的与原则 ···································· 237

　　8.3.2　边坡工程监测内容与常用仪器设备 ······················· 238

　　8.3.3　边坡工程监测常用方法 ······································· 242

　　8.3.4　监测技术 ····················································· 244

**参考文献** ·········································································· 249

**后　记** ············································································ 252

# 第1章 绪论

## 1.1 岩土工程勘察概述

岩土工程具有很强的实践性（因岩土体有显著的时空变异性）和综合性，往往对保证工程质量、缩短工程周期、降低工程造价、提高工程效益会起到关键性的作用。

岩土工程的本质特点：一是必须以"岩土"为基础，始终要面对性质变化错综复杂的岩体和土体，以及与岩土体不可分割的水体；二是必须以"工程"为中心，始终要围绕拟建工程在其具体岩土体条件下的合理实现，确保它的正常使用；三是必须以"稳定"为目标，始终要把工程在各种可能的最不利的组合条件下的安全和稳定性作为解决问题的总目标。它有跨时空的特点，既要考虑岩土在过去、现在和将来的变化，又要考虑工程在建设期与运营期内所处条件上的差异，还要考虑岩土体在其分布上的区域性、层次性和特殊性；它也有跨学科的特点，要利用工程地质学、水文地质学、岩石力学、土力学、基础工程学，甚至其他一系列学科的基础知识，通过交叉融合，审时度势，具体地面对各类实际问题；它还有跨行业的特点，要区别和针对诸如建筑、铁路、公路、水利、水电、矿业、环保等各方面建设上不同建筑物的工作特点，满足它们的特殊要求。显然，这些任务绝不是任何一门学科能独立胜任的。

### 1.1.1 岩土工程勘察基本概念

岩土工程勘察就是通过调查、测绘、勘探与试验的方法，考察具体建筑工程在建设、施工和使用营运中所涉及的地形、地质、气象、环境条件与岩土体及其中地下水体的空间分布、变化规律、工程性质以及有关的地质现象与条件，针对不同建设对象与工程的不同阶段，对场地的稳定性与建设的适宜性作出客观的评价、论证与检验；对建设工程的设计、施工提供所需的基本资料、参数与原则建议；对环境与工程的相互作用做出预测与评估。

上述关于岩土工程勘察的表述包括了岩土工程勘察的依据、方法、范围、时限、内容、阶段和任务。岩土工程勘察在完成自己任务的过程中，应该始终与具体的工程对象紧密地联系在一起，能够"把工程勘察做成工程咨询"就可以使工作的水平和效果达到一个新的高度。

岩土工程勘察的根本目的和任务是评价、论证和检验场地的稳定性、建筑的适宜性和环境的演化性，提出设计施工的基本资料和原则建议。在这里，对工程设计、施工和运行方案及其可行性、合理性作出论证与检验的基础是场地的工程地质条件，水文地质条件，水文气象条件，地形、地貌条件，岩土特征参数等及其在工程开工前、施工中和完工后的变化与监测资料。必须把资料与建设紧密地联系在一起，"资料为建设，建设靠资料"。在评价论证与检验中，要详尽地考虑到问题的各个方面，力求客观性，防止主观性和片面性。

### 1.1.2　岩土工程勘察的主要内容

　　岩土工程勘察的主要内容是岩体、土体与水体的分布、变化、性质、现象，以及地形、地质、水文、气象和环境的特征与变化。具体地讲，岩体和土体有它的类型、年代、成因、产状、厚度、性质、分布，有特殊性岩土的测试评价，工程性质指标及变异性，构造断裂的展布、发育程度、充填情况及其对工程的影响，也有不良地质现象（溶洞、土洞、滑坡、崩塌、泥石流、活动沙丘）的类型、特征、动态和影响以及人为地质现象（采空、水库坍岸、地面的抽水下沉与裂缝）的类型、特征、动态和影响；对地下水（水体）有它的类型、水位、动态，地层渗透性，补给排泄条件，含水层的厚度、粒度、渗透系数及土与水对建筑物的腐蚀性；对气象有气温、降水、暴雨、风暴潮、冻结深度等；对水文有水位、流量、洪峰、淹没、淤积、冲刷深度等；对地震有烈度、地震动参数、土的液化等；对施工有计划进度、有关单位的分工配合、施工能力、材料、劳务价格；对基础有基础的形式尺寸、埋深、材料；对地基有类型、处理方法；对结构有工程安全与沉降的要求；对环境有邻近工程的类型与分布，施工排水污染条件，对振动噪声的限制，地下水位上升的盐渍化、湿陷、膨胀和软化等；其他还有地形、地质、地貌以及岩土工程勘察、设计、施工、监测与管理的地方经验、法规、标准、规范及定额等。

　　总之，它应包括有关"建什么""在哪里建""如何建"等方面所涉及的各种资料。

### 1.1.3　岩土工程勘察的等级与工作阶段

　　岩土工程勘察的工作量与要求应视勘察工作的等级、勘察工作的阶段与勘察工作的工程对象，针对场地、地基在施工期、运营期的可能问题而确定，即需要"分阶段、分等级、分工程"，"有侧重、有详略、有先后"，"范围由大到小，要求由粗到细，深度由浅到深，问题由一般到专门"。

　　**1. 岩土工程勘察的等级**

　　岩土工程勘察的等级是根据工程重要性等级、场地复杂性等级和地基特性等级综合考虑而划分的。

　　工程重要性等级分为一级（破坏后果很严重的重要工程）、二级（破坏后果严重的一般工程）和三级（破坏后果不严重的次要工程）；场地复杂程度等级分为一级（对建筑抗震危险的地段，不良地质作用强烈发育的地段，地质环境已经或可能受到强烈破坏的地段，地形地貌复杂的地段，有影响工程的多层地下水、岩溶裂隙水或其他水文地质条件复杂需专门研究的场地）、二级（对建筑抗震不利的地段，不良地质作用一般发育的地段，地质环境已经或可能受到一般破坏的地段，地形地貌较复杂的地段以及基础位于地下水位以下的场地）和三级（地震设防烈度等于或小于 6 度的地段或对建筑抗震有利的地段，不良地质作用不发育的地段，地质环境基本未受破坏的地段，地形地貌简单的地段以及地下水对工程无影响的场地）；地基等级分为一级（岩土种类多，很不均匀，性质变化大，需特殊处理的地基；严重湿陷、膨胀、盐渍、污染的特殊性岩土，以及其他情况复杂，需作专门处理的岩土的地基）；二级（岩土种类较多，不均匀，性质变化较大，地下水有不利影响的地基；多年冻土、湿陷岩土、膨胀岩土、盐渍岩土、污染严重的特殊岩土以外的特殊地基）和三级（岩土种类单一，均匀，性质变化不大的地基；无特殊性岩土的地基）。综合上述等方面条件，岩土勘察等级划分为甲级、乙级和丙级。它是安排勘察工作量（勘察的勘探线、勘探点或勘探网的布置、数量，取样的孔位、孔数、数量等）的重要依据之一。

### 2. 岩土工程勘察的工作阶段

岩土工程勘察的工作阶段包括了可行性研究勘察、初步勘察、详细勘察和施工勘察等不同阶段，它是安排勘察工作量的又一个重要依据。可行性研究勘察阶段应对拟建场地的稳定性和适宜性作出评价，满足确定场地方案的要求；初步勘察阶段应对场地内拟建建筑地段的稳定性作出评价，满足初步设计和扩大初步设计的要求；详细勘察阶段应按单体建筑物或建筑群提出详细的岩土工程资料和设计、施工所需的岩土参数，对建筑地基作出岩土工程评价，并对地基类型、基础形式、地基处理、基坑支护、工程降水和不良地质作用的防治等提出建议，满足施工图设计的要求；施工勘察阶段应在基坑和基槽开挖后，发现岩土条件与勘察资料不符或发现必须查明的异常情况时进行。当然，当面积不大且工程地质条件简单，或该地区已有建筑经验时，这些阶段可以做必要的简化。

如以房屋建筑工程为例，则在它的可行性研究勘察阶段（规划阶段）需要提供工程所需的区域资料，搜集区域地质、地形、地貌、地震、矿产及工程地质资料与建筑经验。在搜集分析资料的基础上，进行现场调查，查明场地的区域地质构造，地形、地貌与环境工程地质问题（断裂、岩溶、地震背景与震源）；调查第四纪地层分布、岩土性质、不良地质现象及地下水等条件；调查地下矿藏及古文物分布范围，以便分析场地的稳定性与适宜性，明确选择场地范围与应避开的地段，进行选址方案比较。然后，对倾向预选的场地，如资料不全，再进行地质测绘和必要的勘探工作，以便避开不良地质现象发育、对场地稳定有直接危害及潜在威胁的地段，避开地基土性质严重不良的地段，避开对建筑抗震危险的地段，避开水文地质条件严重不良或有洪水威胁的地段，避开地下有未开采而有价值的矿藏或未稳定的采空区地段，选择较为有利的场地和经济合理的规划方案。

在初步勘察阶段，勘察成果要为最终评价场地的稳定性，进而选择最适当的地基基础工程方案服务。它需要初步查明地层构造、岩土性质、地下水埋藏条件、含水层的渗透性及冻结深度；初步查明不良地质现象的成因、分布及其对场地稳定性的影响及发展趋势；初步查明场地断层的位置、形状及其活动性，预测和评判场地和地基的地震效应；初步判定水和土对建筑材料的腐蚀性；高层建筑初步勘察时，应对可能采取的地基基础类型、基坑开挖与支护、工程降水方案等进行初步的分析评价。

在详细勘察阶段，勘察成果应满足地基承载力和容许沉降量计算，以及地下水对地基基础施工方案的影响分析的要求，使场地和地基的稳定性与方案的合理性都得到充分的论证。为此，需要查明建筑物范围内各层岩土的类型、结构、厚度、坡度、工程特性；查明不良地质现象的成因、类型、分布范围、发展趋势及危害程度，提出评价与整治所需的岩土技术参数和整治方案；查明场地断层的位置、形状及活动性；查明地基土层液化的可能性，计算液化指数；查明地下水埋藏条件，必要时查明水土对建筑材料的腐蚀性，判定地下水对施工、工程使用的影响，提出防治措施；提供基坑支护所需的岩土参数，基坑降水所需的地下水资料，论证降水开挖对邻近工程的影响；并且，计算和评价地基的稳定性和承载力，预测建筑物沉降、沉降差与整体倾斜，为选择桩基类型、直径、长度，确定单桩承载力，计算桩基沉降以及选定施工方法提供岩土参数与建议。总之，需要对工程设计施工方案的各个方面提供更可靠的资料（由初步查明到查明，由基本资料到可靠资料）。

在施工勘察阶段，勘察成果要对一些复杂的工程地质条件和有特殊条件、特殊要求的地基问题的最终解决服务，并需要在施工过程中，根据监测或检验中发现的问题和需要，及时补充必要的勘察工作，为地基基础设计方案的必要调整、变更，提供所需的岩土工程资料。

此外，各个阶段的勘察均应包括对已有资料和经验的调查收集，以便合理确定各阶段勘察的内容和具体要求。

毫无疑问，上述每一个勘察阶段的具体内容与要求应随不同工程建筑类型及其特点以及所要解决的问题而有所差异，从而体现出岩土工程勘察工作的个性化特点。例如，对房屋建筑与构筑物，主要解决的问题是场地和地基稳定性的分析，设计与施工的岩土体技术参数的确定，地基的承载力和地基的沉降量与不均匀性的评价，提出地基及基础的设计方案的建议；而对岩土洞室工程，主要解决的问题是洞址、洞位和洞口的选择，围岩稳定性的评价，洞室设计施工参数的确定，以及支护结构的方案与施工方法的建议；对于岩土边坡工程，主要解决的问题是查明边坡的工程地质条件，提出稳定性计算参数，评价边坡的稳定性和预测工程活动引起边坡稳定性的变化，提出潜在不稳定边坡的整治加固措施与监测方案。因此，具体勘察必须针对具体的目的，根据有关规范的要求进行。

此外，对建筑地基工程也要考虑不同建筑的特点。如高层建筑的特点，一是高度大（重心高），水平荷载起很大作用，它对整体倾斜的稳定性要求十分严格，要求地层有均匀性和低压缩性，高低部分的沉降差要小；二是重量大（荷载高），沉降往往较大，对地基承载力和容许沉降量的要求高；三是深度大（基础深），深基坑开挖、降水、支护、基底隆起及其对邻近已有建筑物的影响（沉降、水平位移）大。又如管线工程（输送油、气、电力、水、热能、煤炭等）的特点，一是距离长，属线型工程，会通过不同的地貌地质单元（平原、丘陵、山区、沼泽、河流），遇到多种不良地质现象和各种特殊的土类；二是穿跨多，常需穿越、跨越河流、冲沟、山岭等，其选线方案和基础方案都涉及沿线岩土体的稳定条件。再如岸边工程（码头、船坞、防波堤等）的特点是位于水陆交界的斜坡地带，受水域的直接影响。其他如尾矿工程、核电工程等亦各有各的特点。同样，它们的特点均应该成为岩土工程勘察具体工作安排中必须考虑的一个重要依据。

## 1.2 岩土工程设计概述

### 1.2.1 岩土工程设计的基本概念与特点

岩土工程设计就是在考虑建设对象对自然条件的依赖性、岩土性质的变异性，以及经验与试验的特殊重要性的基础上，从适用、安全、耐久和经济的原则出发，全面考虑结构功能、场地特点、建筑类型及施工条件（环境、技术、材料、设备、工期、资金）等因素，依据所占有的充分资料和科学分析，经过多种方案的比较与择优，采用先进、合理的理论方法，遵守现行建筑法规和规范的要求，对建筑涉及的各种岩土工程问题做出满足使用目标的定性、定量分析，在具体与可能的土、水、岩体综合条件和可能的最不利荷载组合下，提出岩土工程系统（地基、基础与上部结构）能够满足设计基准期内建筑物使用目标和环境要求，以及土体具有足够但不过分的强度变形稳定性与渗透稳定性的地基、基础、结构及其在施工、监测等方面措施的最优组合方案，以及实施这种方案在质量、步骤和方法上的各种具体要求。

岩土工程设计一般包括方案设计与具体设计（地基设计、基础设计、施工设计、环境设计、观测设计及结构的原则设计）。这两种设计相互联系、相互依赖，但方案设计往往起主导作用。上述关于岩土工程设计的综合表述，包括了岩土工程设计的依据、原则条件、方法、目的、内容和要求。

岩土工程设计的特点在于它必须面对自然条件的依赖性、岩土工程性质的变异性（不确定性），以及建筑经验、试验测试与建筑法规和规范的特殊重要性。因此，岩土工程设计不会存在一个固定的模式，它必须坚持"具体问题，具体分析，具体解决"的原则，一切从实际出发，将当地的各种条件、数据、经验与建设对象的特点和要求紧密结合起来，以寻求解决问题的途径和方法。

### 1.2.2 岩土工程设计的基本原则与内容

#### 1. 岩土工程设计的基本原则

岩土工程设计的基本原则是必须保证工程的适用性、安全性、耐久性和经济性，并根据这个原则进行多种方案的比较分析与择优选取。

所谓适用性就是要满足工程预定的使用目标；所谓安全性就是要使工程在施工期和使用期内在一切可能的最不利条件与荷载组合下都不致出现影响正常工作的现象和破坏；所谓耐久性就是保证工程各部分及其相互之间具有在预定使用年限内都满足使用目标的条件；所谓经济性就是在确保上述要求条件下要尽可能地减少投资、缩短工期。

这几个方面是互相关联的一个整体。最佳的设计必须经过多种可能方案的比较，而在方案比较中，引入先进的理论、方法和技术，往往是获得最优方案的重要途径。现行的规范是一把有效而神圣的尺，但不应该把它视为四海皆准而不容触动的教条，很多地方还需要在具有充分试验分析依据的基础上进行补充与修正。

### 2. 岩土工程设计的内容

岩土工程设计必须把地基、基础、上部结构，甚至施工视为一个整体，以保证工程在整体上以变形、强度和渗透稳定性为核心，组合出可能的不同的设计方案，作为分析计算的基础。岩土工程设计中的方案设计与具体设计是互相联系的，方案设计往往比具体设计更加重要，但方案的择优又依赖于具体设计及其概算的比较。一个重要工程的完整的岩土工程设计方案常需包括地基设计、基坑支护设计、基础设计、上部结构设计等，并对它们提出在质量、实施步骤，以及方法上的具体要求。

（1）地基设计

地基设计要面对承受基础所传来荷载的全部地层。直接与基础接触的地层称为持力层，其下则均称为下卧层。地基设计应首先考虑天然地基，在不能满足要求或不够经济时再考虑人工地基。每种地基都可以从多种方法中选出可行的比较方案。

（2）基坑支护设计

基坑支护设计是风险性较大的设计，不仅需要保护周边各种已有的建筑物、地下管线和道路，而且需要满足使用功能和基础埋深的要求。因此，需要根据场地地层的状态特点、基坑形状和深度要求、周边环境的保护要求，确定基坑支护挡土结构方案（放坡护面、重力式挡土墙、喷锚支护、土钉支护、桩墙支护等）和平衡水土压力的支撑或锚拉方案、止水降水方案和检（监）测方案等。基坑支护设计应该针对施工工艺和土方开挖的工况提出具体的要求。

（3）基础设计

基础是指传递上部结构的各种荷载的地下埋置部分。在基础设计中应首先考虑浅基础。浅基础和深基础都有不同的类型，常需结合具体条件，从基础的类型、形状、布置、尺寸、埋深、材料、结构等方面来寻求合适的比较方案。

（4）上部结构设计

上部结构是指结构的地上部分。它的平面布置、立面布置、材料、结构形式、整体刚度、荷载分布的变化都会影响地基与基础的工作，也可属于统筹寻求合理方案的比较因素。施工中基坑的开挖、降水、支护方法，以及施工顺序、施工期限和施工技术等方面的变化均会对地基、基础和上部结构产生不同的影响，它也可能和其他因素一起，在形成最优的组合方案中起到重要作用。

任何一个岩土工程设计方案能够成立的条件是它必须在强度、变形和渗透等方面确保足够的稳定性。强度稳定性要求与建筑有关的土体不发生整体滑动、侧向挤出或局部坍塌，如对地基，其土体所承受的荷载应不超过地基的容许承载力。变形稳定性要求与建筑有关的土体不发生过量的变形（总体沉降、水平位移或沉降差），如对地基，其土体实际的变形量应不超过地基的容许变形值。渗透稳定性要求与建筑有关的土体不发生流土或管涌，以及由水在土中的渗透而引起的破坏或过量的变形，如对地基，其土体实际的渗透水力坡降应不超过基土的容许水力坡降。

### 1.2.3 岩土工程概念设计

概念是一种逻辑思维的基本形式之一，是反映客观事物的一般的、本质的特征，把所感觉到的事物的共同特点抽出来，加以概括，就形成概念。设计指在正式做某项工作前，根据一定的目的、要求，预先制定的方法、图纸等。概念设计就是对某类工程的共同特征进行归纳总结，形成对某类工程的看法或者处理意见，具有较高的概括性和指导性。

岩土工程的概念设计是指以场地具有的岩土工程条件（含环境条件）和岩土工程问题为研究对象，以现有岩土工程设计理论为指导，对某一地区多年来的勘察设计经验进行归纳、提炼，将其共同特征进行概括、总结，形成具有指导意义的经验或观点。

#### 1. 岩土工程概念设计内容

岩土工程概念设计已经成为岩土工程界的共识。设计原理、计算方法、控制数据（岩土体参数）是岩土工程设计的三大要素。其中设计原理最为重要，是概念设计的核心。掌握设计原理就是掌握科学概念，概念不是直观的感性认识，不是分散的具体经验，而是对事物属性的理性认识，是从分散的具体经验中抽象出来的科学真理。要做好岩土工程的概念设计，它应是在熟练掌握和领会已有地质工程理论和力学原理基础上，以现有岩土工程设计理论和设计方法为指导，在当地地区经验指导下，结合具体案例先进行概念设计，在厘清思路、抓住关键地质或岩土问题基础上再进行细部设计，如地质分层、力学参数、分部分项工程的设计等。具体包括以下4个方面的内容。

（1）地质工程理论、力学原理及二者结合的理论

①基础地质学理论。

如地貌学与第四纪地质学、三大岩理论、地质构造学等。

②专门地质学理论。

如工程地质学、特殊土地质理论、软岩学、地质灾害类理论（如崩塌理论、滑坡学、泥石流理论等）、土体工程地质宏观控制论、岩体优势结构面控制理论等。

③二者结合的理论。

地质工程与力学原理结合的理论如土力学、岩体力学、水力学、钢筋混凝土结构等。

（2）现有岩土工程设计理论与设计方法

岩土工程是主体工程的一部分，因此岩土工程安全度要与主体结构安全度协调，如设计原则协调、安全等级协调、安全储备协调等。

①国家现行规范对上部结构（主体结构）采用分项系数法和概率极限状态设计法，所谓极限状态设计法，是指将结构或岩土置于极限状态进行分析的设计方法。概率极限状态设计法，是以概算理论为基础的极限状态设计方法，我国大部分工程结构的设计规范都采用了这种设计方法。

②传统的岩土工程设计方法包括容许应力设计法和单一安全系数法。地基基础目前处于总安全系数设计阶段，其中包括部分容许应力设计阶段，如地基规范承载力；容许应力法，如挡土墙采用的单一安全系数法。

③对岩土工程而言，采用以分项系数表达的岩土工程极限状态设计方法：岩土工程承载能力极限状态、岩土工程正常使用极限状态。

④对天然地基而言，形成的地基均匀性评价、地基强度、变形和稳定理论。

⑤对复合地基而言，多年来形成的桩土共同作用，桩与土复合的有关承载、变形和稳定理论，如复合地基承载力计算、桩体承载力计算及刚性桩的桩端下沉降计算等。

⑥对桩基工程而言，桩基工程的承载力控制理论、强度控制设计理论和变形控制设计理论、桩基工程的变刚度调平设计理论等。

⑦基坑工程已有传统的强度稳定控制设计转化为在复杂环境条件下的变形控制设计，具体可参见有关文献。

⑧近十几年来提倡的基于施工过程控制的动态设计方法。

（3）地区经验的积累和提炼

对岩土工程而言，以往的地质工程师经常提到工程类比法，工程类比法实际就是对地区经验的积累和提炼，以及对地区经验的总结和应用。

（4）面向场地不良地质现象和问题的概念设计

①当建筑场地可能存在岩溶、土洞、崩塌、滑坡、泥石流等不良地质问题时，应该首先意识到场地岩土工程问题的复杂性，因为它直接关系到建筑场地的稳定性和安全性，也直接关系到建筑建成后能否安全、正常使用。

②当建筑场地临近边坡或冲沟时，应该首先关注该边坡的稳定，并考虑如何避让，以确保安全距离。如果土地资源紧张，无法避让，则会考虑对边坡进行整治和处理。因此，当建筑场地可能存在上述不良地质问题时，应优先考虑如何避让或整治处理，在此基础上才能考虑进行合适的建构筑物的建设。

③以场地典型的岩土工程问题为导向，采取多种勘察手段进行勘察设计。

④强调对地区勘察、设计经验的总结、深化和完善，强调要及时吸收引进、消化先进设计理念和先进工艺。当地已有的成熟的设计经验对区域性的地质问题有普遍的指导意义，要用经过检验、不断优化的地区经验指导具体工程的设计。

⑤强调对建筑上部结构特点、荷载条件、地下室及附属建筑特点的了解（了解设计要点）；要有对拟建场地的地质条件、地下水条件、环境条件的综合分析，要了解业主的关切和要求等，强调对具体的设计要素和限制条件的把握。

⑥通过当地设计经验结合具体工程及有关限制条件基础上提出两种及以上必选方案，通过安全性、经济性及可行性对比，最终确定地基基础设计方案。

按照其设计内容分为天然地基的概念设计、复合地基的概念设计和桩基工程的概念设计。

岩土工程按照工作对象和设计内容的不同可分为地基基础工程、地下工程（如基坑工程）、边坡工程等，那么相应的岩土工程概念设计也可分为地基基础工程的概念设计、地下工程的概念设计、边坡工程的概念设计等，以下仅对地基基础工程的概念设计进行分析。

**2. 地基基础工程概念原则**

地基是指建筑物下面支承基础的土体或岩体。作为建筑地基的土层包括岩石、碎石土、砂土、粉土、黏性土和人工填土等。基础是建筑物的地下部分，是墙、柱等上部结构的地下延伸，是建筑物的一个组成部分，它承受建筑物的荷载，并将其传递给地基。地基分为独立基础、条形基础、筏形基础、桩基础等，是建筑物的墙、柱在地下的扩大部分，其作用是承受建筑物上部结构传下来的荷载，并把它们连同自重一起传给地基。按照使用材料可分为灰土基础、砖基础、毛石基础、混凝土基础、钢筋混凝土基础等；按照埋置深度可分为浅基础、深基础，其中埋置深度不超过 5 m 时称为浅基础，大于 5 m 时称为深基础；按受力性能可分为刚性基础和柔性基础；按照构造形式可分为条形基础、独立基础、满堂基础和桩基础，满堂基础又分为筏形基础和箱形基础。

地基基础工程的概念设计也称思路设计，它是一种设计理念，是方向性设计，具有举旗、定向、领路、导航的作用。它具有为具体的设计方案选型指明方向、规划路径、抓住问题和关键进行总体设计的特点。没有了概念设计，就像汪洋中的一条船，失去了方向和船长，而船长的经验和导向显得无比重要。路线对了，方向对了，"筑路"才有意义。有了概念设计的正确指导，才能少走弯路，也不会犯原则性、基础性和颠覆性的错误，就会使后续的细部设计事半功倍；路线错了，再详细的细部设计也是无用功，要推倒重来。

安全适用、经济合理、确保质量、保护环境是地基基础设计的基本原则。其至少应该包括以下 5 个方面。

（1）满足建筑安全与功能需要的原则

进行岩土工程勘察和岩土工程设计的目的是查清场地岩土工程条件和岩土工程问题，并提出适合该场地的岩土工程治理措施和方案，为建造满足安全与功能需要的各类建筑打好基础，因此任何的岩土工程勘察和岩土工程设计应以满足建筑安全与功能需要为原则。

（2）总体把握、宏观控制、综合分析的原则

地基基础设计的关键问题是基础选型问题，要做好适合场地地质特征、环境条件和结构特点的基础选型，必须对各类关键要素进行总体把握和宏观控制。

对场地不良地质问题的把握要准确把握场地地质条件和不良地质问题，必须在对场地地质演化规律初步了解的基础上，采用综合勘察手段，研究场地地质演化规律，概化场地边界条件，构建合适地质模型，准确测定场地各层土的物理力学指标。最后结合建筑结构特点、荷载条件选择合适的地基基础方案。为此，需要对承载力计算和地基变形两大控制因素进行分类计算和分析。显然要做好这些工作，不仅要有丰富的勘察设计经验，要对当地勘察设计经验了然于心，也要准确把握任何一种地基基础处理方案都有其适用的环境条件、地质条件和地下水条件等可行性分析，也有经济性的限制，进行总体把握和宏观控制十分必要。

常见的岩土问题一般包括：特殊土问题；结合不同的建筑特征和场地地貌单元的不同对建筑基础选型的初步思考；对多层建筑、高层建筑而言，应结合地基持力层及地基的地

质结构特点、地下水特点，进行合适的基础选型等。

（3）总结当地设计经验的原则

地基基础设计方案个体差异很大，它与上部结构设计的最大不同点在于没有现成的模式可搬，不同地域因地质条件和地质特点的不同，即使是同样的建筑，其地基基础方案选型也差别较大，因此地基基础的设计过程中应重视当地工程经验的积累。地基基础的设计过程也是工程经验不断总结的过程，只有及时总结当地成功的地基基础设计经验，才能使设计不断推陈出新，设计出符合业主要求及工程使用要求的地基基础方案。

（4）概念设计与细部设计结合的原则

任何一个好的岩土工程勘察、设计文件的形成都是在岩土工程概念设计的基础上（指导下）进行的细部设计。有了好的概念设计（仅有概念设计还远不够，思路定好了，只是成功的第一步），接下来还需要大量工作要做，还需要细致的具体工作对概念设计进行细化和完善。所谓的细部设计，因场地地质条件、环境条件、地下水条件及建筑结构的不同特点而有不同的侧重点。因此，概念设计和细部设计，二者互为依存，缺一不可。只有将二者紧密结合，才能因地制宜地提出符合场地和建筑结构特点的地基基础方案。

针对天然地基，需要结合上部结构特点及初选的基础埋深进行初步的浅基础选型。这包括地基持力层及软弱下卧层的承载力验算，对于大部分建筑而言，也需要进行有关的变形计算。

针对复合地基，因复合地基的多样性而差别较大，对中等强度的竖向增强体复合地基而言，应包括：桩端持力层的选择，有无软弱下卧层；提供有关设计参数，最好在收集类似建筑场地的试桩、测桩及沉降资料的基础上进行综合分析后提交；单桩及复合地基承载力特征值计算；桩体强度的计算和建议；褥垫层的设置；沉降或变形估算；施工可行性分析及有关施工工序、施工参数建议；对可能出现的有关环境岩土问题进行预测，并提出应对措施。

针对桩基础，一般包括：桩端持力层的选择，有无软弱下卧层；提供有关设计参数，最好在收集类似建筑场地的试桩、测桩及沉降资料的基础上进行综合分析后提交；单桩承载力特征值计算；沉降或变形估算；施工可行性、施工参数及施工难度分析；对可能出现的有关环境岩土问题进行预测，并提出应对措施。

（5）动态设计的原则

岩土工程勘察与岩土工程设计贯穿于建设项目的全过程。在基坑开挖和各类地基基础的施工过程中，由于场地地质条件的复杂性及变异性，岩土工程设计计算理论的不完善、施工工序的不合理等原因，会暴露出大量在原来勘察设计阶段未发现的岩土工程问题，如管道渗水、上层滞水、桩间土和坑底土的管涌、流土和各类桩基施工中的缩颈、断桩等，必须对已有的设计进行必要的调整和修改，提出相应的对策措施，进行必要的设计优化，以完善、弥补已有设计方案的不足。所有这些内容就是动态设计，它与已有设计共同构成一个项目完整的岩土工程设计，如没有这些及时、有效的动态设计，轻则影响工期，加大工程成本，造成对周边建（构）筑物、道路、管线的拉裂、损伤，甚至影响正常使用，重则造成工程伤亡事故。因此，建筑工程过程中的动态设计非常必要。

## 1.3 岩土工程测绘与调查

岩土工程测绘是岩土工程勘察中一项最重要、最基本的勘察方法，也是走在其他勘察工作前面的一项勘察工作。岩土工程测绘和调查应在可行性研究或初步勘察阶段进行，详细勘察时可在初步勘察测绘和调查的基础上，对某些专门地质问题（如滑坡、断裂构造）做必要的补充调查。岩土工程测绘与调查的目的是详细观察和描述与工程建设有关的各种地质现象，以查明拟定建筑区内工程地质条件的空间分布和各要素之间的内在联系，按照精度要求反映在一定比例尺的地形底图上，配合工程地质勘探、试验等所取得的资料编制成工程地质图。

在切割强烈的基岩裸露山区，只进行工程地质测绘，就能较全面地了解该区的工程地质条件、岩土工程性质的形成和空间变化，判明物理地质现象和工程地质现象的空间分布、形成条件和发育规律。

在第四系覆盖的平原区，岩土工程测绘也有着不可忽视的作用，其测绘工作重点放在地貌和松软土上。由于岩土工程测绘与调查能够在较短时间内查明广大地区的工程地质条件，在区域性预测和对比评价中能够发挥重大作用，配合其他勘察工作能够顺利地解决建筑区的选择和建筑物的合理配置等问题，所以在工程设计的初期阶段，往往是岩土工程勘察的主要手段。

### 1.3.1 岩土工程测绘范围的确定

岩土工程测绘不像一般的区域地质或区域水文地质测绘那样，严格按照比例尺寸大小由地理坐标确定测绘范围，而是根据建筑物的需要在与该项目工程有关的范围内进行。测绘范围原则上包括场地及邻近地段。根据实践经验，岩土工程测绘范围由以下两方面确定。

#### 1. 拟建建筑物的类型和规模、设计阶段

建筑物的类型、规模不同，与自然地质环境相互作用的广度和强度也不同，确定测绘范围时首先应考虑这一点。例如，房屋建筑和构筑物一般仅在小范围内与自然地质环境发生作用，通常不需要进行大面积工程地质测绘。而道路工程、水利工程等涉及的地质单元相对较多，必须在建筑物涉及范围内进行工程地质测绘。工程初期设计阶段，为选择适宜的建筑场地，一般都有若干比较方案，为了进行技术经济论证和方案比较，应把这些方案场地包括在同一测绘范围内，测绘范围比较大。当建筑场地选定之后，特别在设计的后期阶段，各建筑物的具体位置和尺寸均已确定，就只需在建筑地段的较小范围内进行大比例尺的工程地质测绘。可见，工程地质测绘的范围是随着建筑物设计阶段（即岩土工程勘察阶段）的提高而缩小的。

#### 2. 工程地质条件的复杂程度和研究程度

一般情况下工程地质条件越复杂，研究程度越差，工程地质测绘范围相对越大。工程

地质条件的复杂程度包括两种情况。

①场地内工程地质条件非常复杂，如构造变动强烈、有活动断裂分布、不良地质现象强烈发育、地质环境遭到严重破坏、地形地貌条件十分复杂等。

②虽然场地内工程地质条件较简单，但场地附近有危及建筑物安全的不良地质现象存在。如山区的城镇和厂矿企业往往兴建于地形比较平坦开阔的洪积扇上，对场地本身来说工程地质条件并不复杂，但一旦泥石流暴发则有可能摧毁建筑物。此时工程地质测绘范围应将泥石流形成区包括在内。又如位于河流、湖泊、水库岸边的房屋建筑，场地附近若有大型滑坡存在，当其突然失稳滑落所激起的涌浪可能会导致灭顶之灾，此时工程地质测绘范围不能仅在建筑物附近，还应包括滑坡区。

一般情况下工程地质测绘和调查的范围，应包括场地及其附近地段。

### 1.3.2 岩土工程测绘比例尺的选择

岩土工程测绘的比例尺和精度应根据《岩土工程勘察规范》（GB 50021—2001，2009年版）的要求，符合下列条件。

（1）测绘的比例尺，可行性研究勘察阶段可选用1∶5 000～1∶50 000，属中、小比例尺测绘；初步勘察阶段可选用1∶2 000～1∶10 000，属中、大比例尺测绘；详细勘察阶段可选用1∶500～1∶2 000或更大，属大比例尺测绘；条件复杂时，比例尺可适当放大。

（2）对工程有重要影响的地质单元体（滑坡、断层、软弱夹层、洞穴等），可采用扩大比例尺表示，以便更好地解决岩土工程的实际问题。

（3）地质界线和地质观测点的测绘精度，在图上不应低于3 mm。

同时选择测绘的比例尺应与使用部门的要求及其提供的图件的比例尺一致或相当；在同一设计阶段内，比例尺的选择取决于工程地质条件的复杂程度、建筑物类型、规模及重要性。在满足工程建设要求的前提下，尽量节省测绘工作量。

为了保证工程地质图的精度，各种地质界线必须准确无误。按规定，在大比例尺的图上地质界线的误差不得超过0.5 mm，所以在大比例尺的工程地质测绘中要采用仪器定点法。观察点描述的详细程度以各单位测绘面积上观察点的数量和观察线的长度来控制。

通常不论其比例尺多大，图上每1 cm²范围内都有一个观察点来控制观察点的平均数。随着比例尺的增大，同样实际面积内的观察点数就相应增多，如表1-1所示。

表1-1　综合工程地质测绘每平方公里内观察点数及观察路线平均长度

| 比例尺 | 地质条件复杂程度 | | | | | |
|---|---|---|---|---|---|---|
| | 简单 | | 中等 | | 复杂 | |
| | 观察点个数 | 线路长度/km | 观察点个数 | 线路长度/km | 观察点个数 | 线路长度/km |
| 1∶20万 | 0.49 | 0.5 | 0.61 | 0.6 | 1.10 | 0.7 |
| 1∶10万 | 0.96 | 1.0 | 1.44 | 1.2 | 2.16 | 1.4 |

| 比例尺 | 地质条件复杂程度 | | | | | |
|---|---|---|---|---|---|---|
| | 简单 | | 中等 | | 复杂 | |
| | 观察点个数 | 线路长度/km | 观察点个数 | 线路长度/km | 观察点个数 | 线路长度/km |
| 1:5万 | 1.91 | 2.0 | 2.94 | 2.4 | 5.29 | 2.8 |
| 1:2.5万 | 3.96 | 4.0 | 7.50 | 4.8 | 10.00 | 5.6 |
| 1:1万 | 13.8 | 6.0 | 26.00 | 8.0 | 34.6 | 10.0 |

### 1.3.3 地质观测点的布置、密度和定位

地质观测点的布置是否合理，是否具有代表性，对成图的质量至关重要。

**1. 地质观测点的布置和密度**

观察点的分布一般不应是均匀的，而在工程地质条件复杂的地段多一些，简单的地段少一些，都应布置在工程地质条件适宜的关键位置上。为了保证工程地质图的详细程度，还要求工程地质条件各因素的单元划分与图的比例尺相适应。一般规定岩层厚度在图上的最小投影宽度大于2 mm者均应按比例尺反映在图上。对于厚度或宽度小于2 mm的重要工程地质单元，如软弱夹层、能反映构造特征的标志层、重要的物理地质现象等，则应采用超比例尺或符号的办法在图上表示出来。

（1）地质观测点应布置在地质构造线、地层接触线、岩性分界线、不整合面和不同地貌单元、微地貌单元的分界线和不良地质作用分布的地段。在标准层位和每个地质单元体应有地质观测点。

（2）地质观测点应充分利用天然和已有的人工露头，例如采石场、路堑、井、泉等。当露头不足时，可采用人工露头补充，根据具体情况布置一定数量的探坑、探槽、剥土等轻型坑探工程；条件适宜时，还可配合进行物探工作，探测地层、岩性、构造、不良地质作用等问题。

地质观测点的密度应根据场地的地貌、地质条件、成图比例尺和工程要求等因素确定，并应具代表性。

**2. 地质观测点的定位**

地质观测点的定位标测对成图的质量影响很大，地质观测点的定位应根据精度要求和地质条件的复杂程度选用目测法、半仪器法、仪器法、全球导航卫星系统。

（1）目测法

适用于小比例尺的工程地质测绘，该法根据地形、地物和其他测点以目估或步测距离标测。

（2）半仪器法

适用于中等比例尺的工程地质测绘，该法是借助罗盘仪、气压计等简单的仪器测定方

位和高度，使用步测法或测绳测距离。

（3）仪器法

适用于大比例尺的工程地质测绘。该法是借助经纬仪、水准仪等较精确的仪器测定地质观测点的位置和高程的方法，对于有特殊意义的地质观测点和对工程有重要影响的地质观测点，如地质构造线、地层接触线、岩性分界线、软弱夹层、地下水露头，以及不良地质作用等特殊地质观测点，均应采用仪器法进行观测。

（4）全球导航卫星系统

全球导航卫星系统（global navigation satellite system，GNSS）是一个中距离圆形轨道卫星导航系统。它可以为地球表面绝大部分地区提供准确的定位、测速和高精度的时间标准，在满足精度条件的情况下均可采用 GNSS。

### 1.3.4　岩土工程测绘与调查的内容

工程地质测绘是在收集、分析已有临近地区的地质资料基础上，结合项目情况，明确工作重点和难点；布置观测路线和实地查勘；绘制实测标准地层剖面；编制综合地层柱状图。根据成图比例尺的大小和岩层厚薄的关系，确定岩层填图单位的工作。岩土工程测绘与调查内容包括以下 8 个方面。

1. 地层岩性

地层岩性是工程地质条件中最基本的要素，也是研究各种地质现象的基础。对地层岩性研究的内容包括：确定地层的时代和填图单位；各类岩土层的分布、岩性、岩相及成因类型；岩土层的层序、接触关系、厚度及其变化规律；岩土的工程性质等。

2. 地质构造

地质构造是工程地质条件中对建筑物造成危害最严重的因素。对地质构造的研究内容包括：岩层的产状及各种构造形迹的分布、形态和规模；软弱结构面（带）的产状及其性质，包括断层的位置、类型、产状、断距、破碎带宽度及充填胶结情况；岩土层各种接触面及各类构造岩的工程特性；近期构造活动的形迹、特点及与地震活动的关系等。

3. 地形地貌

地形地貌是工程地质条件中对建筑物选址影响最大的要素。对地形地貌研究的内容包括：地貌形态特征、分布和成因；划分地貌单元，以及地貌单元的形成与岩性、地质构造及不良地质现象等的关系；各种地貌形态和地貌单元的发展演化历史。

4. 不良地质作用

不良地质作用会对建筑物的选址及其运营期间的稳定性产生影响。对不良地质作用研究的内容包括：研究各种不良地质作用（如岩溶、滑坡、崩塌、泥石流、冲沟、河流冲刷、岩石风化等）的分布、形态、规模、类型和发育程度，分析它们的形成机制和发展演化趋势，并预测其对工程建设的影响。

### 5. 水文地质条件

水文地质条件对建筑物地基基础的安全稳定性有着重要的影响。对水文地质条件研究的内容包括：从地下水露头的分布、类型、水量、水质等入手，并结合必要的勘探、测试工作，查明测区内地下水的类型、分布情况和埋藏条件；含水层、透水层和隔水层（相对隔水层）的分布，各含水层的富水性和它们之间的水力联系；地下水的补给、径流、排泄条件及其动态变化；地下水与地表水之间的补、排关系；地下水的物理性质和化学成分等。在此基础上分析了水文地质条件对岩土工程实践的影响。

### 6. 已有建筑物

已有建筑物的存在对新建建筑物的基础类型和埋深的选择、施工方法等影响极大，对已有建筑物的调查研究分析重点如表1-2所示。对已有建筑物的观察实际上相当于一次1：1的原型试验。根据建筑物变形、开裂情况分析场地工程地质条件及验证已有评价的可靠性。

表1-2 对已有建筑物的调查研究分析重点

| 地质环境 | 建筑物变形 | 调查分析研究重点 |
| --- | --- | --- |
| 不良 | 有 | 1. 分析变形原因、控制因素；<br>2. 已有防治措施的有效性 |
| 不良 | 无 | 1. 工程地质评价是否合理；<br>2. 如果评价合理，则说明建筑物结构设计合理，可适应不良地质条件 |
| 有利 | 有 | 1. 是否与建材或施工质量有关；<br>2. 是否存在隐蔽的不良地质因素 |
| 有利 | 无 | 1. 如果建筑物未采取任何特殊结构，表明该区地质条件确实良好；<br>2. 如果建筑物因采取特殊结构而未出现变形，应进一步研究是否存在某种不良地质因素 |

### 7. 天然建筑材料

天然建筑材料影响建筑物基础形式及建筑结构形式的选择，对天然建筑材料的研究应结合工程建筑的要求，就地寻找适宜的天然建材，作出质量和储量评价。当前各类工程都特别重视建筑材料质量及美学价值的研究。

### 8. 人类活动对场地稳定性的影响

测区内或测区附近人类的某些工程、经济活动，往往影响建筑场地的稳定性。例如，人工洞穴、地下采空、大挖大填、抽（排）水和水库蓄水引起的地面沉降、地表塌陷、诱发地震、渠道渗漏引起的斜坡失稳等，都会对场地稳定性带来不利影响，对它们的调查应予以重视。此外，场地内如有古文化遗迹和古文物，应妥善保护发掘，并向有关部门报告。

### 1.3.5　岩土工程测绘与调查的方法

岩土工程测绘与调查的方法一般有路线法、布点法和追索法三种。

**1. 路线法**

沿一定的路线穿越测绘场地，详细观察沿途地质情况并把观测路线和沿线查明的地质现象、地质界线、地貌界线、构造线、岩性、各种不良地质现象等填绘在地形图上。路线形式有直线形或 S 形等，适用于各类比例尺的测绘。

**2. 布点法**

根据地质条件复杂程度和不同的比例尺的要求，预先在地形图上布置一定数量的观测点及观测路线。观测路线的长度应满足各类勘察的要求，路线避免重复，尽可能以最优观察路线达到最广泛的观察地质现象的目的。布点法适用于大、中比例尺测绘，是工程地质测绘的基本方法。

**3. 追索法**

沿地层、地质构造的延伸方向和其他地质单元界线布点追索，以便追索某些重要地质现象（如标志层、矿层、地质界线、断层等）的延展变化情况和地质体的轮廓，查明某些局部复杂构造布置地质观察路线的一种方法。追索法多用于大比例尺测绘或专项地质调查，是一种辅助测绘方法，通常与前两种方法配合使用。对于一些中、小型地质体，采用追索法还可起到全面圈定其分布范围的作用，在这种情况下，也可将追索法称为圈定法。在航空相片解译程度良好的地区，可直接依据其影像标志圈定某些地质体的范围，以减少地面追索的工作量。

## 1.4　岩土工程分析与评价

岩土工程分析评价是在工程地质测绘、勘探、测试和搜集已有资料的基础上，结合工程特点和要求进行的。各类建筑工程、各类地质现象的分析评价，应符合相应的规定。岩土工程的分析评价，应根据岩土工程勘察等级进行区别。对丙级岩土工程勘察，可根据邻近工程经验，结合触探和钻探取样试验资料进行；对乙级岩土工程勘察，应在详细勘探、测试的基础上，结合邻近工程经验进行，并提供岩土的强度和变形指标；对甲级岩土工程勘察，除按乙级要求进行外，尚应提供荷载试验资料，必要时应对其中的复杂问题进行专门研究，并结合监测资料对评价结论进行检验。

### 1.4.1　岩土工程分析评价的要求与内容

岩土工程分析评价是勘察成果整理的核心内容。

**1. 岩土工程分析评价的要求**

（1）充分了解工程结构的类型、特点、荷载情况和变形控制要求。

（2）掌握场地的地质背景，考虑岩土材料的非均质性、各向异性和随时间的变化，评估岩土参数的不确定性，确定其最佳估值。

（3）充分考虑当地经验和类似工程的经验。

（4）对于理论依据不足、实践经验不多的岩土工程问题，可以通过现场模型试验或足尺试验取得实测数据进行分析评价。

（5）必要时，建议通过施工监测来调整设计和施工方案。

**2. 岩土工程分析评价的内容**

岩土工程分析评价的内容包括：场地的稳定性分析和适宜性评价；为岩土工程设计提供场地地层结构和地下水空间分布的参数、岩土体工程性质和状态的设计参数；预测拟建工程施工和运营过程中可能出现的岩土工程问题，并提出相应的防治对策和措施以及合理的施工方法；提出地基与基础、边坡工程、地下洞室等各项岩土工程方案设计的建议；预测拟建工程对现有工程的影响、工程建设产生的环境变化，以及环境变化对工程的影响。其中，需要注意的是场地的稳定性分析和适宜性评价。

**（1）场地稳定性分析**

场地稳定性是指建设场地在地震效应、活动断裂及其他不良地质作用、地质灾害影响下的稳定状态，同时也包括拟建场地是否存在可导致场地滑移、大的变形和破坏等严重情况的地质条件。

场地稳定性分析是通过对活动断裂、所处抗震地段、不良地质作用和地质灾害等方面分析，定性地对场地稳定性作出评价，其评价结论是工程建设适宜性评价的先决条件。稳定性分析内容概括来讲主要包括3个方面：区域地质构造稳定性，主要是在区域内查明是否存在影响场地稳定性的全新世活动性断裂、发震断裂带等不良地质的评价；场地和地基地震效应，主要针对场地所处的基本地震烈度区划情况，评价其地震液化、震陷、抗震地段等；场地自身稳定性分析，主要针对拟建场地是否有发育不良地质作用，包括岩溶和土洞塌陷、滑坡、危岩和崩塌、泥石流、采空区、地裂缝、地面沉降和活动断裂等。

**（2）场地适宜性评价**

场地适宜性评价是通过分析地形地貌、水文、工程地质、水文地质、不良地质作用和地质灾害、活动断裂和地震效应、地质灾害治理的难易程度等影响因素，从地质的角度定性、定量评价场地内工程建设适宜性，主要是出于技术经济安全比等条件的综合考虑。

## 1.4.2 岩土参数的分析与选定

### 1. 岩土参数的可靠性和适用性

岩土参数的分析与选定是岩土工程分析评价和岩土工程设计的基础。评价是否符合客观实际，设计计算是否可靠，很大程度上取决于岩土参数选定的合理性。

岩土参数可分为两类：一类是评价指标，用以评价岩土的性状，作为划分地层鉴定类别的主要依据；另一类是计算指标，用以设计岩土工程，预测岩土体在荷载和自然因素作用下的力学行为和变化趋势，并指导施工和监测。工程上对这两类岩土参数的基本要求是可靠性和适用性。可靠性是指参数能正确反映岩土体在规定条件下的性状，能比较有把握地估计参数真值所在的区间。适用性是指参数能够满足岩土工程设计计算的假定条件和计算精度要求。岩土工程勘察报告应对主要参数的可靠性和适用性进行分析，并在分析的基础上选定参数。

岩土参数的可靠性和适用性在很大程度上取决于岩土体受到扰动的程度和试验标准。岩土参数应根据工程特点和地质条件进行选择，并按下列内容对其可靠性和适用性进行评价。

（1）取样方法和其他因素对试验结果的影响。

（2）采用的试验方法和取值标准。通过不同取样器和取样方法的对比试验可知，对不同的土体，凡是由于结构扰动强度降低得多的土，数据的离散性也显著增大。

（3）不同测试方法所得结果的分析比较；对同一土层的同一指标，采用不同的试验方法和标准可以发现，所获得的数据差异往往很大。

（4）测试结果的离散程度。

## 2. 岩土参数统计要求与选定

经过试验、测试获得的岩土工程参数，数量较多，必须经过整理、分析及数理统计计算，才能获得岩土参数的代表性数值。指标的代表性数值是在对试验数据的可靠性和适用性作出分析评价的基础上，参照相应的规范，用统计的方法来整理和选择的。

统计的指标一般包括：黏性土的天然密度、天然含水量、液限、塑限、塑性指数、液性指数；砂土的相对密实度、粒度成分；岩石的吸水率、各种力学特性指标，特殊性岩土的各种特征指标，以及各种原位测试指标。对以上指标在勘察报告中应提供各个工程地质单元或各地层的最小值、最大值、平均值、标准差、变异系数和参加统计数据的数量。通常统计样本的数量应大于 6 个。当统计样本的数量小于 6 个时，统计标准差和变异系数意义不大，可不进行统计，只提供指标的范围值。

岩土参数统计应符合的要求：岩土的物理力学指标，应按场地的工程地质单元和层位分别统计；对工程地质单元体内所取得的试验数据应逐个进行检查，对某些有明显错误，或试验方法有问题的数据应抽出进行检查或将其舍弃；每一单元体内，岩土的物理力学性质指标，应基本接近；应按照规定计算平均值、标准差和变异系数；岩土参数统计出来后，应对统计结果进行分析判别，如果某组数据比较分散，相互差异大，应分析产生误差的原因，并剔除异常的粗差数据。

# 第 2 章　岩土工程现代测绘技术

测绘科学和技术（简称测绘学）是一门具有悠久历史和不断发展的学科，其内容包括测定、描述地球的形状、大小、重力场、地表形态以及它们的各种变化，确定自然和人工物体、人工设施的空间位置及属性，制成各种地图和建立有关信息系统。《中华人民共和国测绘法》将测绘描述为"对自然地理要素或者地表人工设施的形状、大小、空间位置及其属性等进行测定、采集、表述，以及对获取的数据、信息、成果进行处理和提供的活动"。

随着传统测绘技术走向数字化和信息化测绘技术，测量的服务面不断拓宽，与其他学科的互相渗透和交叉不断加强，新技术、新理论的引进和应用更加深入。现代测绘科学总的发展趋势为：测量数据采集和处理向一体化、实时化、数字化方向发展；测量仪器和技术向精密化、自动化、智能化、信息化方向发展；测量产品向多样化、网络化、社会化方向发展。下文主要从卫星定位测量、地理信息系统和测绘遥感技术这 3 个方面对岩土工程现代测绘技术进行阐述。

## 2.1　卫星定位测量

### 2.1.1　卫星定位基本知识

#### 1. 卫星定位技术的发展

卫星定位测量是利用人造地球卫星进行点位测量。当初，人造地球卫星仅仅作为一种空间的观测目标，由地面观测站对它进行摄影观测，测定测站至卫星的方向，建立卫星三角网，或用激光技术对卫星进行距离观测，测定测站至卫星的距离，建立卫星测距网。这种对卫星的几何观测，能够解决用常规大地测量技术难以实现的远距离陆地海岛联测定位问题。

20 世纪 60 至 70 年代，美国国家大地测量局在英国和德国测绘部门的协助下，用卫星三角测量的方法，花了几年时间测设了有 45 个测站的全球三角网，点位精度约 5 m。受卫星可见条件及天气的影响，这种观测方法费时费力，定位精度低，而且不能获得地心坐标，因此，卫星三角测量很快就被卫星多普勒定位所取代。

卫星多普勒测量（satellite doppler measures）是指通过卫星信号接收机，测定卫星播发的无线电信号的多普勒频移或多普勒计数，以确定测站到卫星的距离变化率或到卫星相邻两点间的距离差，进而确定测站的三维地心坐标或两点的坐标差。多普勒定位具有经济快速、精度均匀、不受天气和时间的限制等优点，只要在测点上能收到从子午卫星上发出的无线电信号，便可在地球表面的任何地方进行单点定位或联测定位，获得测站点的三维地心坐标。卫星多普勒定位，使卫星定位技术，从仅仅把卫星作为空间观测目标的低级阶段，发展到把卫星作为动态已知点的高级阶段。

20世纪50年代末期，美国开始研制用多普勒卫星定位技术进行测速、定位的卫星导航系统，在该系统中，由于卫星轨道面通过地极，所以称作"子午卫星导航系统"，也称为海军导航卫星系统（Navy Navigation Satellite System，NNSS）。20世纪70年代中期，我国开始引进多普勒接收机，进行了西沙群岛的大地测量基准联测。

NNSS卫星导航系统虽然将导航和定位推向了一个新的发展阶段，但是它仍然存在着一些明显的缺陷，比如卫星少（6颗工作卫星）、卫星运行高度低（平均高度约1 000 km）、从地面站观测到卫星通过的时间间隔较短（平均时间间隔约1.5 h）、因维度不同而变化等，不能进行连续三维导航定位。为了实现全天候、全球性和高精度的连续导航与定位，新一代卫星导航系统应运而生，卫星定位技术发展到了一个辉煌的历史阶段。

**2. 全球导航卫星系统的分类**

1992年5月，国际民航组织（International Civil Aviation Organization，ICAO）在未来的空中导航系统会议上，审议通过了计划方案——GNSS（global navigation satellite system，全球导航卫星系统）。该系统是一个全球性的位置和时间的测定系统，包括一个或几个卫星星座、机载接收机和系统完备性监视系统。

GNSS研制开发计划分步实施。第一步以美国GPS（global positioning system，全球定位系统）及俄罗斯GLONASS（Global Navigation Satellite System，全球轨道导航卫星系统）为依托，建立由地球同步卫星移动通信导航卫星系统、系统完备性监视系统以及地面增强和完备性监视系统组成的混合系统，以提高卫星导航系统的完备性和服务的可靠性。第二步建成纯民间控制的GNSS，该系统由多种中高轨道全球导航卫星和既能用于导航定位又能用于移动通信的静地卫星构成。

目前，GNSS星座，除了广泛应用的美国GPS系统外，还有已建成的俄罗斯GLONASS系统，以及已基本建成的中国北斗卫星导航系统和欧洲伽利略导航卫星系统。这几个卫星定位系统，也是截至目前联合国卫星导航委员会仅只认定的GNSS的组成成员。下面对各系统进行简要介绍。

（1）GPS系统

1973年12月，美国国防部组织陆、海、空三军，联合研制新的卫星导航系统，即GPS系统。该系统具有全能性（陆地、海洋、航空和航天）、全球性、全天候、连续性和实时性的导航、定位和定时功能，能为各类用户提供精密的三维坐标、速度和时间。

GPS是GNSS中最为成熟、应用最为广泛的卫星定位系统。

（2）GLONASS系统

全球导航卫星系统（GLONASS）由苏联建立，起步比GPS晚9年。苏联解体后，由俄罗斯接替部署。从1982年10月12日发射第一颗GLONASS卫星开始，到1996年，历经周折，但始终没有终止或中断GLONASS卫星的发射。1995年初只有16颗GLONASS卫星在轨工作，当年进行了3次成功发射，将9颗卫星送入轨道，完成了24颗工作卫星加1颗备用卫星的布局。经过数据加载、调整和检验，整个系统于 1996 年月 18 日正常运行。

（3）BDS 系统

北斗卫星导航系统（BeiDou Navigation Satellite System，BDS）是中国自行研制的全球卫星定位与通信系统，是继 GPS 和 GLONASS 之后第三个成熟的卫星导航系统。

BDS 系统设计由 35 颗卫星组成，其中 5 颗设计为静止轨道卫星，30 颗非静止轨道卫星。

BDS 系统提供两种服务方式：开放服务和授权服务。开放服务是在服务区免费提供定位、测速、授时服务；授权服务则是向授权用户提供更安全与更高精度的定位、测速、授时、通信服务以及系统完好性信息。

BDS 系统除了有导航、定位、测速、授时功能外，还具有短信通信功能，把导航与通信紧密地结合起来，既能知道"我在哪里"，也能知道"你在哪里"。

（4）GALILEO 系统

伽利略导航卫星系统（Galileo Navigation Satellite System，GALILEO）是由欧洲共同体发起，系统建设由欧盟各国政府和私营企业共同投资，旨在建立一个由欧盟运行、管理并控制的全球导航卫星系统。该系统最主要的设计思想与 GPS、GLONASS 不同，它完全从民间出发（GPS、GLONASS 从军事出发），建立一个最高精度的全开放型的新一代 GNSS，与 GPS、GLONASS 有机地兼容。

GALILEO 系统的卫星星座，由分布在 3 个轨道上的 30 颗中等高度轨道卫星构成，每个轨道上有 10 颗卫星，其中 9 颗正常工作，1 颗备用。

GALILEO 系统总体设计思路有 4 大特点：自成独立体系、能与其他的全球导航卫星系统兼容、具备先进性和竞争力、公开进行国际合作。该系统定义完成，原计划 2008 年运行，但由于种种原因，系统建设的进展迟于预定计划。

3. 卫星定位测量技术相对于常规测量技术的特点

卫星定位测量技术，以其全天候、高精度、自动化、高效益等显著特点，赢得世界各国广大测绘工作者的信赖，并成功地应用于大地测量、工程测量、摄影测量与遥感、地壳运动监测、工程变形监测、资源勘察、地球动力学等多种学科或领域，给测绘工作带来一场深刻的技术革命。

相对于经典的测量技术来说，卫星定位测量技术具有以下特点。

（1）观测站之间无须通视

既要保持良好的通视条件，又要保障测量控制网的良好结构，这一直是经典测量技术在实践方面的困难之一。而卫星定位测量不需要观测站之间互相通视，因而不再需要建造觇标，这既可大大减少测量工作的经费和时间，同时也使点位的选择变得更加灵活。

（2）定位精度高

大量的试验和实际应用表明，卫星定位测量，在小于 50 km 的基线上，其相对定位精度可达 $10^{-6}$，而在更长的基线上可达 $10^{-7}$ 相对定位精度。随着观测技术和接收设备及数据处理方法的不断完善，其定位精度还将进一步提高。

（3）观测时间短

根据测量目的和精度要求的不同，卫星定位测量可采取静态观测、快速静态观测和动态观测等模式。对于长基线、高精度的静态观测模式，测量一条基线所需的观测时间是 30 min 至数小时，对于短基线（不超过 20 km），采取快速静态观测模式，测量一条基线所需的观测时间仅为数分钟，而对于动态观测等模式，一次观测仅需几秒钟时间。

（4）可获得三维坐标

卫星定位测量，在精确测定观测站平面位置的同时，亦可精确测定测站的大地高。这一特点，不仅使一般的测量工作变得方便高效，而且为研究大地水准面的形状和确定地面点的高程开辟了新途径，同时也为其在航空物探、航空摄影测量及精密导航中的应用提供重要的高程数据。

（5）操作简便

如何减少野外作业时间和减小工作强度，是测绘工作者长期探索的重大课题之一。卫星定位测量的自动化程度很高，在观测中，测量员无须再做照准、读数、记录等烦琐的工作，加之接收机集成化越来越高、体积越来越小、重量越来越轻，携带和搬运都很方便，极大地减轻了作业员的外业劳动强度。

（6）可全天候作业

卫星定位测量不受天气状况的影响（雷电天气除外），对于阴雨特别是雾霾天气，常规测量方法无法进行的情况下，卫星定位测量仍可以进行作业。

卫星定位测量技术是对经典测量技术的重大突破。一方面，它使经典的测量理论与方法产生了深刻的变革；另一方面，也进一步加强了测量学与其他学科之间的相互渗透，从而促进测绘科学技术的不断发展。

4. 卫星定位测量原理

（1）卫星定位原理

测量学中有后方交会确定点位的方法，与其相似，卫星定位的原理也是利用后方交会的原理确定点位，称之为空间后方交会，即利用 3 个以上卫星的已知空间位置交会出地面未知点（用户接收机）的位置，如图 2-1 所示。

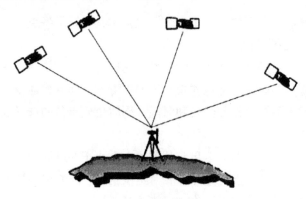

图 2-1　卫星定位原理

下面以 GPS 系统为例，介绍卫星定位测量的基本原理。

GPS 卫星发射测距信号和导航电文，导航电文中含有卫星的位置信息。用户用 GPS 接收机在某一时刻，同时接收 3 颗以上的 GPS 卫星信号，测量出测站点（接收机天线中心）P 至 3 颗以上 GPS 卫星的距离，由该时刻 GPS 卫星的空间坐标，根据距离交会法原理解算出测站点 P 的位置。

在 GPS 定位中，GPS 卫星是在高速运动的，其坐标值随时间在快速变化着，需要实时地由 GPS 卫星信号测量出测站至卫星之间的距离，实时地由卫星的导航电文解算出卫星的坐标值，并进行测站点的定位。依据测距的方式，其定位原理与方法主要有伪距法测量定位和载波相位测量定位。

①伪距法测量定位。

在某一时刻，用卫星发射的测距码信号到达接收机的传播时间，乘以电磁波传输的速度，即可得到接收机到卫星的距离。由于卫星钟、接收机钟的误差，以及无线电信号经过大气时受大气延迟的影响，实际测出的距离与卫星到接收机的真实几何距离有一定差值，因此称测量出的距离为伪距。用 C/A 码（coarse acquisition，粗捕获码）进行测量的伪距为 C/A 码伪距，用 P 码（precise code，精码）测量的伪距为 P 码伪距。伪距法定位精度不高，P 码定位误差有几米之多；C/A 码定位误差更大，为几米至几十米。但伪距法定位具有定位速度快和无多值性问题优点，所以其定位方法仍然是 GPS 定位系统进行导航的最基本的方法。此外，伪距法定位所测的站星之间距离，可以作为载波相位测量中解决整波数不确定问题（模糊度）的辅助资料。

②载波相位测量定位。

利用测距码进行伪距测量是 GPS 定位系统的基本测距方法，然而由于测距码的码元长度较大，对于高精度应用来讲，其测距精度无法满足需要。如果观测精度均取至测距码波长的百分之一，则伪距测量对 P 码而言测量精度为 30 cm，对 C/A 码而言为 3 m 左右。而如果把载波作为测量信号，由于载波的波长短，所以就可达到很高的精度。目前测地型接收机的载波相位测量精度一般为 1~2 mm，有的精度更高。

载波相位测距精度高，但载波信号是一种周期性的正弦信号，而相位测量又只能测定其不足一个波长的部分，因而存在着整周数不确定性的问题。确定整周未知数 $N_0$ 是载波相位测量的一项重要工作。

（2）周跳及修复

接收机在跟踪卫星过程中，由于某种原因，如卫星信号被障碍物挡住而暂时中断，受无线电信号干扰造成失锁，计数器就无法连续计数。当信号重新被跟踪后，整周计数就不正确，但不到一个整周的相位观测值仍是正确的，这种现象称为整周跳变，简称"周跳"。周跳的出现和处理是载波相位测量中的重要问题，探测与修复"周跳"的常用方法有下列几种。

①屏幕扫描法。

此种方法是由作业人员，在计算机屏幕前，依次对每个站、每个时段、每个卫星的相位观测值变化率的图像，进行逐段检查，观察其变化率是否连续。如果出现不规则的突然变化，就说明在相应的相位观测中出现了整周跳变现象，然后用手工编辑的方法逐点、逐段修复。

②高次差法。

此种方法基本想法是，有周跳现象发生，必将会破坏载波相位测量观测值随时间而有规律的变化。GPS 卫星的径向速度最大可达 0.9 km/s，因而整周计数每秒钟可变化数千周。因此，如果每 15 s 输出一个观测值的话，相邻观测值间的差值可达数万周，那么对于几十周的跳变就不易发现。但如果在相邻的两个观测值间，依次求差而求得观测值的一次差的话，这些一次差的变化就要小得多。在一次差的基础上再求二次差、三次差……其变化就小得更多了，此时就能发现有周跳现象的时段了。一般，四次差、五次差就会趋近于零。

③多项式拟合法。

采用曲线拟合的方法进行计算，根据几个相位测量观测值拟合一个 $n$ 阶多项式，据此多项式来预估下一个观测值并与实测值比较，从而来发现周跳并修正整周计数。

④在卫星间求差法。

在 GPS 测量中，每一瞬间要对多颗卫星进行观测，因而在每颗卫星的载波相位测量观测值中，所受到接收机振荡器的随机误差的影响是相同的，因此，在卫星间求差后即可消除此项误差的影响。

⑤根据平差后的残差发现并修复整周跳变。

经过上述处理的观测值中还可能存在一些未被发现的小周跳，修复后的观测值中也可能引入 1~2 周的偏差，用这些观测值来进行平差计算，求得各观测值的残差。由于载波相位测量的精度很高，因而这些残差的数值一般均很小，而有周跳的观测值往往会出现很大的残差，据此可以发现和修复周跳。

（3）绝对定位与相对定位

①绝对定位。

绝对定位也叫单点定位，是由单台 GPS 卫星信号接收机，通过接收卫星信号，获得接收机与 GPS 卫星之间的距离观测值，直接确定接收机天线在 WGS-84 坐标系中相对于坐标系原点的绝对坐标。绝对定位又分为静态绝对定位和动态绝对定位。

静态绝对定位是接收机天线处于静止状态下，长时间观测卫星，以确定观测站的坐标。这种定位方式，可以连续地根据不同历元同步观测不同的卫星，测定卫星至观测站的伪距，获得充分的多余观测量，测后通过数据处理求得观测站的绝对坐标。

动态绝对定位是指接收机安置在运动的载体上，确定载体瞬时的位置。动态绝对定位，只能得到无多余或很少多余观测量的实时解，所以定位精度低，一般只用于运动载体的导航。

不管是静态绝对定位还是动态绝对定位，因为受到卫星轨道误差、钟差以及信号传播误差等因素的影响，精度都不够高，静态绝对定位的精度约为分米级，而动态绝对定位的精度为米级至几十米级，这样的精度一般只能用于导航定位，远不能满足大地测量和工程测量的要求。

②相对定位。

相对定位也叫差分定位，如图 2-2 所示，用两台接收机分别安置在基线的两端，同步观测相同的 GPS 卫星，以确定基线端点的相对位置，称为基线向量，在一个端点坐标已知的情况下，可以用基线向量推求另一待定点的坐标。同样，若使用多台接收机，安置在若干条基线的端点，通过同步观测 GPS 卫星，可以确定多条基线向量，在一个端点坐标已知的情况下，利用基线向量推求其他待定点的坐标。

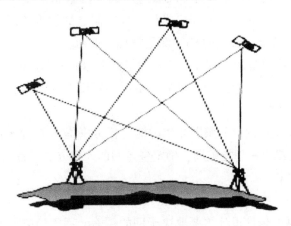

**图 2-2　GPS 相对定位**

相对定位是在两个观测站或多个观测站，同步观测相同卫星，卫星的轨道误差、卫星钟差、接收机钟差以及电离层和对流层的折射误差等，对观测量的影响具有一定的相关性，利用这些观测量的不同组合（求差）进行相对定位，可有效地消除或减弱相关误差的影响，这种方法定位精度高，测量上广泛采用。

（4）几何精度因子

在 GPS 导航及定位测量中，可用几何精度因子 GDOP（geometric dilution of precision）来衡量观测卫星的空间几何分布对定位精度的影响。一组卫星与测站所构成的几何图形形状与定位精度关系的数值，称为点位图形强度因子 PDOP（position dilution of precision），它的大小与观测卫星的高度角以及观测卫星在空间的几何分布有关。

假设由观测站与 4 颗观测卫星所构成的六面体体积为 $V$，则 PDOP 与该六面体体积 $V$ 的倒数成正比。

一般来说，六面体的体积越大，所测卫星在空间的分布范围也越大，PDOP 值越小；反之，六面体的体积越小，所测卫星的分布范围越小，则 PDOP 值越大。实际观测中，为了减弱大气折射影响，卫星高度角也不能过低，有一定的限制，在这一条件下，尽可能使所测卫星与观测站所构成的六面体的体积接近最大，即 PDOP 值尽量小。

GPS 测量时，接收机锁定一组卫星后，会自动计算出 PDOP 值并显示在操作手簿的屏幕上。

### 2.1.2 卫星定位静态测量

#### 1. 外业观测

（1）GPS静态测量的方案设计

GPS测量的方案设计，即依据有关GPS测量规范及GPS网的用途、用户要求等，对GPS测量的网形、精度及基准等进行设计。

①GPS测量技术设计的依据。

GPS测量技术设计的主要依据是GPS测量规范和测量任务书。

GPS测量规范是国家测绘管理部门或行业部门制定的技术法规；国家各部委根据本部门GPS工作的实际情况，制定的GPS测量规程或细则。

测量任务书是施测单位的主管部门或合同甲方下达的技术要求文件，这种技术文件是指令性的，一般会明确测量的范围、目的、精度和密度要求，提交成果资料的项目和时间，完成任务的经济指标等。

在GPS测量方案设计时，一般首先依据测量任务书提出的GPS网的精度、密度和经济指标，再结合规范规定并现场踏勘，确定各点间的连接方法，各点设站观测的次数、时段长短等布网观测方案。

②GPS网的精度、密度设计。

对于各类GPS网的精度设计主要取决于网的用途，用于地壳形变及国家基本大地测量的GPS网可参照全球定位系统（GPS）测量规范中A、B级的精度分级，如表2-1所示。用于城市、区域或工程的GPS控制网，可根据规模按C、D、E级的要求，如表2-2所示。

表2-1  GPS测量精度分级（一）

| 级别 | 主要用途 | 固定误差 $a$/mm | 比例误差 $b$/(ppm·D) |
|---|---|---|---|
| A | 地壳形变测量或国家高精度GPS网建立 | ≤5 | ≤0.1 |
| B | 国家基本控制测量 | ≤8 | ≤1 |

表2-2  GPS测量精度分级（二）

| 级别 | 平均距离/km | 固定误差 $a$/mm | 比例误差 $b$/(ppm·D) | 最弱边相对中误差 |
|---|---|---|---|---|
| C | 10~15 | ≤10 | ≤5 | 1/12万 |
| D | 5~10 | ≤10 | ≤10 | 1/8万 |
| E | 0.2~5 | ≤10 | ≤20 | 1/4.5万 |

对于GPS点的密度标准，各种不同的任务要求和服务对象，对GPS点的分布要求不同。对于A、B级，主要用于提供国家级基准、精密定轨、星历计划及高精度形变信息，布设点的平均距离可达数百公里。对于C、D、E级，主要是满足城市、区域的测图控制和其他工程测量的需要，平均边长一般为几千米。

③GPS 网的基准设计。

GPS 测量获得的是 GPS 基线向量，它属于 WGS-84 坐标系的三维坐标差，而实际需要的是国家坐标系或地方独立坐标系的坐标，所以在进行 GPS 网的技术设计时，必须明确 GPS 网所采用的基准，也就是 GPS 成果所采用的坐标系统和起算数据，这项工作称之为 GPS 网的基准设计。

GPS 网的基准包括位置基准、方位基准和尺度基准。位置基准，一般都是由给定的起算点坐标确定。方位基准一般以给定的起算方位角值确定，也可以由 GPS 基线向量的方位作为方位基准。尺度基准一般由两个以上的起算点间的距离确定，也可以由地面的电磁波测距边确定，条件不具备也可由 GPS 基线向量的距离确定。

在进行基准设计时，应充分考虑以下几个问题。

a）为求定 GPS 点在地面坐标系的坐标，应在地面坐标系中选定起算数据和联测原有地方控制点若干个，用以坐标转换。在选择联测点时，既要考虑充分利用旧资料，又要使新建的高精度 GPS 网不受旧资料精度的影响。因此，一般大中城市或较大区域的 GPS 控制网应与附近的国家控制点联测 3 个以上，小城市、较小区域或工程控制可以联测 2~3 个点。

b）为保证 GPS 网进行约束平差后，坐标精度的均匀性以及减少尺度比误差影响，除未知点构成观测图形外，对 GPS 网内重合的高等级国家或地方控制网点，也要适当地构成长边图形。

c）GPS 网经平差计算后，可以得到 GPS 点在地面参照坐标系中的大地高，为求得 GPS 点的正常高，可视具体情况联测高程点，联测的高程点需均匀分布于网中。对丘陵或山区联测高程点，应按高程拟合曲面的要求进行布设，联测宜采用不低于四等水准或与其精度相当的方法进行。

d）新建 GPS 网的坐标系应尽量与测区过去采用的坐标系统一致。如果采用的是地方独立或工程坐标系，还应该了解所采用的参考椭球元素、坐标系的中央子午线经度、纵横坐标加常数、坐标系的投影面高程及测区平均高程异常值、起算点的坐标值等参数。

④GPS 网构成的几个基本概念及网特征条件。

在进行 GPS 网图形设计前，需明确有关 GPS 网构成的几个概念，掌握 GPS 网特征条件的计算方法。

GPS 网图形构成的几个基本概念包括观测时段、同步观测、同步观测环、独立观测环、异步观测环、同步环中的独立基线和同步环中的非独立基线。

观测时段：测站上开始接收卫星信号到观测停止连续工作的时间段，简称时段。

同步观测：两台或两台以上接收机同时对同一组卫星进行的观测。

同步观测环：指三台或三台以上接收机同步观测获得的基线向量所构成的闭合环，简称同步环。

独立观测环：指由独立观测所获得的基线向量构成的闭合环，简称独立环。

异步观测环：在构成多边形环路的所有基线向量中，只要有非同步观测基线向量，则该多边形环路叫异步观测环，简称异步环。

同步环中的独立基线：对于 $N$ 台 GPS 接收机构成的同步观测环，有 $J$ 条同步观测基线，其中独立基线数为 $N-1$。

同步环中的非独立基线：除独立基线外的其他基线叫非独立基线，总基线数与独立基线数之差即为非独立基线数。

在 GPS 网特征条件的计算中，观测时段数计算如式（2.1）所示。

$$C = \frac{nm}{N} \tag{2.1}$$

式中：$C$ 为观测时段数；$n$ 为网点数；$m$ 为每点平均设站次数；$N$ 为接收机数。

在 GPS 网中，基线数的总基线数 $J_{总}$、$J_{必}$、$J_{独}$、$J_{多}$ 的计算如式（2.2）~式（2.5）所示。

$$J_{总} = \frac{CN(N-1)}{2} \tag{2.2}$$

$$J_{必} = n - 1 \tag{2.3}$$

$$J_{独} = C(N-1) \tag{2.4}$$

$$J_{多} = C(N-1) - (n-1) \tag{2.5}$$

式中：符号意义同前。

对于，GPS 网同步图形构成及独立边的选择，由 $N$ 台 GPS 接收机构成的同步图形中，一个时段包含的 GPS 基线（GPS 边）数 $J$ 的计算如式（2.6）所示。

$$J = \frac{N(N-1)}{2} \tag{2.6}$$

式中：符号意义同前。

理论上，同步闭合环中各 GPS 边的坐标差之和（即闭合差）应为 0，但由于有时各台 GPS 接收机并不是严格同步，同步闭合环的闭合差并不等于零，GPS 规范规定了同步闭合差的限差，对于同步较好的情况，应遵守此限差的要求，但当由于某种原因，同步不是很好的，可适当放宽此项限差。

值得注意，当同步闭合环的闭合差较小时，通常只能说明 GPS 基线向量的计算合格，并不能说明 GPS 边的观测精度高。此外，如果接收的信号受到干扰而产生粗差，也不能用同步闭合环的闭合差去确定有无或大小。

为了确保 GPS 观测质量的可靠性，有效地发现观测成果中的粗差，必须使 GPS 网中的独立边构成一定的几何图形，这种几何图形，可以是由数条 GPS 独立边构成的非同步多边形（亦称非同步闭合环），如三边形、四边形、五边形……当 GPS 网中有若干个起算点时，也可以是由两个起算点之间的数条 GPS 独立边构成的附合路线。

对于异步环的构成，一般应按所设计的网图选定。当接收机多于 3 台时，也可按软件功能自动挑选独立基线构成环路。

⑤GPS 网的图形设计。

常规测量中，对控制网的图形设计要求是，既要保证通视，又要考虑图形结构（几何强度）。而在 GPS 测量图形设计时，因 GPS 观测不要求通视，所以其图形设计具有较大的灵活性。GPS 网的图形设计主要取决于用户的要求、经费、时间、人力以及所投入接收机的类型、数量和后勤保障条件等。

GPS 网的图形可以布设成点连式、边连式、网连式及边点混合连接式 4 种基本方式，也可布设成星形连接、附合导线连接、三角锁形连接等。选择什么样的组网，取决于工程所要求的精度、野外条件及 GPS 接收机台数等因素。

（2）GPS 静态测量的外业实施

①观测工作依据的主要技术指标。

GPS 测量在外业观测作业中按有关技术指标执行。

②安置天线。

一般情况下，是将接收机安装在三脚架上，在 GPS 点标志中心上方直接对中整平。架设接收机天线不宜过低，一般应距地面 1 m 以上。天线架好后，量取天线高，对于圆盘天线（接收机），在间隔 120° 的 3 个方向上分别量取天线高，对于方形天线（接收机），在几个边的方向上分别量取天线高，各次测量结果之差不应超过 3 mm，取各次结果的平均值记入测量手簿中，天线高的记录取值到 0.001 m。

对于较高等级（C、D 级）的 GPS 测量，要求测定气象元素，每时段气象观测应不少于 3 次（时段开始、中间、结束）。气压值读至 0.1 mbar，气温读至 0.1 ℃，对 E 级及以下 GPS 测量，可只记录天气状况。核对点名并记入测量手簿中。

③开机观测。

观测作业的目的是捕获 GPS 卫星信号，并对其进行跟踪、处理和量测，以获得所需要的定位信息和观测数据。天线安置完成确认就绪后，开启接收机电源进行观测。

接收机锁定卫星并开始记录数据后，观测员可按照仪器随机提供的操作手簿进行输入和查询操作，在未掌握有关操作系统之前，不要随意按键和输入，在正常接收过程中禁止更改任何设置参数。

④记录。

在外业观测工作中，所有信息资料均须妥善记录，记录形式主要有存储记录和测量手簿两种。

存储记录由 GPS 接收机自动进行，其主要内容有载波相位观测值及相应的观测历元，同一历元的测码伪距观测值，GPS 卫星星历及卫星钟差参数，实时绝对定位结果，测站控制信息及接收机工作状态信息。

测量手簿是在接收机启动前及观测过程中，由观测者随时填写的。其记录格式参照现行的 GPS 测量规范，也可按照技术设计书的要求记录。

存储记录和测量手簿都是 GPS 定位测量的依据，必须认真、及时填写，杜绝事后补记或追记。

外业观测中仪器自动记录的数据文件应及时拷贝，妥善保管。存储介质的外面，适当处应贴制标签，注明文件名、网区名、点名、时段名、采集日期、测量手簿编号等。

接收机内存数据文件在转录到外存介质上时，不得进行任何剔除或删改，不得调用任何对数据实施重新加工组合的操作指令。

**2. 数据处理**

（1）数据处理软件及选择

GPS 网数据处理分基线解算和网平差两个阶段。各阶段数据处理软件可采用随机软件（购置接收机的配套软件）或经正式鉴定的专门软件，对于高精度的 GPS 网成果处理应选用国际著名 GPS 软件。

（2）基线解算（数据预处理）

用两台及两台以上接收机同步观测，产生独立基线向量（坐标差），对独立基线向量的平差计算即基线解算，也称作观测数据预处理。

预处理的主要目的是对原始数据进行编辑、加工整理、分流并产生各种专用信息文件，为进一步的平差计算做准备，包括以下基本内容。

①数据传输。

将 GPS 接收机记录的观测数据传输到计算机或其他介质上。

②数据分流。

从原始记录中，通过解码将各种数据分类整理，剔除无效观测值和冗余信息，形成各种数据文件，如星历文件、观测文件和测站信息文件等。

③统一数据文件格式。

将不同类型接收机的数据记录格式、项目和采样间隔，统一为标准化的文件格式，以便统一处理。

④卫星轨道的标准化。

采用多项式拟合法，平滑 GPS 卫星每小时发送的轨道参数，使观测时段的卫星轨道标准化。

⑤探测周跳、修复载波相位观测值。

⑥对观测值进行必要改正，如加入对流层改正和电离层改正。

（3）观测成果的检核

对野外观测资料首先要进行核查，包括成果是否符合计划和规范的要求、进行的观测数据质量分析是否符合实际等，然后进行下列项目的检核。

①每个时段同步边观测数据的检核。

剔除的观测值个数与应获取的观测值个数的比值称为数据剔除率，同一时段观测值的数据剔除率应小于 10%。

采用单基线处理模式时，对于采用同一种数学模型的基线解，其同步时段中任意的三边同步环的坐标分量相对闭合差和全长相对闭合差不得超过规定限差。

②重复观测边的检核。

同一条基线边若观测了多个时段，则可得到多个边长结果，这种具有多个独立观测结果的边就是重复观测边。对于重复观测边的任意两个时段的成果互差，均应小于相应等级规定精度（按平均边长计算）的 $2\sqrt{2}$ 倍。

③同步观测环检核。

当环中各边为多台接收机同步观测时，由于各边是不独立的，所以其闭合差应恒为零，例如三边同步环中只有两条同步边可以视为独立的成果，第三边成果应为其余两边的代数和。但是由于模型误差和处理软件的内在缺陷，使得这种同步环的闭合差实际上仍可能不为零，这种闭合差一般数值很小，不至于对定位结果产生明显影响，所以也可把它作为成果质量的一种检核标准。

④异步观测环检核。

无论采用单基线模式或多基线模式解算基线，都应在整个 GPS 网中选取一组完全的独立基线构成独立环，各独立环的坐标分量闭合差和全长闭合差应符合要求。

当发现边闭合数据或环闭合数据超出上述规定时，应分析原因并对其中部分或全部成果重测。需要重测的边，应尽量安排在一起进行同步观测。

对经过检核超限的基线在充分分析基础上，进行野外返工观测，基线返工应注意的问题：无论何种原因造成一个控制点不能与两条合格独立基线相连，则在该点上应补测或重测不少于一条独立基线；可以舍弃在复测基线边长较差、同步环闭合差、独立环闭合差检验中超限的基线，但必须保证舍弃基线后的独立环所含基线数不得超过规定，否则应重测该基线或者有关的同步图形；由于点位不符合 GPS 测量要求，造成一个测站多次重测仍不能满足各项限差技术规定时，可按技术设计要求另增选新点进行重测。

（4）GPS 网平差处理

①无约束平差。

在各项质量检核符合要求后，以所有独立基线组成闭合图形，以三维基线向量及其相应方差—协方差矩阵作为观测信息，以一个点的 WGS-84 坐标系三维坐标作为起算依据，进行 GPS 网的无约束平差。基线向量的改正数绝对值应满足的要求如式（2.7）所示。

$$\left. \begin{array}{l} V_{\Delta x} \leqslant 3\sigma \\ V_{\Delta y} \leqslant 3\sigma \\ V_{\Delta z} \leqslant 3\sigma \end{array} \right\} \tag{2.7}$$

式中：$V_{\Delta x}$、$V_{\Delta y}$、$V_{\Delta z}$ 分别为三维坐标 $x$、$y$、$z$ 方向上的基线向量的改正数绝对值；$\sigma$ 为该等级基线的精度。

若不能满足要求，认为该基线或其附近存在粗差基线，应采用软件提供的方法或人工方法剔除粗差基线，直至符合式（2.7）的要求。

无约束平差结果有各控制点在 WGS-84 坐标系下的三维坐标，各基线向量三个坐标差观测值的总改正数，基线边长以及点位和边长的精度信息。

②约束平差。

在无约束平差确定的有效观测量基础上，在国家坐标系或地方独立坐标系下，进行三维约束平差或二维约束平差。约束点的已知坐标、已知距离或已知方位，可以作为强制约束的固定值，也可作为加权观测值。

约束平差中，基线向量的改正数，与剔除粗差后的无约束平差结果的改正数，两者的较差（$d_{v\Delta x}$、$d_{v\Delta y}$、$d_{v\Delta z}$）应符合的规定如式（2.8）所示。

$$\left.\begin{array}{l} d_{v\Delta x} \leqslant 2\sigma \\ d_{v\Delta y} \leqslant 2\sigma \\ d_{v\Delta z} \leqslant 2\sigma \end{array}\right\} \qquad (2.8)$$

式中：$\sigma$ 为该等级基线的精度。

若不能满足式（2.8）的要求，认为作为约束的已知坐标、已知距离、已知方位与GPS网不兼容，采用软件提供的或人为的方法，剔除某些误差大的约束值，重新平差计算，直至符合要求。

约束平差的结果有在国家坐标系或地方独立坐标系中的三维或二维坐标，基线向量改正数，基线边长、方位，坐标、边长、方位的精度信息，转换参数及其精度信息。

### 3. 静态测量误差分析及注意事项

（1）误差分析

GPS测量是通过地面接收设备接收卫星传送的信息，确定地面点的三维坐标，测量结果的误差主要来源于GPS卫星、卫星信号的传播过程和地面接收设备。在高精度的GPS测量中，还应注意到与地球整体运动有关的地球潮汐、负荷潮及相对论效应等的影响。

上述误差，按误差性质可分为系统误差与偶然误差两类。偶然误差主要包括信号的多路径效应和接收机的安置误差，系统误差包括卫星的星历误差、卫星钟差、接收机钟差以及大气折射的误差等。其中系统误差无论是误差的大小还是对定位结果的危害性，都比偶然误差要大得多，所以系统误差是GPS测量的主要误差源，然而系统误差有一定的规律可循，可采取一定的措施加以消除。

下文分别讨论GPS测量中信号传播、卫星本身和信号接收等误差。

①与信号传播有关的误差。

与信号传播有关的误差有电离层折射误差、对流层折射误差及多路径效应误差。

a）电离层折射误差。所谓电离层，是指地球上空距地面高度在50千米至几千千米之间的大气层。电离层中的气体分子由于受到太阳等天体各种射线辐射，产生电离形成大量的自由电子和正离子。当GPS信号通过电离层时，如同其他电磁波一样，信号的路径会发生弯曲，传播速度也会发生变化，所以用信号的传播时间乘上理论的传播速度而得到的距离，就会不等于卫星至接收机间的几何距离，这种偏差叫电离层折射误差。电离层改正的大小主要取决于电子总量和信号频率。载波相位测量时的电离层折射改正和伪距测量时

的改正数大小相同，符号相反。对于 GPS 信号来讲，这种距离改正在天顶方向最大可达
50 m，在接近地平方向时（高度角为 20°）则可达 150 m，因此必须加以改正，否则会严
重损害观测值的精度。

b）对流层折射误差。对流层是高度为 50 km 以下的大气底层，其大气密度比电离层
更大，大气状态也更复杂。对流层与地面接触并从地面得到辐射热能，其温度随高度的上
升而降低，GPS 信号通过对流层时，使传播的路径发生弯曲，从而使测量距离产生偏差，
这种现象叫作对流层折射误差。

c）多路径效应误差。在 GPS 测量中，如果测站周围的反射物所反射的卫星信号（反
射波）进入接收机天线，就将和直接来自卫星的信号（直接波）产生干涉，从而使观测
值偏离真值产生所谓的"多路径误差"。这种由于多路径的信号传播所引起的干涉时延效
应，被称作多路径效应误差。

②与卫星本身有关的误差。

与卫星本身有关的误差有卫星星历误差、卫星钟的钟误差及相对论效应。

a）卫星星历误差。由星历所给出的卫星在空间的位置与实际位置之差称为卫星星历
误差。由于卫星在运行中要受到多种摄动力的复杂影响，而通过地面监测站又难以充分靠
地测定这些作用力并掌握它们的作用规律，因此在星历预报时会产生较大的误差。在一个
观测时间段内星历误差属系统误差特性，是一种起算数据误差，它会严重影响单点定位的
精度，也是精密相对定位中的重要误差源。

b）卫星钟的钟误差。卫星钟的钟误差包括由钟差、频偏、频漂等产生的误差，也包
括钟的随机误差。在 GPS 测量中，无论是码相位观测或载波相位观测，均要求卫星钟和
接收机钟保持严格同步。尽管 GPS 卫星设有高精度的原子钟，但与理想的 GPS 时之间仍
存在着偏差或漂移，这些偏差的总量即便在 1 ms 以内，由此引起的等效距离误差也可能
达 300 km。

c）相对论效应。相对论效应是由于卫星钟和接收机钟所处的状态（运动速度和重力
位）不同，而引起卫星钟和接收机钟之间产生相对钟误差的现象。

③与接收机有关的误差。

与接收机有关的误差主要有接收机钟误差、接收机位置误差和天线相位中心位置误
差等。

a）接收机钟误差。GPS 接收机一般采用高精度的石英钟，其稳定度约为 $10^{-9}$。若接
收机钟与卫星钟间的同步差为 1 μs，则由此引起的等效距离误差约为 300 m。

b）接收机位置误差。接收机天线相位中心相对测站标石中心位置的误差称为接收机
位置误差，包括天线的置平误差和对中误差、量取天线高误差。例如，当天线高度为
1.6 m、置平误差为 0.1°时，会产生对中误差 3 mm。因此，安置接收机，必须仔细操作，
以尽量减少这种误差的影响。对于精度要求较高时，有条件的宜采用有强制对中装置的观
测墩。

c）天线相位中心位置误差。在 GPS 测量中，观测值都是以接收机天线的相位中心位

置为准的，而安置接收机是根据其几何中心的，所以天线的相位中心与几何中心在理论上应保持一致，可是实际上天线的相位中心随着信号输入的强度和方向不同而有所变化，即观测时相位中心的瞬时位置（称相位中心）与理论上的相位中心将有所不同，这种差别叫天线相位中心位置误差，这种误差的影响，可达数毫米甚至厘米。如何减少相位中心的偏移是天线设计中的一个重要问题。

在实际工作中，如果使用同一类型的天线，在相距不远的两个或多个观测站上同步观测同一组卫星，便可以通过观测值的求差来削弱相位中心偏移的影响，不过这时各观测站的天线应按天线附有的方位标进行定向，可使用罗盘使之指向磁北极，定向偏差保持在 3° 以内。

GPS 测量的误差来源是很复杂的，随着对定位精度要求的不断提高，研究误差的来源及其影响规律具有重要的意义。

（2）注意事项

①选点注意事项。

GPS 测量观测站之间不一定要求相互通视，而且网的图形结构也比较灵活，所以选点工作比常规控制测量的选点要简便。但由于点位的选择对于保证观测工作的顺利进行和保证测量结果的可靠性有着重要的意义，所以在选点工作开始前，除收集和了解有关测区的地理情况和原有测量控制点分布及标架、标型、标石完好状况外，选点工作还应遵守的原则：点位应设在易于安装接收设备、视野开阔的较高点上；点位视场周围 15° 以上不应有障碍物，以减小 GPS 信号被遮挡或障碍物吸收；点位应远离大功率无线电发射源（如电视台、微波站等），其距离不小于 200 m，远离高压输电线，其距离不小于 50 m，以避免电磁场对 GPS 信号的干扰；点位附近不应有大面积水域或有强烈干扰卫星信号接收的物体，以减弱多路径效应的影响；点位应选在交通方便，利于其他观测手段扩展与联测的地方；地面基础稳定，易于点的保存；选点人员应按技术设计进行踏勘，在实地按要求选定点位；网形应有利于同步观测边、点联结；当所选点位需要进行水准联测时，选点人员应实地踏勘水准路线，提出有关建议；当利用旧点时，应对旧点的稳定性、完好性，以及觇标是否安全可用进行检查，符合要求方可利用。

②观测注意事项。

在观测工作中，仪器操作人员应注意以下事项。

a）确认外接电源电缆及天线等各项连接完全无误后，方可接通电源启动接收机。

b）开机后接收机有关指示显示正常并通过自检后方能输入有关测站和时段控制信息。

c）接收机在开始记录数据后，应注意查看有关观测卫星数量、卫星号、相位测量残差、实时定位结果及其变化、存储介质记录等情况。

d）一个时段观测过程中，不允许进行关闭又重新启动、进行自测试（发现故障除外）、改变卫星高度角、改变天线位置、改变数据采样间隔、按动关闭文件和删除文件等功能键。

e）每一观测时段中，气象元素一般应在始、中、末各观测记录一次，若时段较长可适当增加观测次数。

f）在观测过程中要特别注意供电情况，作业中观测人员不要远离接收机，听到仪器的低电压报警要及时予以处理，否则可能会造成仪器内部数据的破坏或丢失。

g）仪器高要按规定始、末各量测一次，并及时输入仪器及记入测量手簿中。

h）在观测过程中不要靠近接收机使用通信设备，雷雨季节架设天线要防止雷击，雷雨过境时应关机停测，并卸下天线。

i）观测站的全部预定作业项目，经检查均已按规定完成，且记录与资料完整无误后方可迁站。

j）观测过程中要随时查看仪器内存或硬盘容量，每日观测结束后，应及时将数据转存至计算机硬盘或移动盘上，确保观测数据不丢失。

### 2.1.3　卫星定位差分测量

#### 1. 差分测量概念和分类

差分（differential）技术，简单理解就是，在不同观测量之间进行求差，其目的在于消除公共项，包括公共误差和公共参数，在以前的无线电定位系统中已被广泛地应用。卫星定位差分测量，是将一台接收机安置在一个固定不动的点（称作"基准站"）上进行观测，根据基准站已知精密坐标，计算出基准站到卫星的距离改正数，并由基准站通过发送电台（称作"数据链"），实时将这一数据发送出去。用户接收机在进行观测（接收卫星信号）的同时，也接收基准站发出的改正数，以此对定位结果进行改正，从而提高定位精度。

差分GPS（称作DGPS）定位，根据差分基准站发送的信息方式可分为三类：位置差分、伪距差分和载波相位差分。

（1）位置差分

安装在基准站上的GPS接收机，观测4颗卫星后便可进行三维定位，解算出基准站的坐标。由于存在着轨道误差、时钟误差、大气影响、多路径效应以及其他误差，解算出的坐标与基准站的已知坐标不一致。基准站利用数据链将坐标改正数发送给用户站，用户站用该坐标改正数对其观测坐标进行改正。

坐标差分的优点是传输的差分改正数较少，计算方法简单，任何一种GPS接收机均可改装和组成这种差分系统。其缺点为，要求基准站与用户站必须同步观测同一组卫星，如果接收机基准站与用户站接收机配备及观测环境不完全相同，就难以保证同步观测同一组卫星，这样必将导致定位误差的不匹配，从而影响定位精度。

（2）伪距差分

伪距差分即码（C/A码、P码）相位差分技术。在基准站上的接收机，观测求得它至可见卫星的距离，将此计算出的距离与含有误差的测量值加以比较。利用滤波器将此差值滤波并求出其偏差，然后将所有卫星的测距误差传输给用户，用户利用此测距误差来改正测量的伪距。最后，用户利用改正后的伪距来解出本身的位置，就可消去公共误差，提高定位精度。

与位置差分相似，伪距差分能将两站公共误差抵消，但随着用户到基准站距离的增加又出现了系统误差，这种误差用任何差分法都是不能消除的。用户和基准站之间的距离对精度有决定性影响。

（3）载波相位差分

利用卫星信号使用的 L 波段的两个无线载波（$L_1$ 和 $L_2$；$L_1$ 波长为 19 cm，$L_2$ 波长为 24 cm），由基准站通过数据链，将其载波观测量及站坐标信息，一同传送给用户站。用户站将接收卫星的载波相位与来自基准站的载波相位，组成相位差分观测值进行及时处理，获得高精度的定位结果。

2. RTK 测量

（1）RTK 测量原理

RTK（real time kinematic）定位技术即实时动态测量技术，是以载波相位观测量为根据的实时差分（real time differential，RTD）测量技术，它是卫星测量技术发展中的一个重大突破。

GPS 测量工作，其定位结果需通过观测数据的测后处理而获得。观测数据在测后处理，无法实时地给出观测站的定位结果，也不能对观测数据的质量进行实时地检核，因而如果在数据后处理后发现不合格的测量成果，需要进行返工重测。以往解决这一问题的措施主要是延长观测时间，以获得大量的多余观测量，来保障测量结果的可靠性，显然，这样会降低定位测量工作的效率。实时动态（RTK）测量，采用载波相位动态实时差分方法，实现在野外实时得到定位结果，并现场查看其定位精度。

如图 2-3 所示，在基准站上安置一台 GPS 接收机，对所有可见 GPS 卫星进行连续的观测，并将其观测数据通过无线电传输设备（数据链）实时地发送给用户观测站（移动站）。在移动站上，GPS 接收机在接收 GPS 卫星信号的同时，通过无线电接收设备，接收基准站传输的观测数据，在整周未知数解固定后，软件实时地进行计算处理，通过手持操作设备实时地显示用户站的三维坐标及其精度。手持操作设备也称测量手簿。

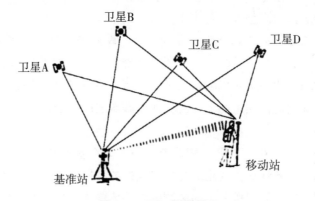

图 2-3　RTK 测量原理

（2）RTK 测量作业步骤

RTK 测量系统由基准站和移动站两部分组成，测量时，其操作步骤是先启动基准站，后进行移动站操作。

①基准站操作。

将基准站的接收机组装在对中基座上，然后安装在三脚架上进行对中整平。基准站的发射电台有两种情况：一种是内置方式，即接收机主机、接收机天线、发射电台及发射天线、电池组合在一起；另一种是分离方式，即接收机主机、接收机天线、发射电台及发射天线、电池（或电瓶）是分离的，需通过电缆连接。基站架设好后，打开主机电源，设置为基准站模式。查看卫星信号闪烁灯及电台发射闪烁灯，若均正常表明基准站架设完成。

②移动站连接。

移动站由接收机、对中杆和控制手簿组成。将接收机安装在对中杆上，利用固定支架将手簿也固定在对中杆的适当位置，以方便操作。接收机与手簿一般是通过蓝牙连接（也可以通过电缆连接）。打开移动站接收机电源，设置接收机为移动站，并设置电台模式。打开手簿电源，点开手簿蓝牙，搜索移动站串号与移动站配对，然后打开手簿中的测量软件，配置里面的 COM 口（cluster communication port，串行通信端口，简称串口）设置，和蓝牙里面的必须一样，点连接并确定连接到移动站接收机，在手簿上看是否接收到卫星信号及电台信号，若均能正常接收，待手簿显示移动站达到固定解，则移动站连接完毕。

③测量项目设置。

在手簿上，根据软件的提示，新建测量项目（若还是用上次的测量项目则不必新建，只需打开以前的项目即可，看屏幕上显示的项目名称），选择坐标系（与测量项目要求的坐标系一致），填入正确的当地工作地点的中央子午线数据，确认后，则测量项目建立完毕。如果新建的测量项目、坐标系及工作区域与手簿中存有的项目相同，则直接套用原有项目即可。

④求转换参数。

如果已经获得工作区域的参数，可根据软件向导的提示，在设置菜单下的测量参数中输入即可。

如果没有转换参数，就需要用控制点求转换参数，转换参数有四参数和七参数之分，二者只能用其一。四参数计算至少需要 2 个控制点，七参数计算至少需要 3 个控制点，控制点等级和分布直接决定参数的控制范围。

各种 GPS 品牌手簿中的程序，一般都会提供两种计算转换参数的方式：一种是用控制点坐标库中的数据计算，另一种是现场输入和采点数据进行计算。

⑤测量点坐标采集。

转换参数求好之后，便可以开始正常的作业了。移动站对中杆立在待测量点上，在手簿屏幕显示固定解的状态下测量，输入测点名并保存。在作业过程中，可以随时查看测量点的数据。

### 3. CORS RTK 测量

（1）CORS 的定义

CORS（continuously operating reference station），即连续运行参考站，可以定义为一个或若干个固定的、连续运行的 GPS 参考站，利用计算机、数据通信和互联网技术组成的网络，实时地向不同类型、不同需求、不同层次的用户，自动地提供经过检验的不同类型的 GPS 观测值（伪距，载波相位）、各种改正数参数、状态信息以及其他 GPS 服务项目。

CORS 系统的理论源于 20 世纪 80 年代中期，加拿大学者提出的主动控制系统（active control system）。该理论认为，GPS 主要误差源来自卫星星历。之后由于基准站点（fiducial points）概念的提出，使这一理论的实用化推进了许多。它的主要理论基础是认为在同一批测量的 GPS 点中选出一些点位可靠、对整个测区具有控制意义的测站，并进行较长时间的连续跟踪观测，通过这些站点组成的网络解算，获取覆盖该地区和该时间段的局域精密星历及其他改正参数，以用于测区内其他基线观测值的精密解算。

（2）CORS 技术简述

目前应用较广的 CORS 技术有 Trimble（天宝，美国一家从事测绘技术开发和应用的高科技公司名称）的 VRS（virtual reference station，虚拟基准站）技术和 Leica（莱卡，一家瑞士测量系统股份有限公司名称）的主辅站技术。两种技术基本思想都是将所有的固定参考站数据发送到数据处理中心，联合解算后，以 CMR（compact measurement record，差分格式标准）、RTCM（radio technology committee of marine，海事无线电技术委员会）等通信标准格式播发到移动站，但两者还有不同的地方。

①Trimble 的 VRS 技术。

VRS 与常规 RTK 不同，VRS 网络中，各固定参考站不直接向移动用户发送任何改正信息，而是将所有的原始数据通过数据通信线发给控制中心。同时，移动用户在工作前，先通过 GSM 的短信息功能向控制中心发送一个概略坐标，控制中心收到这个位置信息后，根据用户位置，由计算机自动选择最佳的一组固定基准站，根据这些站发来的信息，整体地改正 GPS 的轨道误差，电离层、对流层和大气折射引起的误差，将高精度的差分信号发给移动站。这个差分信号的效果相当于在移动站旁边，生成一个虚拟的参考基站。由上述可见，在 VRS 网络中，需要移动站先将接收机的位置信息发送到数据处理中心，数据处理中心会根据移动站的位置"虚拟"出一个参考站，然后，将虚拟出的参考站改正数据播发给移动站，所以在这条通信线路上是双向通信的。

②Leica 的主辅站技术。

Leica 的主辅站技术，认为数据处理中心播发给移动站的数据由两个部分组成：一部分是主参考站的位置信息及改正信息；另一部分是辅参考站相对于主参考站的改正信息。一个参考站网中只有一个主站，剩下的都是辅站。Leica 的主辅站技术不需要用户播发位置信息，所以在这条通信线路上是单向通信的（最新的 Leica 技术也需要移动站播发数据给基准站）。

目前，各地建成的 CORS 系统有单基站 CORS 系统、多基站 CORS 系统和网络 CORS 系统之分。单基站系统类似于"1+1"或"1+N"的 RTK，只不过其基准站是一个连续运行的基准站。多基站系统是由分布在一定区域内的多个单基站组成，各基准站均将数据发送到同一个服务器内。网络 CORS 系统是将所有分布在一定区域内多台基准站的原始数据传回控制中心，利用系统软件对接收到的坐标和原始数据进行系统综合误差的建模。

（3）CORS RTK 特点

CORS 差分测量技术使得卫星定位测量变得更加快速、高效。CORS 系统摆脱了无线电技术的束缚，采用互联网、GPRS（general packet radio service，通用分组无线业务）或 CDMA（code division multiple access，码分多址）作为差分信号传输的载体，借用成熟的网络和移动通信技术，使差分信号的传输不受距离的限制，充分发挥 RTK 技术的效能，具有以下特点。

①CORS 系统测量外业无须架设基站，只需携带移动站设备，使得外业工作更加轻松便捷。

②CORS 系统可大大减小系统误差，并有效地避免基准站粗差的产生。成熟的移动通信技术保证差分信号质量，保障移动站的初始化速度。

③CORS 系统一次求取转换参数，外出测量只需套用即可直接进行测量作业。

④CORS 系统有效地增加 RTK 作业范围，对于单基站 CORS 系统，基站服务半径约 50 km，而对于多基站 CORS 系统及网络 CORS 系统，其作业范围则更大，例如一些省级网络 CORS 系统，可以在全省范围内任何地方进行测量作业。

⑤CORS 系统服务器可实时监控移动站状态，并可保存移动站实时返回的信息，保证 RTK 数据的完整性。

（4）CORS RTK 测量操作

下面简要介绍 CORS RTK 测量的一般操作步骤。

①连接接收机和手簿。

将接收机安装在对中杆上，打开接收机和手簿电源，默认情况下手簿和接收机会自动进行蓝牙连接，如果弹出提示窗口"端口打开失败"，则重新连接，点击设置菜单下的连接仪器，软件会自动搜索，搜索连接成功后，手簿屏幕上会有个"R"标志。

②新建测量项目。

测量软件默认打开上一次的测量项目，如果是新建项目，根据测量软件提示向导，输入项目名称并确认。

③配置网络参数。

手簿与 GPS 主机连通之后，手簿读取主机的模块类型，点击"设置"下拉菜单下面的"网络连接"。

连接方式根据手机卡类型选择 GPRS 或 CDMA，然后输入 IP（internet protocol，互联网协议）地址、域名、端口、用户名和密码（用户名和密码事先联系使用的 CORS 系统中心进行申请）。设置完成后点击设置按钮，提示设置成功后退出。该设置只需要输入一次，以后无须重复设置。

④套用坐标系统。

CORS RTK 测量一般是套用手簿中预存的坐标系统，如 1954 年北京坐标系，或 1980 年西安坐标系，或 2000 国家大地坐标系，或地方坐标系。如果测量项目与预存的坐标系统均不同，转换参数的求取与前面普通 RTK 测量中介绍的方法相同。

⑤测量及成果输出。

对中杆立在待测量点上，在手簿屏幕显示固定解的状态下测量，输入测点名并保存。在作业过程中，可以随时查看测量点的数据。测量完成后，测量成果可以以不同的格式输出。

### 4. 差分测量误差分析及注意事项

（1）差分测量误差分析

卫星定位差分测量误差可分类为卫星轨道误差及卫星信号传播误差；与仪器和信号干扰有关的误差；数据链误差和转换参数求解误差。

①卫星轨道误差及卫星信号传播误差。

对于轨道误差，其相对误差很小，就短基线（小于 10 km）而言，对测量结果的影响可忽略不计，但是对长距离基线，则可达到几厘米。

卫星信号传播误差主要指电离层误差和对流层误差。电离层引起电磁波传播延迟从而产生误差，其延迟强度与电离层的电子密度密切相关，电离层的电子密度随太阳黑子活动状况、地理位置、季节变化、昼夜不同而变化。利用双频接收机将观测值进行线性组合，利用两个以上观测站同步观测量求差（短基线），利用电离层模型加以改正，均可以有效地消除电离层误差的影响。实际上，差分测量技术一般都考虑了上述因素和办法。对流层误差，即 GPS 信号通过对流层时使传播的路径发生弯曲，从而使距离测量产生偏差，这种现象叫作对流层折射。对流层的折射与地面气候、大气压力、温度和湿度变化密切相关，这也使得对流层折射比电离层折射更复杂。

②与仪器和信号干扰有关的误差。

接收机天线的机械中心（或者叫几何中心）和电子相位中心一般不重合，而且电子相位中心是变化的，它取决于接收信号的频率、方位角和高度角。天线相位中心的变化，可使点位坐标的误差一般达到 3~5 cm。因此，若要提高 RTK 测量的定位精度，必须进行天线检验校正。

多路径效应误差是 RTK 测量中较严重的误差，其大小取决于天线周围的环境，一般为几厘米，高反射环境下可超过 10 cm。多路径效应误差可通过有效措施予以削弱，如选择地形开阔、不具反射面的点位，采用具有削弱多路径效应误差的天线，基准站附近铺设吸收电波的材料等。

信号干扰可能有多种原因，如无线电发射源、雷达装置、高压线等，干扰的强度取决于频率、发射台功率和接收机至干扰源的距离。

气象因素也可能导致观测坐标有较大误差，如快速运动中的气象锋面，因此，在天气急剧变化时不宜进行 RTK 测量。

③数据链误差和转换参数求解误差。

差分测量的基本思想即由基准站通过发送电台（数据链），实时将改正参数发送出去，用户接收机在进行观测的同时，也接收基准站发出的改正数，以此对定位结果进行改正，从而提高定位精度。数据链发送的效果与移动站至基准站的距离有关，所以 RTK 的有效作业半径是有限制的（一般为几公里），虽然 CORS RTK 可以通过网络和移动通信技术有效地解决这一问题，但对于网络信号欠佳的地方，数据链发送的效果也会不理想。

RTK 测量的转换参数是通过具有已知坐标的控制点求解的，其精度不仅与控制点本身精度有关，也与控制点的数量与控制点分布有关。

（2）RTK 测量注意事项

①基准站注意事项。

a）基准站的点位选择，应尽量设置于相对制高点上，以方便播发差分改正信号。

b）基准站周围应视野开阔，截止高度角应超过 15°，周围无信号反射物（大面积水域、大型建筑物、玻璃幕墙等），以减少多路径干扰，并要尽量避开交通要道、过往行人的干扰。

c）若使用外接电台及供电电瓶模式，要把主机、电台和电瓶连接起来，注意电源的正负极，确保所有的连接线都连接正确后方可打开电台电源开关。

d）基准站启动后，需等到差分信号正常发射方可离开。

e）RTK 作业期间，基准站不允许移动或关机又重新启动，若必须重启则需要重新点校正。

②移动站注意事项。

a）在进行 RTK 测量作业前，应首先检查仪器内存容量能否满足工作需要，并备足电源。

b）确保手簿与主机蓝牙已配置好端口。

c）在信号受影响的点位，为提高效率，可将仪器移到开阔处或升高天线，待数据链锁定且差分解达到固定状态后，再小心无倾斜地移回待定点或放低天线，一般可以初始化成功。

d）移动站一般采用默认值 2 m 长对中杆作业，当高度改变时，应注意在手簿中修正杆高。

③套用坐标系统或求解转换参数注意事项。

a）套用预存坐标系统后，进行点校正控制点，应选择在测区中央。对于较大测区，宜分区测量，分区域建立项目，套用预存坐标系统后，选择区域里面的控制点进行点校正。

b）对于必须求解转换参数的测量项目，最好利用 3 个以上已知坐标的控制点进行求解，而且控制点应均匀分布于测区周围。如果利用两点校正，一定要注意尺度比是否接近于 1。要利用坐标转换中误差对转换参数的精度进行评定。

## 2.2 地理信息系统

### 2.2.1 地理信息系统基本知识

**1. 信息、地理信息与地理信息系统**

随着科学技术的发展，人类社会已经进入信息时代，信息、信息技术、信息产业正受到全社会空前的重视和广泛的应用。

广义地说，信息（information）就是客观事物在人们头脑中的反映。

地理信息（geographic information）是指所研究对象的空间地理分布的有关信息，它是表示地表物体及环境固有的数量、质量、分布特征、属性、规律和相互联系的数字、文字、音像和图形等的总称。地理信息不仅包含所研究实体的地理空间位置、形状，也包括对实体特征的属性描述。例如，应用于土地管理的地理信息，既能够表示某点的坐标或某一地块的位置、形状、面积等，也能反映该地块的权属、土壤类型、污染状况、植被情况、气温、降雨量等多种信息。因此，地理信息除具有一般信息所共有的特征外，还具有空间位置的区域性和多维数据结构的特征，即在同一地理位置上具有多个专题和属性的信息结构，同时还有明显的时序特征，即随着时间的变化的动态特征。将这些采集到的与研究对象相关的地理信息，以及与研究目的相关的各种因素有机地结合，并由现代计算机技术统一管理、分析，从而对某一专题产生决策，就形成了地理信息系统。

地理信息系统（geographic information system，GIS）是在计算机硬件、软件及网络技术支持下，对有关地理空间数据进行输入、处理、存储、查询、检索、分析、显示、更新和提供应用的计算机系统。从学科组构的角度来看，地理信息系统是集计算机科学、地理学、测绘遥感学、环境科学、城市科学、空间科学、信息科学和管理科学于一体的新兴边缘学科和交叉学科。

**2. GIS 的形成与发展**

长久以来，地图是人类用于描述现实世界的主要手段。随着计算机的问世和计算机技术的发展，人们常使用计算机技术来描述和分析产生在地球空间上的各类现象，并较为系统地进行了计算机辅助制图和空间分析的研究，其成果为后来地理信息系统的发展奠定了坚实的基础。

20 世纪 60 年代，罗杰·汤姆林森和美国杜恩·马博在不同地方、从不同角度提出了地理信息系统的概念。1962 年，罗杰·汤姆林森提出利用数字计算机处理和分析大量的土地利用地图数据，并建议加拿大土地调查局建立加拿大地理信息系统（Canada geographic information system，CGIS），以实现专题图的叠加、面积量算等。到 1972 年，CGIS 全面投入运行和使用，成为世界上第一个运行的地理信息系统。20 世纪 80 年代，由于社会的迫切需求和多年经验的积累，地理信息系统有了明显的进步，它在土地与房地产管理、资源调查、环境保护、市政建设与管理、大型工程的前期分析和实施监控、区域与国家的宏观分析和调控等方面均取得了显著的成效，逐渐形成一种新兴的产业并逐步应用于各行各业。

我国从20世纪80年代初开始对地理信息系统进行研究，多年来，经历了起步阶段和发展阶段，目前已经进入产业化阶段，并逐步在国民经济和社会生活中得到广泛应用。

地理信息系统之所以能发展成为一门科学乃至一种产业，其历史背景和原因有很多，但主要的原因可以归纳为以下几点。

（1）资源环境信息的丰富

国土规划、区域开发、环境保护和大型工程规划设计，全国人口普查、土地资源详查和工业资源普查，海洋、陆地和大气方面各种监测站网的布置，卫星与航空多层次遥感遥测，既需要获取、积累大量数据，又迫切要求科学地利用数据，故急需一个科学的系统来存储和管理这些巨量信息。

（2）科学技术的突飞猛进

20世纪中叶以来，信息科学、计算机技术、遥感技术、网络和移动通信技术的快速发展与应用，为GIS的发展提供了强有力的技术支撑。

（3）交叉学科的发展

政府部门的规划、决策、管理的工作方式在迅速改变。20世纪50年代常规的调查报告和统计的形式、60年代的专题图和地图集，这些曾经盛极一时的信息表达形式，在其信息层次、信息载量、更新周期和信息处理等方面，已难以适应快速发展的现代化建设多学科综合应用的需要。20世纪80年代出现的以计算机为主体，同时得到遥感、遥测技术、系统工程方法支持的信息系统，成为政府部门规划、决策和管理智能化现代化的保证。

（4）人类社会观念的进步

随着社会的进步，人类开始意识到对于自然资源的利用不能是简单掠夺，而应当可持续利用。吸取过去的经验教训，对自然资源采取科学的管理，就显得十分必要。

## 3. GIS的特征

（1）统一的地理定位

所有的地理要素，在一个特定投影和比例的参考坐标系统中进行严格的空间定位。

（2）信息源输入的数字化和标准化

来自系统外部的多种来源、多种形式的原始信息，由外部格式转换成便于计算机进行分析处理的内部格式，对这些原始信息予以数字化和标准化，即对不同精度、不同比例尺、不同投影坐标系统的形式多样的外部信息，按统一的坐标系和统一的记录格式进行格式转换、坐标转换，形成数据文件，存入数据库内。

（3）多维数据结构

由于地理信息不仅包括所研究对象的空间位置，也包括其实体特征的属性描述，同时还有明显的时序特征，因此，GIS的空间数据组织形式是一个由空间数据（三维空间坐标及其拓扑关系）、属性数据及时态数据所组成的多维数据结构。

### 4. GIS 与其他系统的关系

GIS 是在地球科学与数据库管理系统（database management system，DBMS）、计算机图形学（computer graphics）、计算机辅助设计（computer aided design，CAD）、计算机辅助制图（computer aided mapping，CAM）等与计算机技术相关学科相结合的基础上发展起来的。故 GIS 与它们存在着许多交叉与相互覆盖的关系，但它们之间也有很大的区别。

（1）GIS 与管理信息系统（management information system，MIS）的主要区别

一般而言，管理信息系统（如情报检索系统、财务管理系统等）只有属性数据库的管理而无体现空间地理位置的地图数据或地图图形，有时即使存储了图形，也是以文件形式管理，图形要素不能分解、查询，也没有拓扑关系，因此亦称为非空间信息系统。而 GIS 则要对空间图形数据库和属性数据库共同管理、分析和应用，亦称为空间信息系统。

（2）GIS 与 CAD 和 CAM 的主要区别

①CAD、CAM 不能建立地理坐标系和完成地理坐标变换。

②GIS 的数据量比 CAD 和 CAM 的数据量大得多，数据结构、数据类型亦更为复杂，数据间联系紧密，这是因为 GIS 涉及的区域广泛、精度要求高、变化复杂、要素众多、相互关联，单一结构难以完整描述。

③CAD、CAM 不具备地理意义的空间查询和分析功能。

（3）GIS 与 DBMS 的主要区别

与 GIS 相比较，DBMS 尚存在两个明显的不足。

①缺乏空间实体定义能力。流行的数据库结构，如网状结构、层次结构和关系结构等，都难以对地理空间数据结构进行全面、灵活、高效的描述。

②缺乏空间关系查询能力。通用的 DBMS 的查询主要是针对实体的查询，而 GIS 不仅要求对实体查询，还要求对空间关系进行查询，如关于方位、距离、包容、相邻、相交和空间覆盖关系等的查询。因此，通用 DBMS 尚难以实现对地理数据空间查询和空间分析。

### 5. GIS 与其他学科的联系

地理信息系统的不断发展，已经成为信息科学的一个组成部分，既依赖于地理学、测绘学等基础学科，又取决于计算机科学、航天技术、遥感技术、人工智能与专家系统的进步和发展，是一门从属于信息科学的边缘学科，同时又为以上学科的发展提供了更高的平台。

### 6. GIS 的发展趋势

目前，GIS 进入了新的发展阶段，不仅成为包括硬件生产、软件研制、数据采集、空间分析及咨询服务的全球性的新兴信息产业，而且已经发展成为一门处理空间数据的现代化综合学科，成为地球空间信息科学的重要组成部分。

（1）与其他学科结合更加紧密、应用更加广泛

从 GIS 的产生和发展来看，GIS 与测绘、遥感（remote sensing，RS）、全球导航卫星

系统有机地集成在一起，使得测绘、遥感、制图、地理、管理和决策科学相互融合，成为快速而实时的空间信息分析和决策支持工具。

"3S"（RS、GPS、GIS）集成技术就是以地理信息系统为核心的集成技术，构成了对空间数据适时进行采集、更新、处理、分析以及为各种实际应用提供科学的决策咨询的强大技术体系。

（2）国家基础地理信息系统建设成为数字地球最主要的基础设施

1998 年美国前副总统戈尔提出数字地球（digital earth）的概念，指出数字地球是一个以地理坐标（经纬网）为依据，将人类对地球观测的全球性的、动态的、高分辨率的、数字化的资源、环境，乃至社会经济的海量数据进行整合，并由计算机及其网络进行管理和综合分析所形成的一个能立体表达的新型"地球仪"——虚拟地球。也就是用数字的方法将地球、地球上的活动及整个地球环境的时空变化等方面的所有信息加以数字化并装入计算机中，由计算机对这些海量的地理数据进行描述，并在网络上流通，使普通百姓能够方便地获得各种各样的有关地球的信息。因此，也可以认为"数字地球"就是信息化的地球，当今社会就是信息化的社会。

数字地球是地球科学与信息科学的高度综合，也是国家信息基础设施与国家空间数据基础设施的高度的综合，GIS 在其中扮演极为重要的角色，其建设与发展和国家空间数据基础设施的建设与发展紧密相连。

（3）基于互联网的 GIS 是未来 GIS 发展的主流

GIS 始终与计算机技术密切相关，如今计算机网络的迅速发展、信息高速公路的建设，使大量的数字化后的地理信息和空间数据，方便、快速、及时地传送到任何需要的地方去，实现信息共享，并更广泛地发挥其应用价值。运用互联网将无数个分布于不同地点、不同部门、相互独立但具有相同软件平台的 GIS 连接起来，将系统的分析功能与数据管理分布在开放的网络环境之中，以实施空间数据的互交换、互运算和互操作的地理信息系统称为超媒体网络地理信息系统。当然，不同厂商的 GIS 软件及不同工作站的数据库间实施空间数据的互交换、互运算和互操作，应通过统一的标准和接口相连接，形成开放式地理信息系统（open GIS），这是 GIS 发展的主流。

（4）构件式 GIS 的发展

数字地球的建立是一个极为庞大的工程，需要世界各地的人们参与，即便是建立一个小型的 GIS 也不是一两个人所能完成的，因此，把庞大的 GIS 软件系统分解成可按应用需要组装的组件，通过标准的系统环境，有效地实现系统集成，这就是构件式 GIS。一旦实现了这一步，全世界的人都可以参与 GIS 的建设，完善数据库，建立丰富的组件库，用户可根据需要拼装调用。

## 2.2.2 GIS 的构成

完整的 GIS 主要由 4 个部分构成：计算机硬件系统、计算机软件系统、地理空间数据和系统管理操作人员。硬件和软件是 GIS 的必要组成部分，地理空间数据库是 GIS 的核心部分，而系统管理操作人员是整个地理信息系统运作成功与否的关键。

### 1. 计算机硬件系统

GIS 的硬件是指计算机系统的硬件环境及外围设备，包括电子的、电的、磁的、机械的、光的元件或装置。系统的规模、精度、速度、功能、形式、使用方法甚至软件，都与硬件有极大的关系，受硬件指标的支持或制约。

GIS 硬件配置一般包括以下内容。

（1）计算机主机

计算机主机包括从主机服务器到桌面工作站乃至网络系统的一切计算机资源。

（2）数据输入设备

数据输入设备包括数字化仪、图像扫描仪、解析测图仪和数字摄影测量仪、手写笔、光笔、键盘、通信端口等，以及全站仪、卫星定位测量设备等测绘仪器等。

（3）数据存储设备

数据存储设备包括光盘刻录机、磁带机、光盘塔、移动硬盘、磁盘阵列等。

（4）数据输出设备

数据输出设备包括矢量绘图仪、彩色喷墨绘图仪、激光打印机等。

（5）网络通信设备

网络通信设备是指在网络系统中用于数据传输的光缆、电缆。

### 2. 计算机软件系统

计算机软件系统指 GIS 运行所必需的各种程序，包括计算机系统软件、地理信息系统软件、应用分析软件等。

（1）计算机系统软件

计算机系统软件是用户开发和使用计算机的程序系统，通常包括操作系统、汇编程序、编译程序、诊断程序、库程序以及各种维护使用手册、程序说明等。

（2）地理信息系统软件

地理信息系统软件，可以是通用的 GIS 软件也可包括数据库管理软件、计算机图形软件包、图像处理软件等。GIS 软件按功能可分为以下几类。

①数据输入。

将系统外部的原始数据（多种来源、多种形式的信息）传输给系统内部，并将这些数据从外部格式转换为便于系统处理的内部格式。如将各种已存在的地图、遥感图像数字化，或者通过通信或读磁盘、磁带的方式录入遥感数据或其他系统已存在的数据，还包括以适当的方式录入各种统计数据、野外调查数据和仪器记录的数据。

②数据存储与管理。

数据存储和数据库管理涉及地理元素（表示地表物体的点、线、面）的位置、连接关系及属性数据如何构造和组织等。用于组织数据库的计算机系统称为数据库管理系统。空间数据库的操作包括数据格式的选择和转换、数据的连接、查询、提取等。

③数据分析与处理。

对单幅或多幅图件及其属性数据进行分析运算和指标量测，在这种操作中，以一幅或多幅图作为输入，而分析计算结果则以一幅或多幅新生成的图件表示，在空间定位上仍与输入的图件一致，故可称为函数转换。函数转换还包括错误改正、格式转换和预处理。

④数据输出。

将地理信息系统内的原始数据或经过系统分析、转换、重新组织的数据，以某种用户可以理解的方式提交给用户，以地图、表格、数字或曲线等形式表示于某种介质上，或采用显示器、胶片、打印机、绘图仪等输出，也可以将结果数据记录于磁存储介质设备，或通过通信方式传输到用户的其他计算机系统。

⑤用户接口。

该模块用于接收用户的指令、程序或数据，是用户和系统交互的工具，主要包括用户界面、在程序接口与数据接口系统通过菜单方式或解释命令方式接收用户信息的输入。由于地理信息系统功能复杂，且用户又往往为非计算机专业人员，用户界面是地理信息系统应用的重要组成部分，它通过菜单技术、用户询问语言的设置，还可采用人工智能的自然语言处理技术与图形界面等技术，提供多窗口和鼠标选择菜单等控制功能为用户发出操作指令提供方便。该模块还随时向用户提供系统运行信息和系统操作帮助信息，使地理信息系统成为人机交互的开放式系统。

在新的 GIS 技术和时代背景下，GIS 服务的供给者以 Web（万维网）的方式供给资源和功能，而用户则采用多种终端随时随地访问这些资源和功能，GIS 平台变得更加简单易用、开放和整合，使得 GIS 为"所有人"使用成为现实，为"Web GIS"（基于万维网的地理信息系统）赋予了全新的内涵。

（3）应用分析软件

应用分析程序由系统开发人员或用户编制，用于某种特定应用任务，是系统功能的扩充与延伸。优秀的应用程序应该是透明和动态的，与系统的物理存储结构无关，且随着系统应用水平的提高而不断优化和扩充。应用程序作用于地理专题数据或区域数据，构成GIS 的具体内容，这是用户最为关心的真正用于地理分析的部分，也是从空间数据中提取地理信息的关键。用户进行系统开发的大部分工作是开发应用程序，应用程序的水平在很大程度上决定系统的实用和优劣。

3. 地理空间数据

地理空间数据是指以地球表面空间位置为参照的自然、社会和人文景观数据，可以是图形、图像、文字、表格和数字等，由系统的建立者通过数字化仪、扫描仪、键盘、磁带机或其他通信系统输入到 GIS，是系统程序作用的对象，是 GIS 所表达的现实世界经过模型抽象的实质性内容。不同用途的 GIS 其地理空间数据的种类、精度都是不同的，但基本上都包括以下几方面特点。

（1）某个已知坐标系中的位置

标识地理实体在某个已知坐标系中的空间位置，可以是经纬度或平面直角坐标，也可以是矩阵的行、列数等。

坐标系统的选择根据具体应用要求，可以选择国际或全国通用坐标系统，也可以选择局部（地方）坐标系统。在我国，依照国际惯例并结合我国的具体实际，一般采用与我国基本图系列一致的地图投影系统，如大比例尺采用高斯-克吕格投影、中小比例尺采用兰伯特投影，在某些城市或工程系统中，则可能采取独立的地方坐标系统。

（2）实体间的空间相关性

实体间的空间相关性即拓扑关系，表示点、线、面实体之间的空间联系，如网络结点与网络线之间的枢纽关系，边界线与面实体间的构成关系，面实体与岛或内部点的包含关系等。空间拓扑关系对于地理空间数据的编码、录入、格式转换、存储管理、查询检索和模型分析等有重要意义，是地理信息系统的重要特色。

（3）非几何属性

非几何属性即与几何位置无关的属性，常简称属性（attribute），是与地理实体相联系的地理变量或地理意义。属性分为定性和定量的两种，前者包括名称、类型、特性等，如岩石类型、土壤种类、土地利用类型、行政区划等；后者包括数量和等级，如面积、长度、土地等级、人口数量、降雨量、河流长度、水土流失量等。非几何属性一般是经过抽象的概念，通过分类、命名、量算、统计得到。任何地理实体至少有一个属性，而地理信息系统的分析、检索和表示主要是通过属性的操作运算实现的，因此，属性的分类系统和量算指标，对 GIS 的功能有重要的影响。

地理数据具有周期性和时间性，过时的信息不具备现势性。可在 GIS 中以时间属性标注数据特征，当然这样会增加数据处理的难度。

由于地理数据具备以上种种特性，在 GIS 中，地理数据的表达非常复杂，难以用简单的数据结构进行表达和再现，因此，要求选用合理的数据结构和数据管理系统统一组织地理数据库系统，才能迅速有效地利用地理数据。

**4. 系统管理操作人员**

人是 GIS 中的重要构成因素。GIS 人员既包括从事 GIS 系统开发的专业人员，也包括 GIS 产品的用户或终端用户。从事 GIS 工作的人员应熟悉数据的整合、管理、GIS 应用服务、用户需求调查、工作流程的组织、有关机构的管理协调等。专业 GIS 人员需涉及软件工程、GIS 功能、数据结构、系统设计、地理模型等领域。GIS 系统从设计、建库、管理、运行直到用来分析决策处理问题，自始至终都需要有专门的技术人才，他们必须掌握 GIS 的基本知识，熟悉所利用的工具和分析问题的模型及数据的性质，才能使 GIS 系统更好地运作。

### 2.2.3 GIS 的基本功能

GIS 的基本功能体现在六个方面，如图 2-4 所示。

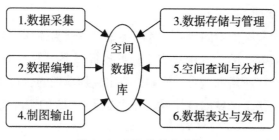

图 2-4 GIS 的基本功能

### 1. 数据采集

GIS 的核心是地理数据库，建立 GIS 的第一步就是要将地面上的实体图形数据和描述它的属性数据输入到数据库中。数据输入即建立 GIS 数据库的过程，就是将系统外部的原始数据传输到系统内，并经过编码将其由外部格式转换为计算机可读的内部格式，此过程也称为数据采集，它包括数字化、规范化和数据编码三方面的内容。数据输入方法通常有键盘输入、手工数字化、扫描矢量化和已有的数据文件输入。

### 2. 数据编辑

（1）图形数据编辑

通过野外实测或航测内业仪器实测或对现有地图数字化或对航片的扫描等方式获取图形数据之后，用功能很强的图形编辑系统对图形进行编辑。图形编辑系统应具备文件管理、数据获取、图形编辑窗口显示、参数控制、符号设计、图形编辑、自动建立拓扑关系、属性数据输入与编辑、地图修饰、图形几何功能、查询及图形接边处理等功能。

（2）属性数据编辑

属性数据是用来描述实体对象的特征和性质等的数据，许多 GIS 都采用关系型数据库管理系统进行管理。关系型数据管理系统能为用户提供一套功能很强的数据编辑和数据库查询语言，系统设计人员可利用数据库语言建立友好的用户界面，以方便用户对属性数据的输入、编辑和查询。

### 3. 数据存储与管理

地理对象通过数据采集与编辑后，送到计算机的外存设备上，如硬盘、光盘、磁带等。因地理数据十分庞大，需要数据管理系统来管理，其功效类似于对图书馆的图书进行编目、分类存放，以便于管理人员或读者快速查找所需的图书。

### 4. 制图输出

GIS 是一个功能极强的数字化制图系统，它具有输出各种地图的功能。如全要素地图、行政区划图、利用现状图、规划图、交通图、等高线图等分层专题图。通过分析还可以得到各类分析用图，如坡度图、剖面图、透视图等。此外，在及时更新，对数字地图进行整饰，添加符号、颜色和注记，图廓整饰等方面也极为方便。

## 5．空间查询与分析

空间数据间存在着复杂的空间关系，这些关系可归纳为连通、邻接、相邻、相交、包含、相对位置、高度差等。因 GIS 中包容了这些空间关系，只要有与查询稍有关系的信息，即可迅速准确地获得所需的信息，例如，决定废物填埋的合适地点，寻找消防站到失火点的最佳路径，查找某个区域的最佳视点等。可见，GIS 的空间查询非常方便，应用极为广泛。

空间分析是一组分析结果依赖所分析对象位置信息的技术，空间分析由以下几部分内容组成。

（1）空间量测

①质心测量。

目标的中心点位置。

②几何测量。

坐标、距离、方向、面积、体积、周长、表面积等。

③形状测量。

形状系数计算。

（2）空间变换

经过一系列的逻辑或代数运算，将原始地理图层及其属性转换成新的具有特殊意义的地理图层及其属性。因空间数据的复杂性，空间变换的操作十分复杂，合理有序的空间变换是有效的空间分析的前提。空间变换一般都在同等属性间进行，如在土地评价中，必须将土地类型、土地湿度、土地结构、土地地貌等多层因素转换成土地适宜性后，才能运用数学运算方法进行土地分析。

（3）空间内插

用数学拟合方法在已有观测点的区域内估计未观测点的特征值，包括整体趋势面拟合与局部拟合两大类。

（4）空间依赖

空间依赖包括拓扑空间查询、缓冲区分析、叠加分析等。

（5）空间查询

空间查询包括基于空间关系特征的查询、基于属性特征的查询以及基于空间关系和属性特征的查询三种方式。

（6）空间决策支持

通过应用空间分析的各种手段对空间数据进行处理变换，提取隐含于空间数据中的某些事实和内在关系，并以图形和文字形式直观地表达，为实际应用提供科学、合理的支持。空间决策支持过程包括确定目标、建立定量分析模型、寻求空间分析手段、结果的合理性与可靠性评价四个阶段，常用于诸如最佳路径选择、选址、定位分析、资源分配等经常与空间数据发生关系的领域，以及由这些领域所延伸的其他部门。

空间分析具有很强的目的性，是一种面向应用的空间数据分析处理方法，许多复杂的空间查询和空间决策，一般采用缓冲区建立、图层叠置、特征信息的提取和合并、数学分析模型的建立等方法来解决。空间分析在 GIS 中占有重要位置，是 GIS 的核心功能。

### 6. 数据表达与发布

随着计算机技术的发展，特别是互联网技术的发展，用户可以查询和使用集中在服务器终端的大量空间数据，实现空间数据的合理共享。为此，空间数据必须具有标准的定义、表达和发布形式。元数据（metadata）作为描述数据的数据，对数据的质量、表达形式和数据的内容等进行具体描述。GIS 的空间数据发布功能，即利用元数据把空间数据向用户描述的过程，从而能使用户合理、有效地使用空间数据。

## 2.2.4 GIS 的空间数据结构

GIS 的空间数据结构（spatial data structure）是指空间数据在系统内的组织和编码形式，也称为图形数据格式，是适合于计算机系统存储、管理和处理地理信息的逻辑结构，是地理实体的空间排列方式和相互关系的抽象描述，是对数据的一种理解和解释。

空间数据编码，是指根据一定的数据结构和目标属性特征，将经过审核的地形图、专题地图和遥感影像等资料，转换为适合于计算机识别、存储和处理的代码或编码字符的过程。由于 GIS 数据量极大，一般需要采用压缩数据编码方式以节省空间。

GIS 数据结构主要有两种类型，矢量数据结构和栅格数据结构。两类数据结构都可用来描述地理实体的点、线、面三种类型。

### 1. 矢量数据结构

矢量数据结构是通过记录坐标的方式，用点、线、面等基本要素尽可能精确地表示各种地理实体。点用空间坐标对表示，线用一串坐标对表示，面为由线形成的闭合多边形。矢量数据表示的坐标空间是连续的，可以精确定义地理实体的任意位置、长度、面积等。

（1）点实体

点实体包括由单独一对 $(x,y)$ 坐标定位的一切地理或制图实体，如控制点、电线杆、水井等。在矢量数据结构中，除点实体的 $(x,y)$ 外还应存储其他一些与点实体有关的数据来描述点实体的类型、制图符号和显示要求，如控制点的等级、点名等。点实体是在空间上不可再分的地理实体，可以是具体的，也可以是抽象的，如地物点、文本位置点或线段网络的结点等。如果点是一个与其他信息无关的符号，则记录时应包括符号类型、大小、方向等有关信息。如果点是文本实体，记录的数据应包括字符大小、字体、排列方式、比例、方向以及与其他非图形属性的联系方式等信息。

（2）线实体

线实体为一串由两对以上的 $(x,y)$ 坐标定义的能反映各类线性特征的直线元素的集合。

线实体通常由 $n$ 个坐标对组成，主要用于描述连续而复杂的线状地物，如道路、河流、等高线等符号线和多边形边界，通常也称为"弧"或"链"，包括以下内容。

①唯一标识码。

唯一标识码用来建立系统的排列序号。

②线标识码。

线标识码用来确定该线的类型。

③起点、终点。

起点、终点可以用点号或坐标表示。

④坐标对序列。

坐标对序列用来确定线的形状，在一定距离内，坐标对越多，则每个小线段越短，与实体曲线越接近。

⑤显示信息。

显示时采用的文本或符号，如线的虚实、粗细等。

⑥其他非几何属性。

若线与结点一起构成网络，则产生线与线之间的连接判别问题，即拓扑关系中的连通性，因此，还需要在线的数据结构中建立"指针"指示其连接方向。除此以外，在结点上还应记录有交汇线的夹角，这样才能建立起正确的网络。连通性关系对于网络中路径搜寻，如最佳路径计算和全网络流程分析都是非常重要的。

（3）面实体

对于面实体，常采用闭合多边形的概念，它是描述地理空间信息的最重要的一类数据。行政区、土地类型、植被分布等具有名称属性和分类属性的地理实体均可用闭合多边来表示。用于 GIS 的多种专题制图都必须处理闭合多边形问题。

研究多边形数据结构的目的是描述它的拓扑特征，如形状、相邻关系、层次结构等。闭合多边形数据结构的构造方法对多边形的要求如下。

①组成地图的每一个闭合多边形应有唯一的形状、周长和面积。任何规则街区也不能设想它们具有完全一样的形状和大小。

②地理分析要求的数据结构应能够记录每一个闭合多边形的邻域关系。

③专题图上的闭合多边形并不都是同一等级的多边形，而可能是在多边形内联套一些多边形（次级，也称"洞"），例如湖泊的水涯线与土地利用图上各多边形同级，而湖中的岛屿则为"洞"。闭合多边形矢量编码方法很多，常用的是拓扑结构法，所谓拓扑结构是指确定各地理实体关系的数学模型。为了准确描述空间目标的位置和空间关系，在涉及空间目标的角度、方向、距离和面积时，应以几何坐标为基础运用解析几何方法来分析。在涉及空间目标之间的相邻、相连、包容、里面、外面等关系时，则采用拓扑几何的方法来解决。拓扑结构数据模型的用途之一就是在进行空间分析时可基于空间关系而不必使用坐标数据。许多空间分析，如综合分析或连通性分析都是很费时的运算，只有使用拓扑数据，才能提高计算速度，许多 GIS 系统都是采用拓扑矢量数据结构。

2. 栅格数据结构

栅格数据是最简单、最直观的一种空间数据结构，它是将地面划分为均匀的网格，每个网格作为一个像元，像元的位置由所在行、列号确定，像元所含有的代码表示其属性类型或仅是与其属性记录相联系的指针。在栅格结构中，一个点（如房屋角）由单个像元表达，一条线（如道路）由具有相同取值的一组线状像元表达，一个面状地物（如池塘）由若干行和列组成的一片具有相同取值的像元表达。

栅格数据的编码方法有多种，常见的有栅格矩阵法、行程编码、块码和四叉树编码等。其中四叉树编码是一种更有效的压缩数据的方法。

四叉树编码又称为四分树、四元树编码，它把 $2^n \times 2^n$ 像元组成的阵列当作树的根结点，树的高度为 $n$ 级（最多为 $n$ 级）。每个结点又分别代表西北、东北、西南、东南 4 个象限的 4 个分支。4 个分支中要么是树叶，要么是树权。树叶用方框表示，它说明该 1/4 范围或全属多边形范围（黑色）或全不属多边形范围（在多边形以外，空心四方块），因此不再划分这些分枝。树权用圆圈表示，它说明该 1/4 范围内，部分在多边形内，部分在多边形外，因而继续划分，直到变成树叶为止。四叉树编码正是按照这一原则划分，逐步分解为包含单一类型的方形区域，其最小的方形区域为一个栅格像元。图像区域划分的原则是将区域分为大小相同的象限，而每一个象限又可根据一定规则判断是否继续等分为次一层的 4 个象限。其终止判据是：不管是哪一层的象限，只要划分到仅代表一种地物或符合既定要求的几种地物时则不再继续划分，否则一直分到单个栅格像元为止。

四叉树编码有许多优点：容易且有效地计算多边形的数量特征；阵列各部分分辨率是可变的，边界复杂部分四叉树较高即分级多，分辨率也高，而不需表示的细节部分则分级少，分辨率低，因而既可精确表示图形结构，又可减少存储量；栅格到四叉树及四叉树到简单栅格结构的转换比其他压缩方法容易；多边形中嵌套不同类型的小多边形表示较方便。

四叉树编码的最大缺点是树状表示的变换不具有稳定性，相同形状和大小的多边形可能得出不同四叉树结构，故不利于形状分析和模式识别。

**3. 矢量数据结构与栅格数据结构的优缺点**

（1）矢量数据结构的优缺点

矢量数据结构优点是数据结构严密，数据量小，精度较高，用网络连接法能完整地描述拓扑关系，图形输出精确美观，能实现图形数据和属性数据的恢复、更新、综合。缺点是数据结构复杂，矢量多边形地图或多边形网很难用叠置方法与栅格图进行组合，显示和绘图费用高，特别是高质量绘图、彩色绘图和晕线图等，技术复杂，数学模拟比较困难，多边形内的空间分析不容易实现。

（2）栅格数据结构的优缺点

栅格数据的优点是数据结构简单，空间数据的叠置和组合十分容易、方便，数学模拟方便，容易进行各类空间分析，技术开发费用低。缺点是图形数据量大，用大像元减少数据量时，可识别的现象结构将损失大量信息，图形输出不精美，难以建立网络连接关系，投影变换耗时多。

从上述比较中可以了解到矢量数据和栅格数据结构的适用范围。对于一个与遥感相结合的地理信息系统来说，栅格数据结构是必不可少的，因为遥感影像是以像元为单位的，可以直接将原始数据或经处理的影像数据纳入栅格数据结构的 GIS。而对地图数字化、拓扑建立、矢量绘图来说，矢量数据结构又是必不可少的。目前，大多数 GIS 软件都支持矢量和栅格两种方式，以充分利用两种数据结构的优点。

## 2.3　测绘遥感技术

### 2.3.1　遥感技术基本知识

遥感技术包括传感器技术、信息传输技术、信息处理、提取和应用技术、目标信息特征的分析与测量技术等。

**1. 遥感的概念**

遥感即遥远的感知，是在不直接接触的情况下，对目标物或自然现象远距离探测和感知。具体地讲，是指在地表、高空或外层空间的各种平台上，运用各种传感器获取反映地表特征的各种数据，通过传输，变换和处理，提取有用的信息，实现研究地物空间形状、位置、性质、变化及其与环境的相互关系。1960 年，美国人伊夫林·L. 布鲁依特（Evelyn L. Pruitt）提出"遥感"这一术语。1962 年，在美国环境科学遥感讨论会上，"遥感"一词被正式引用。

**2. 遥感平台的分类**

遥感信息获取过程中搭载传感器的工具称为遥感平台，大体上分为 4 类。

（1）地面平台

地面平台指用于安置遥感器的支架、遥感塔、遥感车等，高度在 100 m 以下，在上面放置地物波谱仪、辐射计、激光扫描仪、全景相机等。

（2）水下平台

水下平台包括水下机器人、水下潜器等，可搭载水下相机、多波束声呐设备等水下传感器。

（3）航空平台

航空平台指高度在 100 m 以上、100 km 以下，用于各种资源调查、空中侦察、摄影测量的平台，如飞艇、气球、无人机、飞机等。

（4）航天平台

航天平台一般指高度在 240 km 以上的航天飞机和卫星等，其中高度最高的要数气象卫星 GMS（geostationary meteorological satellite，地球静止气象卫星）所代表的静止卫星，它位于赤道上空 36 000 km 的高度上。SPOT（Satellite Pour L'Observation De La Terre，法国地球观测卫星）等地球资源卫星高度也在 500~900 km 之间。

**3. 遥感系统构成**

遥感系统是实现遥感目的的方法、设备和技术的总称，是一种多层次的立体化观测系统。任何一个遥感任务的实施，均由遥感信息获取、遥感信息提取及遥感应用三个基本环节组成。

遥感信息获取是指在遥感平台和遥感器所构成的数据获取技术系统的支持下，获取测量信息。按具体任务的性质和要求的不同，可采用不同的组合方式。

遥感信息提取是从遥感数据中提取有用信息，可以通过人工目视判读，也可采用计算机程序进行数据处理。

遥感应用主要包括对某种对象或过程的调查制图、动态监测、预测预报及规划管理等，具有许多其他技术不能取代的优势，如宏观、快速、准确、直观、动态性和适应性等。

### 4. 遥感的特点

#### （1）探测范围大

对于航空和航天遥感来讲，航摄飞机高度可达 10 km 左右，地球卫星轨道高度更可达到 900 km 左右。一张卫星图像覆盖的地面范围可达到 3 万多 km$^2$。比如，只需要 600 张左右的卫星图像就可以把我国全部覆盖。

#### （2）获取资料的速度快、周期短

实地测绘地图，要几年、十几年甚至几十年才能重复一次，而遥感只需很短的时间就可以覆盖大范围的区域，以陆地卫星为例，每 16 天就可以覆盖地球一遍。

#### （3）受地面条件限制少

航空和航天遥感，不受高山、冰川、沙漠和恶劣气候条件的影响，更无交通状况、作业设备、作业人员等条件的限制。

#### （4）手段多，获取的信息量大

可用不同的波段和不同的遥感仪器取得所需的信息，不仅能利用可见光波段探测物体，而且能利用人眼看不见的紫外线、红外线和微波波段进行探测；不仅能探测地表，而且可以探测到目标物的一定深度的性质；微波波段还具有全天候工作的能力。

#### （5）用途广

遥感技术已广泛应用于测绘、农业、林业、地质、地理、海洋、水文、气象、环境保护和军事侦察等许多领域。

遥感影像用于测绘、修编、修测中小比例尺的地形图，尤其是测绘云层覆盖、森林覆盖、冰川、水下等一些特殊条件下的地形图和各种专题地图，如地质图、地貌图、气象气候图、土壤图、植被图、行政区域图和城市平面图等，具有成图速度快、价格低廉等特点。尤其是微波雷达探测具有一定的穿透能力，所以其图像用于气候潮湿多雨多云雾地区的测绘更具有优越性。

地球观测卫星通过侧向镜可获得良好的立体影像，从而可采集数字高程模型和进行立体测图，并可制作正射影像，也可用作 1 : 50 000 比例尺地形图的修测。随着卫星影像分辨率的提高，绘制更大比例尺的地形图将成为可能。优于 1 m 级高空间分辨率的卫星相片，可全面替代测绘 1 : 25 000 比例尺地形图的航空摄影，又可用于 1 : 10 000 比例尺地形图的修测。

近年来，无人机测量系统的发展，特别是无人机倾斜摄影技术的快速发展，使得利用遥感技术进行大比例尺地形图测绘成为可能。无人机航飞航高较低且相片重叠度高，重建可量测实景模型多余观测量多，重建数据的内符合精度高，提取数据具有高精度的位置信息，能够满足大比例尺地形图测绘的高精度要求。

### 2.3.2 遥感信息获取技术

总体上，遥感信息获取形式包括电磁波（光、热、无线电）和声波两种。电磁波形式又分为可见光与反射红外遥感、热红外遥感和微波遥感几种基本方式；声波形式包括单波束声波和多波束声呐声波。下文分别对可见光与反射红外遥感、热红外遥感、微波遥感和声波遥感进行简单介绍。

#### 1. 可见光与反射红外遥感

可见光与反射红外遥感，是指利用可见光（0.4~0.7 μm）和近红外（0.7~2.5 μm）波段的遥感。前者是人眼可见的波段；后者是反射红外波段，人眼不能直接看见，但其信息能被特殊遥感器所接受。它们共同的特点是，其辐射源是太阳，在这两个波段上只反映地物对太阳辐射的反射，根据地物反射率的差异，可以获得有关目标物的信息。它们都可以用摄影方式和扫描方式成像。

摄影成像遥感系统选用光学摄影波段，通过照相机直接成像，是一种分幅成像系统，一幅相片的所有内容都在瞬间同时获得。遥感摄影系统以航空摄影系统为主，航空平台高，具有摄影范围大的优势。

扫描成像是逐点逐行地以时序方式获取二维图像，有两种主要的形式：①对物面扫描成像，其特点是对地面直接扫描成像，这类仪器有红外扫描仪、多光谱扫描仪、成像光谱仪、自旋和步进式成像仪及多频段频谱仪等；②瞬间在像面上先形成一条线图像，甚至是一幅二维影像，然后对影像扫描成像，这类仪器有线阵列 CCD（charge coupled device，电荷耦合器件）推扫式成像仪、电视摄像机等。

另外，还值得一提的是近年来迅速发展的无人机测量系统。无人机测量系统包括硬件设备和影像处理软件系统。硬件设备包括无人机飞行平台（固定翼和旋翼）、飞行控制系统、地面监控系统、发射与回收系统、遥感任务设备、任务设备稳定装置、影像位置和姿态采集系统等。软件系统包括影像数据快速检查、纠正、拼接；DOM（digital orthophoto map，数字正射影像图）、DEM（digital elevation model，数字高程模型）、DRG（digital raster graph，数字栅格图）、DLG（digital line graph，数字线划图）生产等工具。一些无人机测量系统采用全球导航卫星系统（GNSS），按实时动态差分定位模式，实现自主规划飞行路线，无须地面控制点，可达到厘米级精度。

#### 2. 热红外遥感

热红外遥感指通过红外（8~14 μm）遥感元件，探测物体的热辐射能量，显示目标的辐射温度或热场图像的遥感。地物在常温下热辐射的绝大部分能量位于此波段，在此波段地物的热辐射能量，大于太阳的反射能量。热红外遥感具有昼夜工作的能力。

### 3. 微波遥感

微波遥感指利用波长 1~1 000 mm 的电磁波遥感。通过接收地面物体发射的微波辐射能量，或接收遥感仪器本身发出的电磁波束的回波信号，对物体进行探测、识别和分析。

微波遥感的特点是对云层、地表植被、松散沙层和冰雪具有一定的穿透能力，又能夜以继日地全天候工作。

微波遥感有主动、被动之分。记录地球表面对人为微波辐射能的反射属于主动遥感，其主动在于它自身提供能源而不依赖太阳和地球辐射，最有代表性的遥感器是成像雷达。记录地球表面发射的微波辐射属于被动遥感。

### 4. 声波遥感

声波遥感主要用于水下测深，包括单波束测深和多波束声呐测深。单波束测深，每次测量只能获得测量船正垂下方一个测点的深度数据。多波束声呐探测，每发一次声波能获得多达数百个水底测点的深度数据。两者相比，多波束声呐测深实现了海底地形地貌的宽覆盖、高分辨探测，把测深技术从"点—线"测量变成"线—面"测量，促进了水底三维地形的测量效率和水底遥测质量的大幅度提高。

多波束声呐测深，其原理是利用发射换能器基阵向水底发射宽覆盖扇区的声波，由接收换能器基阵对水底回波进行窄波束接收，如图2-5所示。通过发射、接收波束相交，在水底与船方向垂直的条带区域形成数以百计的照射"脚印"，对这些"脚印"内的反向散射信号同时进行到达时间和到达角度的估计，再进一步通过获得的声速剖面数据，计算得到该点的水深值。沿指定测线连续测量，并将多条测线测量结果合理拼接后，便可得到该区域的水底地貌。

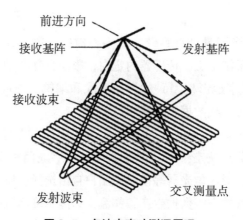

**图2-5 多波束声呐测深原理**

自20世纪60年代以来，航天技术、传感器技术、控制技术、电子技术、计算机技术及通信技术的发展，大大推动了遥感技术的发展。当今，各种运行于空间、翱翔于空中的遥感平台连续不断地多尺度地对地球进行着观测，各种先进的对地观测系统源源不断地向地面提供着丰富的信息。目前，遥感信息获取技术正朝着"微观"和"宏观"两个方向发展，将来卫星遥感将形成一个多层次、立体、多角度、全方位和全天候的对地观测网。

### 2.3.3 遥感信息提取技术

概括地说，遥感信息提取包括目视判读提取和计算机自动提取两种方式。

#### 1. 目视判读提取

目视判读是综合利用地物的色调或色彩、形状、大小、阴影、纹理、图案、位置和布局等影像特征，并结合其他非遥感数据资料，进行综合分析和逻辑推理，以达到较高的专题信息提取的准确度。目视判读多用于提取具有较强纹理结构特征的地物，判读中，有关专家的经验会起很大的作用。

#### 2. 计算机自动提取

遥感信息提取的数据成果主要是4D（DOM、DEM、DRG、DLG）基础地理信息产品，此外，三维矢量模型、可量测实景影像也逐渐成为遥感信息提取内容。当前，遥感信息提取的主流软件有 ERDAS IMAGINE（遥感图像处理系统）、ERDAS LPS（数字摄影测量处理系统）、CARIS HIPS&SIPS（水深数据处理系统）等。

（1）ERDAS IMAGINE

ERDAS IMAGINE 是面向企业级的遥感图像处理系统，系统提供大量的工具，支持对各种遥感数据源影像的处理，包括航空、航天遥感的全色、多光谱、高光谱遥感图像、雷达、激光雷达等形成的遥感图像。产品呈现方式从打印地图到 3D 模型。面向不同需求的用户，系统的扩展功能采用开放的体系结构，以多种形式为用户提供了基本、高级、专业三档产品架构。

（2）ERDAS LPS

ERDAS LPS 数字摄影测量处理系统，对多种航空、航天遥感资源，支持数据输入、传感器模型设置、坐标系统定义、传感器内定向、影像自动匹配、区域网空三加密、DTM（digital terrain model，数字地形模型）的自动提取和编辑、DOM 生产、DLG 的采集、纹理提取、三维模型建立等全线数据生产需求。

LPS 系统（leica photogrammetry suite，徕卡公司推出的数字摄影测量及遥感处理系统）的扩展模块，诸如光束法空中三角测量系统、数字地面模型提取、地形编辑器、数字测图系统、立体分析、影像匀光器等模块供用户自由选择。LPS 的核心功能和各扩展模块结合起来形成一个完整的空间数据生产工作流，为高精度高效率的空间基础数据生产提供可靠的系统保障。

（3）CARIS HIPS&SIPS

CARIS HIPS&SIPS 是水深数据处理系统。软件主要功能：编辑测船配置文件，建立新 HIPS（host intrusion prevention system，主机入侵防御系统）项目，将原始数据转换成 HIPS 格式，保存工作过程文件，编辑辅助传感器数据，编辑卫星定位和运动传感器数据，读入和编辑声速剖面文件并声速剖面改正（声速剖面改正可选最近距离或最近时间），输入潮位数据，合并数据（将水深数据与辅助传感器数据合并产生三维地理坐标数据），计算每个水深点的总传播误差，建立地域图表（地域图表用于生成数据处理及最终成果图用的加权网格模型），生成网格化水深地形曲面，编辑条带水深数据及子区水深数据（直接手工编辑或统计滤波以地理坐标为查考的水深数据，可同时处理多条测线），重新计算水深地形曲面，生成光滑水深曲面，数据输出，生成各种图件等。

# 第3章 岩土工程勘探和取样

## 3.1 岩土工程勘探的任务、特点和方法

岩土工程勘察勘探的主要目的是查明建设场地的工程地质条件，查明建设场地的岩土层分布、特征及水文地质条件。工程地质测绘和调查，一般在可行性研究或初步勘察阶段进行，也可在详细勘察阶段对某些专门问题做补充测绘。当需查明场地岩土层的分布和性质，采取岩土试样或进行原位测试时，必须采用钻探、井探、槽探、洞探和地球物理勘探。勘探方法的选择应符合勘察目的和岩土性质。

### 3.1.1 岩土工程勘探的任务

**1. 查明建筑物（构筑物）场地的岩土体特征和地质构造**

查明建筑物（构筑物）场地的岩土体特征和地质构造，主要包括以下内容。

①查明各地层的岩性特征、厚度及空间变化特征，按岩性详细划分地层，尤其须注意软弱地层的分布特征。

②查明各岩土层的物理力学性质，查明基岩的强度、完整性、风化程度。

③确定岩层的产状。

④确定断层破碎带的位置、宽度和性质。

⑤查明节理、裂隙发育程度及随深度的变化，确定岩体的完整程度。

**2. 查明建设场地的水文地质条件**

查明建筑物（构筑物）场地的水文地质条件，主要包括以下内容。

①查明地下水的类型和赋存状态。

②确定主要含水层的分布特征。

③查明区域性气候资料，如年降水量、蒸发量及其变化对地下水位的影响。

④查明地下室的补给排泄条件、地表水和地下水的补排关系及其对地下水的影响。

⑤查明勘察时的地下水位、历史最高水位、近 3~5 年最高地下水位、水位变化趋势和主要影响因素。

⑥确定是否存在对地下室和地表水的污染源及其可能的污染程度。

**3. 查明不良地质作用**

查明不良地质作用主要包括以下内容。

①查明各种地貌形态，如河谷阶地、洪积扇、斜坡等的位置、规模和结构。

②查明各种不良地质作用的类型、成因、分布范围、发展趋势和危害程度，提出整治方案的建议。

③查明埋藏的河道、沟浜、墓穴、防空洞、孤石等对工程有影响的不利埋藏物。

④取样、原位测试。

⑤检验与监测，利用勘探工程进行岩土体性状、地下水和不良地质作用的监测，地基加固和桩基础的检验与监测。

⑥其他，如进行孔中摄影及孔中电视摄影，喷锚支护灌浆处理钻孔，基坑施工降水钻孔，灌注桩钻孔，施工廊道和导坑等。

### 3.1.2 岩土工程勘探的特点和方法

#### 1. 岩土工程勘探的特点

岩土工程勘探具有以下特点。

①勘探范围取决于场地评价和工程影响所涉及的空间，勘探点平面范围一般为拟建物、地下室的平面分布范围，勘探深度一般应满足地基基础设计、基坑支护设计的要求，有时还要满足查明场地覆盖层厚度的要求。

②工程勘探应详细查明勘探深度范围内的岩土层分布变化规律，特别是软弱土层的分布范围，查明场地的水文地质条件。

③为了准确查明岩土的物理力学性质，在勘探过程中必须注意保持岩土样的天然结构和天然湿度，尽量减少扰动破坏，采取适当的勘探和取样方法。

④为了实现工程地质、水文地质综合研究，以及与现场试验、监测等紧密结合，要求岩土工程勘探发挥综合效益，对勘探工程的布置和施工顺序要进行合理的安排。

#### 2. 岩土工程勘探的方法

岩土工程勘探常用的手段有钻探、井探、槽探、洞探和地球物理勘探。钻探、井探、槽探、洞探是直接勘探手段，可以可靠地了解地下地质情况。其中，钻探工程是使用最广泛的一类勘探手段，普遍应用于各类工程的勘探。由于钻探对一些重要的地质体或地质现象有时可能会误判，遗漏，因此也将其称为"半直接"勘探手段。井探、槽探、洞探工程勘探人员能直接观察地质情况，详细描述岩性和分层，但存在速度慢、劳动强度大、安全性差等缺点。地球物理勘探简称物探，是一种间接的勘探手段，它可以简便而迅速地探测地下地质情况，且具有立体透视性的优点，但其勘探成果具有多解性，使用时往往受到一些条件的局限。考虑到勘探方法的特点，布置勘探工作时应综合使用，互为补充。

可行性研究勘察阶段的任务，是对拟建场地的稳定性和适宜性作出评价，主要进行工程地质测绘，勘探往往是配合测绘工作而开展，而且较多地使用物探手段，钻探主要用来验证物探成果和取得基准剖面。

初步勘察阶段应对建设地段的稳定性作出岩土工程评价，初步查明地质构造、地层岩性、岩土工程特性、地下水埋藏条件，采取岩土样和进行原位测试和监测。

在详细勘察阶段，应提出详细的岩土工程资料和设计所需的岩土技术参数，并应对基础设计、基坑工程、降水工程、地基处理以及不良地质主要的防治等具体方案作出论证和建议，以满足施工图设计的要求。因此进行直接勘探时，还应进行大量的原位测试工作。各类工程勘探孔的密度和深度都有详细严格的规定。

在复杂地质条件下或特殊的岩土工程（或地区），还应布置槽探、井探等，此阶段的物探工作主要为测井，以便沿勘探井孔研究地质剖面和地下水分布等。

下文将对岩土工程勘探的方法分别进行详细阐述。

## 3.2 钻探

### 3.2.1 钻孔的相关规定

钻孔成孔口径应根据钻孔取样、测试要求、地质条件和钻探工艺确定，应符合的规定如表 3-1 所示。

表 3-1　钻孔成孔口径要求　　　　　　　　　　单位：mm

| 钻孔性质 | | 第四纪地层 | 基岩 | |
|---|---|---|---|---|
| 鉴别或划分地层/岩芯钻孔 | | ≥36 | ≥59 | |
| 采取Ⅰ、Ⅱ级土样 | 一般黏性土、粉土、残积土、全风化岩层 | ≥91 | ≥75 | |
| | 湿陷性黄土 | ≥150 | | |
| | 冻土 | ≥130 | | |
| 原位测试钻孔 | | 大于测试钻头直径 | | |
| 压水、抽水试验钻孔 | | ≥110 | 软质岩石 | 硬质岩石 |
| | | | ≥75 | ≥59 |

注：采取Ⅰ、Ⅱ级土样的钻孔，孔径应比使用的取土器外径大一个径级。

1. 钻孔深度量测的规定

钻孔深度量测应符合下列规定。

①对于钻孔深度和岩土层分层深度的量测，陆域最大允许偏差为±0.05 m，水域最大允许偏差为±0.2 m。

②每钻进 25 m 和终孔后，应校正孔深，并宜在变层处校核孔深。

③当孔深偏差超过规定时，应查出原因，并应更正记录表格。

2. 钻孔垂直度或预计的倾斜度与倾斜方向的规定

钻孔垂直度或预计的倾斜度与倾斜方向应符合下列规定。

①对于垂直钻孔，每 25 m 测量一次垂直度，每 100 m 的允许偏差为±2°。

②对于定向钻孔，每 25 m 应量测一次倾斜角和方位角，钻孔倾斜角和方位角的测量精度分别为±0.1°和±3°。

③当钻孔倾斜度及方位角偏差超过规定时，应立即采取纠偏措施。

④当勘探任务有要求时，应根据勘探任务要求测斜和防斜。

### 3.2.2 钻探方法及要求

根据破碎岩土的方式，钻探方法可分为回转钻进、冲击钻进、振动钻进和冲洗钻进。钻探方法可根据岩土类别和勘察选用。

**1. 勘探浅部土层的钻进方法**

勘探浅部土层可采用的钻进方法：小孔径麻花钻（或提土钻）钻进；小孔径勺形钻钻进；洛阳铲钻进。

钻探口径和钻具规格应满足现行规范的要求，成孔口径应满足取样、测试和钻进工艺的要求。

**2. 钻探的规定**

钻探应符合下列规定。

①钻进深度和岩土层分层深度的量测精度，不应低于±5 cm。

②应严格控制非连续取芯钻进的回次进尺，使分层精度满足要求。

③对鉴别地层天然湿度的钻孔，在地下水位以上应进行干钻；当必须加水或使用循环液时，应使用双层岩芯管钻进。

④岩芯钻进的岩芯采取率，对于完整和较完整的岩体不应低于80%，对于破碎和较破碎的岩体不应低于65%。对需重点查明的部位（滑动带、软弱夹层）应采用双层岩芯管连续取芯。

⑤当需确定岩石质量指标RQD时，应采用75 mm口径（N型）双层岩芯管和金刚石钻头。

### 3.2.3 钻探记录

钻探记录应在钻探过程中完成，记录内容包括岩土描述和钻探过程记录两个部分，钻探现场的记录表各栏均应按回次逐项填写。当同一回次发生变层时，应分行填写，不得将若干回次或若干层合并成一行记录。现场记录的内容，不得事后追记或转抄，误写之处可用横线标注删除，并在旁边更正，不得在原处涂抹修改。

**1. 岩土描述**

岩土的鉴定应在现场描述的基础上，结合室内试验的开土记录和试验成果综合确定。岩土描述应符合下列规定。

①碎石土宜描述颗粒级配、颗粒形状、颗粒排列、母岩成分、风化程度、充填物的形状和充填程度、密实度。

②砂土宜描述颜色、矿物组成、颗粒级配、颗粒形状、细粒含量、湿度、密实度。

③粉土宜描述颜色、包含物、湿度、密实度。

④黏性土宜描述颜色、状态、包含物、土的结构。

⑤特殊性土除应描述上述相应土类内容的规定外，尚应描述其特殊成分和特殊性质，如淤泥应描述嗅味，填土应描述物质成分、堆积年代、密实度和均匀性等。

⑥对具有互层、夹层、夹薄层特征的土，尚应描述各层的厚度和层理特征。

⑦岩石应描述地质年代、地质名称、风化程度、主要矿物、结构、构造和岩石质量指标。对沉积岩应着重描述沉积物的颗粒大小、形状、胶结物成分和胶结程度，对岩浆岩和变质岩应着重描述结晶物的大小和结晶程度。

岩芯采取率是指所取岩芯的总长度与本回次进尺的百分比。总长度包括比较完整的岩芯和破碎的碎块、碎屑和碎粉物质。

### 2. 钻探过程记录

钻探过程的记录应包括下列内容。

①使用的钻进方法、钻具名称、规格、护壁方式。

②钻进的难易程度、进尺速度、操作手感、钻进参数的变化情况。

③孔内情况，应注意缩径、回淤、地下水位或冲洗液及其变化。

④取样及原位测试的编号、深度位置、取样工具名称规格、原位测试类型及其成果。

⑤其他异常情况。

## 3.3 取样

### 3.3.1 取样技术

工程地质钻探的任务之一是采取岩土试样，这是岩土工程勘察中必不可少的，经常性的工作，通过采取土样，进行土类鉴别，测定岩土的物理力学性质指标，可为定量评价岩土工程问题提供技术指标。

关于试样的代表性，从取样角度来说，应考虑取样的位置、数量和技术方法，以及取样的成本和勘察设计要求，从而必须采用合适的取样技术。下文主要讨论钻孔中采取土样的技术问题，即土样的质量要求，取样方法，取土器以及取样效果的评价等问题。

### 1. 土样质量等级

土样的质量实质上是土样的扰动问题。土样扰动表现在土的原始应力状态、含水量、结构和组成成分等方面的变化，它们产生于取样之前，取样之中以及取样之后直至试样制备的全过程之中。实际上，完全不扰动的真正原状土样是无法取得的。

不扰动土样或原状土样的基本质量要求是没有结构扰动，没有含水量和孔隙比的变化，没有物理成分和化学成分的改变。

由于不同试验项目对土样扰动程度有不同的控制要求，因此《工程岩体试验方法标准》（GB/T 50266—2013）中都根据不同的试验要求来划分土样质量级别。根据试验目的，把土试样的质量分为4个等级，并明确规定各级土样能进行的试验项目。

表中Ⅰ级、Ⅱ级土样相当于原状土样，但Ⅰ级土样比Ⅱ级土样有更高的要求。表3-2中对4个等级土样扰动程度的区分只是定性的和相对的，没有严格的定量标准。

表3-2　土试样质量等级表

| 等级 | 扰动程度 | 试验内容 |
|---|---|---|
| Ⅰ | 不扰动 | 土类定名、含水率、密度、强度试验、固结试验 |
| Ⅱ | 轻微扰动 | 土类定名、含水率、密度 |
| Ⅲ | 显著扰动 | 土类定名、含水率 |
| Ⅳ | 完全扰动 | 土类定名 |

　　注：①不扰动是指原位应力状态虽已改变，但土的结构、密度和含水量变化很小，能满足室内试验各项要求；②除地基基础设计等级为甲级的工程外，在工程技术要求允许的情况下可用Ⅱ级土试样进行强度和固结试验，但宜先对土试样受扰动程度做抽样鉴定，判别用于试验的适宜性，并结合地区经验使用试验成果。

### 2. 钻孔取土器类型及适用条件

　　取样过程中，对土样扰动程度影响最大的因素是所采用的取样方法和取样工具。从取样方法来看，主要有两种方法：一是从探井、探槽中直接取样；二是用钻孔取土器从钻孔中采取。目前各种岩土样品的采取主要是采用第二种方法，即用钻孔取土器采样的方法。

　　（1）取土器的基本技术参数

　　取土器是影响土样质量的重要因素，对取土器的基本要求是取土过程中不掉样；尽可能地使土样不受或少受扰动；能够顺利切入土层中，结构简单且使用方便。由于不同的取样方法和取样工具对土样的扰动程度不同，因此《工程岩体试验方法标准》（GB/T 50266—2013）对于不同等级土试样适用的取样方法和工具做了具体规定，其内容如表3-3所示。国内外常见的取土器，按壁厚可分为薄壁和厚壁两类，按进入土层的方式可分为贯入式和回转式两类。对于质量等级要求较低的Ⅲ级、Ⅳ级土样，在某些土层中可利用钻探的岩芯钻头或螺纹钻头以及标准贯入试验的贯入器进行取样，而不必采用专用的取土器。由于没有黏聚力，无黏性土的取样过程中容易发生土样散落，所以从总体上来讲，无黏性土对取样器的要求比黏性土要高。取土器的外形尺寸及管壁厚度对土样的扰动程度有着重要的影响。

　　（2）贯入式取土器的类型

　　贯入式取土器可分为敞口取土器、活塞取土器和回转式取土器等。

　　①敞口取土器。

　　敞口取土器是最简单的取土器，其优点是结构简单，取样操作方便。缺点是不易控制土样质量，土样易于脱落。敞口取土器按管壁厚度分为厚壁和薄壁两种。

　　在取样管内加装内衬管的取土器称为厚壁敞口取土器（如图3-1所示），其外管多采用半合管，易于卸出衬管和土样。其下接厚壁管靴，能应用于软硬变化范围很大的多种土类。由于壁厚，面积比可达30%～40%，对土样扰动大，只能取得Ⅱ级以下的土样。

表 3-3 不同等级土试样适用的取样方法和工具

| 土试样质量等级 | 取样工具和方法 | | 适用土类 | | | | | | | | | | |
|---|---|---|---|---|---|---|---|---|---|---|---|---|---|
| | | | 黏性土 | | | | | 粉土 | 砂土 | | | | 砾砂、碎石土、软岩 |
| | | | 流塑 | 软塑 | 可塑 | 硬塑 | 坚硬 | | 粉砂 | 细砂 | 中砂 | 粗砂 | |
| Ⅰ | 薄壁取土器 | 固定活塞 | ++ | ++ | + | – | – | + | + | – | – | – | – |
| | | 水压固定活塞 | ++ | ++ | + | – | – | + | + | – | – | – | – |
| | | 自由活塞 | – | + | ++ | – | – | + | + | – | – | – | – |
| | | 敞口 | + | ++ | ++ | – | – | + | + | – | – | – | – |
| | 回转取土器 | 单动三重管 | – | + | ++ | ++ | + | ++ | ++ | ++ | – | – | – |
| | | 双动三重管 | – | – | – | + | ++ | – | – | – | ++ | ++ | + |
| | 探井（槽）中刻取块状土样 | | ++ | ++ | ++ | ++ | ++ | ++ | ++ | ++ | ++ | ++ | ++ |
| Ⅱ | 薄壁取土器 | 水压固定活塞 | ++ | ++ | + | – | – | + | + | – | – | – | – |
| | | 自由活塞 | + | ++ | ++ | – | – | + | + | – | – | – | – |
| | | 敞口 | ++ | ++ | ++ | – | – | + | + | – | – | – | – |
| | 回转取土器 | 单动三重管 | – | + | ++ | ++ | + | ++ | ++ | ++ | – | – | – |
| | | 双动三重管 | – | – | – | – | ++ | – | – | – | ++ | ++ | ++ |
| | 厚壁敞口取土器 | | + | ++ | ++ | ++ | ++ | + | + | + | + | + | – |
| Ⅲ | 厚壁敞口取土器 | | ++ | ++ | ++ | ++ | ++ | ++ | ++ | ++ | ++ | + | – |
| | 标准贯入器 | | ++ | ++ | ++ | ++ | ++ | ++ | ++ | ++ | ++ | ++ | – |
| | 螺纹钻头 | | ++ | ++ | ++ | ++ | ++ | + | – | – | – | – | – |
| | 岩芯钻头 | | ++ | ++ | ++ | ++ | ++ | ++ | ++ | ++ | ++ | ++ | + |
| Ⅳ | 标准贯入器 | | ++ | ++ | ++ | ++ | ++ | ++ | ++ | ++ | ++ | ++ | – |
| | 螺纹钻头 | | ++ | ++ | ++ | ++ | ++ | + | – | – | – | – | – |
| | 岩芯钻头 | | ++ | ++ | ++ | ++ | ++ | ++ | ++ | ++ | ++ | ++ | ++ |

注："++"表示适用，"+"表示部分适用，"–"表示不适用；采取砂土试样应有防止试样失落的补措施；有经验时，可采用束节式取土器代替薄壁取土器。

薄壁敞口取土器（如图 3-2 所示）只用一薄壁无缝管作取样管，面积比降低至 10% 以下，可作为采取Ⅰ级土样的取土器。薄壁取土器只能用于软土或较疏松的土取样。土质过硬，取土器易于受损。薄壁取土器内不可能设衬管，一般是将取样管与土样一同封装送到实验室。因此，需要大量的备用取土器，这样既不经济，又不便于携带。

《工程岩体试验方法标准》（GB/T 50266—2013）允许以束节式取土器代替薄壁取土器。这种束节式取土器（如图 3-3 所示）是综合了厚壁和薄壁敞口取土器的优点而设计的，其特点是将厚壁取土器下端刃口段改为薄壁管（此段薄壁管的长度一般不应短于刃口直径的 3 倍），以减少对厚壁管面积比的不利影响，取出的土样可达到或接近Ⅰ级。

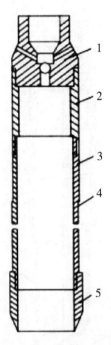

1—球阀；2—废土管；3—半合取样管；4—衬管；5—加厚管靴。

图 3-1　厚壁敞口取土器

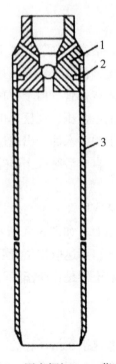

1—球阀；2—固定螺钉；3—薄壁取样管。

图 3-2　薄壁敞口取土器

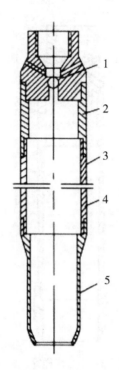

1—球阀；2—废土管；3—半合取样管；4—衬管或环刀；5—束节取样管靴。

**图3-3　束节式取土器**

②活塞取土器。

如果在敞口取土器的刃口部装一活塞，在下放取土器的过程中，使活塞与取样管的相对位置保持不变，即可排开孔底浮土，使取土器顺利达到预计取样位置。此后，将活塞固定不动入取样管，土样则相对地进入取样管，但土样顶端始终处于活塞之下，回提取土器时，处于土样顶端的活塞即可隔绝上下水压、气压，也可以在土样与活塞之间保持一定的负压，防止土样失落而又不至于像上提活塞那样出现过分的抽吸。活塞取土器则分为固定活塞取土器、水压固定活塞取土器、自由活塞取土器等。

a）固定活塞取土器。

在薄壁敞口取土器内增加一个活塞以及一套与之相连接的活塞杆，活塞杆可通过取土器的头部并经由钻杆的中空延伸至地面（如图3-4所示）。下放取土器时，活塞处于取样管刃口端部，活塞杆与钻杆同步下放，到达取样位置后，固定活塞杆与活塞，通过钻杆压入取样管进行取样。固定活塞薄壁取土器是目前国际公认的高质量取土器，但因需要两套杆件，操作比较复杂。

b）水压固定活塞取土器。

其特点是去掉了活塞杆，将活塞连接在钻杆底端，取样管则与另一套在活塞缸内的可动活塞连接，取样时通过钻杆施加水压，驱动活塞缸内的可动活塞，将取样管压入土中。其取样效果与固定活塞式相同，操作较为简单，但结构仍较复杂（如图3-5所示）。

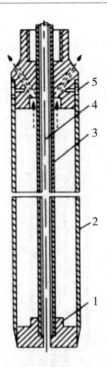

1—固定活塞；2—薄壁取样管；3—活塞杆；4—清除真空杆；5—固定螺钉。

图3-4  固定活塞取土器

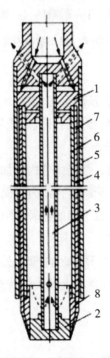

1—可动活塞；2—固定活塞；3—活塞杆；4—压力缸；5—竖向导管；

6—取样管；7—衬管（采用薄壁管时无衬管）；8—取样管刃靴（采用薄壁管时无单独刃靴）。

图3-5  水压固定活塞取土器

c）自由活塞取土器。

自由活塞取土器与固定活塞取土器的不同之处在于活塞杆不延伸至地面，而只穿过上接头，用弹簧锥卡予以控制，取样时依靠土试样将活塞顶起，操作较为简便。但土试样上顶活塞时易受扰动，取样质量不及前面两种取土器（如图3-6所示）。

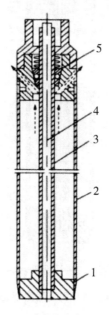

1—活塞；2—薄壁取样管；3—活塞杆；4—消除真空杆；5—弹簧锥卡。

**图3-6 自由活塞取土器**

③回转式取土器。

贯入式取土器一般只适用于软土及部分可塑状土，对于坚硬、密实的土类则不适用。对于这些土类，必须改用回转式取土器。回转式取土器主要有两种类型。

a）单动二重（三重）管取土器。

类似于岩芯钻探中的双层岩芯管，如在内管内再加衬管，则成为三重管，其内管一般与外管齐平或稍超前于外管。取样时外管旋转，而内管保持不动，故称单动。内管容纳土样并保护土样不受循环液的冲蚀。回转式取土器取样时采用循环液冷却钻头并携带岩土碎屑。

b）双动二重（三重）管取土器。

双动二重（三重）管取土器是指取样时内管、外管同时旋转，适用于硬黏土，密实的砂砾石土以及软岩。内管回转虽然会产生较大的扰动影响，但对于坚硬密实的土层，这种扰动影响不大。

**3. 原状土样的采取方法**

（1）钻孔中采取原状试样的方法

①击入法。

击入法是用人力或机械力操纵落锤，将取土器击入土中的取土方法。按锤击次数分为轻锤多击法和重锤少击法，按锤击位置又分为上击法和下击法。经过比较取样试验认为，就取样质量而言，重锤少击法优于轻锤多击法，下击法优于上击法。

②压入法。

压入法可分为慢速压入和快速压入两种。

a）慢速压入法。

慢速压入法是用杠杆、千斤顶、钻机手把等加压，取土器进入土层的过程是不连续的。在取样过程中对土试样有一定程度的扰动。

b）快速压入法。

快速压入法是将取土器快速，均匀地压入土中，采用这种方法对土试样的扰动程度最小。目前普遍使用以下两种：活塞油压筒法，采用比取土器稍长的活塞压筒通过高压，强迫取土器以等速压入土中；钢绳、滑车组法，借机械力量通过钢绳、滑车装置将取土器压入土中。

③回转法。

此法是使用回转式取土器取样，取样时内管压入取样，外管回转削切的废土一般用机械钻机靠冲洗液带出孔口。这种方法可减少取样时对土试样的扰动，从而提高取样质量。

（2）探井、探槽中采取原状试样的方法

探井、探槽中采取原状试样可采用两种方式：一种是锤击敞口取土器取样；另一种是人工刻切块状土试样。因为后一种方法使用较多，块状土试样的质量高，下文主要介绍人工采用块状土试样。

人工采用块状土试样一般应注意以下几点。

①避免对取样土层的人为扰动破坏，开挖至接近预计取样深度时，应留下 20~30 cm 厚的保护层，待取样时再细心铲除。

②防止地面水渗入，井底水应及时抽走，以免浸泡。

③防止暴晒导致水分蒸发，坑底暴露时间不能太长，否则会风干。

④尽量缩短切削土样的时间，及早封装。

块状土试样可以切成圆柱状和方块状，也可以在探井、探槽中采取盒状土样，这种方法是将装配式的方形土样容器放在预计取样位置，边修切，边压入，从而取得高质量的土试样。

4. 钻孔取样操作要求

土样质量的优劣，不仅取决于取土器具，还取决于取样全过程的各项操作是否恰当。

（1）钻进要求

钻进时应力求不扰动或少扰动预计取样处的土层。为此应做到以下几点。

①使用合适的钻具与钻进方法。一般应采用较平稳的回转式钻进。当采用冲击、振动、水冲等方式钻进时，应在预计取样位置 1 m 以上改用回转钻进。在地下水位以上一般应采用干钻方式。

②在软土、砂土中宜用泥浆护壁。若使用套管护壁，应注意旋入套管时管靴对土层的

扰动，且套管底部应限制在预计取样深度以上大于 3 倍孔径的距离。

③应注意保持钻孔内的水头等于或稍高于地下水位，以避免产生孔底管涌，在饱和粉、细砂土中尤应注意。

（2）取样要求规定

在钻孔中采取Ⅰ～Ⅱ级砂样时，可采用原状取砂器，并按相应的现行标准执行。在钻孔中采取Ⅰ～Ⅱ级土试样时，应满足下列要求。

①在软土、砂土中宜采用泥浆护壁。如使用套管，应保持管内水位等于或稍高于地下水位，取样位置应低于套管底 3 倍孔径的距离。

②采用冲洗、冲击、振动等方式钻进时，应在预计取样位置 1 m 以上改用回转钻进。

③下放取土器前应仔细清孔，清除扰动土，孔底残留浮土厚度不应大于取土器废土段长度（活塞取土器除外）。

④采取土试样宜用快速静力连续压入法。

⑤具体操作方法应按标准执行。

（3）土试样封装、储存和运输

对于Ⅰ～Ⅲ级土试样的封装、储存和运输，应符合下列要求。

①取出土试样应及时妥善密封，以防止湿度变化，严防暴晒或冰冻。

②土样运输前应妥善装箱、填塞缓冲材料，运输过程中避免颠簸。对于易振动液化、灵敏度高的试样宜就近进行试验。

③土样从取样之日起至开始试验前的储存时间不应超过 3 周。

### 3.3.2 试样采取和保管的规定

试样采取和保管的规定主要包括土样采取和保管的规定、岩石试样采取和保管的规定和水试样采取和保管的规定这 3 个方面的内容。

1. 土样采取和保管的规定

土样的采取和保管应符合下列规定。

（1）在粉土、砂土中采取Ⅰ、Ⅱ级试样，宜采用原状取砂器。

（2）在钻孔中采取Ⅰ、Ⅱ级土试样时，应满足下列要求。

①在软土、砂土中宜采用泥浆护壁，如使用套管，应保持管内水位等于或稍高于地下水位，取样位置应低于套管底 3 倍孔径的距离。

②采用冲洗、冲击、振动等方式钻进时，应在预计的取样位置 1 m 以上改用回转钻进。

③下放取土器前应仔细清孔，清除扰动土，孔底残留土厚度不应大于取土器废土筒段长度（活塞取土器除外）。

④薄壁取土器取土试样时，宜采用快速静力连续压入法。

⑤取土器提出地面之后，应小心将土样从取土器中取出，及时密封并标记。土样运输和保存时应竖直安放，严禁倒置，防止受振扰动，并避免暴晒或冰冻。

### 2. 岩石试样采取和保管的规定

岩石试样的采取和保管应符合下列规定。

①岩石试样可利用钻探岩芯截取制作或在探井、探槽、竖井和平洞中采取，采取的样品尺寸应满足试样加工的要求；在特殊情况下，试样形状、尺寸和方向由岩体力学试验设计确定。

②岩石试样应填写标签，标明上下方向。对需进行含水率试验的岩石试样，采取后应及时蜡封。

### 3. 水试样采取和保管的规定

水试样的采取和保管应符合下列规定。

①采取的水试样应代表天然条件下的水质情况。

②当有多层含水层时，应做好分层隔水措施，并应分层采取水样。

③取水试样前，应洗净盛水容器，不得有残留杂质。

④取水试样过程中，应尽量减少水试样的暴露时间，及时封口；对需测定不稳定成分的水样时，应及时加入大理石粉等稳定剂。

⑤采取水试样后，应做好取样记录，记录内容应包括取样时间、取样深度、取样人、是否加入稳定剂等。

⑥水试样应及时送水质分析，放置时间应符合试验项目的相关要求。

## 3.3.3 岩土样的现场检验、封存和运输

### 1. 岩土样的现场检验

对于钻孔中采取的Ⅰ级试样，应在现场测量取样回收率。试样活塞取土器回收率大于1.00 或小于 0.95 时，应检查尺寸测量是否有误，土试样是否受压，并根据实际情况确定土试样废弃或降级使用。

### 2. 封存

岩土样的封存应符合下列规定。

①现场采取的土样或软质岩样应及时密封，可采用纱布条蜡封或黏胶带密封。

②每个岩土样密封后均应填贴标签，标签上下应与土试样上下一致，并牢固地粘贴在容器外壁上。土试样应记载下列内容：工程名称或编号；孔号、岩土样号、取样深度、岩土试样名称、颜色和状态；取样日期；取样人姓名；取土器型号、取样方法、回收率等。

③采取的岩土样密封后应置于温度和湿度变化小的环境中，不得暴晒或受冻。土样应直立放置，严禁倒放或平放。

### 3. 运输

岩土样的运输应符合下列规定。

①运输岩土样时，应采用专用土样箱包装，试样之间用柔软缓冲材料填实。

②对易于振动液化、水分离析的砂土试样，宜在现场就近进行试验，并可采用冰冻保存和运输。

③岩土试样采取以后至开样试验之间的储存时间，不宜超过两周。

## 3.4  井探、槽探、洞探

### 3.4.1  井探、槽探、洞探特点及适用条件

当钻探难以查明地下情况时，可采用探井、探槽进行勘探。在坝址、地下工程、大型边坡等工程勘察中，当需详细查明深部岩层性质、构造特性时，可采用竖井或平洞。

探井、探槽主要适用于土层之中，可用机械或人力开挖，并以人力开挖居多。开挖深度受地下水位影响。在交通不便的丘陵、山区或场地狭窄处，大型勘探机械难以就位，用人力开挖探井、探槽方便灵活，获取地质资料翔实准确，编录直观，勘探成本低。

探井的横断面可以为圆形，也可以为矩形。圆形井壁应力状态较有利于井壁稳定，矩形则较有利于人力挖掘。为了减小开挖方量，断面尺寸不宜过大，以能容一人下井工作为度。一般圆形探井直径为 0.8~1.0 m，矩形探井断面尺寸为 0.8 m×1.2 m。当施工场地许可，需要放坡或分级开挖时，探井断面尺寸可增大。探槽开挖断面为一长条形，宽度为 0.5~1.2 m，在场地允许和土层需要的情况下，也可分级开挖。

探井、探槽开挖过程中，应根据地层情况、开挖深度、地下水位情况采取井壁支护、排水、通风等措施，尤其是在疏松、软弱土层中或无黏性的砂、卵石层中，必须进行支护，且应有专门技术人员在场。此外，探井口部保护也十分重要，在多雨季节施工应设防雨棚，开排水沟，防止雨水流入或浸润井壁。土石方不能随意弃置于井口边缘，以免增加井壁的土压力，导致井壁失稳或支撑系统失效，或者土石块坠落伤人。一般堆土区应布置在下坡方向离井口边缘不少于 2 m 的安全距离。探井、探槽开挖土方量大，对场地的自然环境会造成一定程度的改变甚至破坏，有可能对以后的施工造成不良影响。在制定勘探方案时，对此应有充分估计。勘探结束后，探井、探槽必须妥善回填。

洞探主要是依靠专门机械设备在岩层中掘进，通过竖井、斜井和平洞来观察描述地层岩性、构造特征，并进行现场试验，以了解岩层的物理力学性质指标。洞探是施工条件最困难、成本最高而且最费时间的勘探方法。在掘进过程中，需要支护不稳定的围岩和排除地下水，掘进深度大时还需要有专门的出渣和通风设施，所以，洞探的应用受到一定限制，但在一些水利水电、地下洞室等工程中，为了获得有关地基和围岩中准确而详尽的地质结构和地层岩性资料，追索断裂带和软弱夹层或裂隙强烈发育带、强烈岩溶带等，以及为了进行原位测试（如测定岩土体的变形性能、抗剪强度参数、地应力等），洞探是必不可少的勘探方法，这在详细勘察阶段显得尤其重要。竖井由于不便出渣和排水，不便于观察和编录，往往用斜井代替。在地形陡峭、探测的岩层或断裂带产状较陡时，则广泛采用平洞勘探。

综上所述，井探、槽探、洞探的特点和适用条件归纳如表3-4所示。

表3-4　井探、槽探、洞探的特点和适用条件

| 勘探种类 | 勘探实物工作量名称 | 特点 | 适用条件 |
|---|---|---|---|
| 井探 | 探井 | 断面有圆形和矩形两种，圆形直径0.8~1.0 m，矩形断面尺寸为0.8 m×1.2 m，深度受地下水位影响，以5~10 m较多，通常小于20 m | 常用于土层中，查明地层岩性，地质结构，采取原状土样，兼做原位测试 |
| 槽探 | 探槽 | 断面呈长条形，断面宽度为0.5~1.2 m，深度受地下水位影响，一般为3~5 m | 剥除地表覆土，揭露基岩。划分土层岩性，追踪查明地裂缝、断层破碎带等地质结构线的空间分布及剖面组合情况 |
| 洞探 | 竖井 | 形状近似于探井，但口径大于探井。需进行井壁支护、排水、通风等 | 查明地层岩性和地质结构及覆盖土层厚度、基岩情况 |
| | 斜井 | 具有一定倾斜度的竖井 | 查明地层岩性和地质结构及覆盖土层厚度、基岩情况 |
| | 平洞 | 在地面有出口的水平通道，深度大，需支护 | 常用于地形陡峭的基岩层中，查明河谷地段地层岩性软弱夹层、破碎带、风化岩层等，并可进行一些原位测试 |

## 3.4.2　井探、槽探、洞探观察描述和绘制展示图

### 1. 现场观察描述

①量测探井、探槽、竖井、斜井、平洞的断面形态尺寸和掘进深度。

②详尽地观察和描述四壁与底（顶）的地层岩性、地层接触关系、产状、结构与构造特征、裂隙及充填情况、基岩风化情况，并绘出四壁与底（顶）的地质素描图。

③观察和记录开挖期间及开挖后井壁、槽壁、洞壁岩土体变形动态，如膨胀、裂隙、风化、剥落及塌落等现象，并记录开挖（掘进）速度和方法。

④观察和记录地下水动态，如涌水量、涌水点、涌水动态与地表水的关系等。

### 2. 绘制展示图

展示图是井探、槽探、洞探编录的主要成果资料。绘制展示图就是沿探井、探槽、竖井、斜井、平洞的壁、底（顶）将地层岩性、地质结构展示在一定比例尺的地质断面图上。井探、槽探、洞探类型特点不同，展示图绘制方法和表示内容也各有不同，其采用

的比例尺一般为1∶100~1∶25，其主要取决于勘察工程的规模和场地地质条件的复杂程度。

（1）探井和竖井展示图

探井和竖井展示图有两种：一种是四壁辐射展开法；另一种是四壁平行展开法。其中需要重点分析的是四壁平行展开法。四壁平行展开法使用较多，它避免了四壁辐射展开法因井较深存在的不足。采用四壁平行展开法绘制的探井展示图如图3-7所示，图中直观地表示了探井和竖井四壁的地层岩性、结构构造特征。

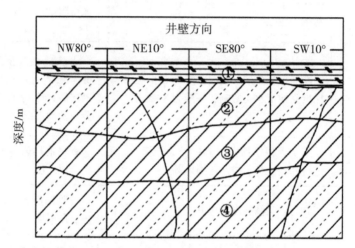

注：①②③为地层标号；NW为North West的简称，意思是西北方向；NE为North East的简称，意思是东北方向；SE为South East的简称，意思是东南方向；SW为South West的简称，意思是西南方向。

**图3-7　采用四壁平行展开法绘制的探井展示图**

（2）探槽展示图

探槽在追踪地裂缝、断层破碎带等地质界线的空间分布及查明剖面组合特征时使用很广泛。因此在绘制探槽展示图之前，确定探槽中心线方向及其各段变化，测量水平延伸长度、槽底坡度，绘制四壁地质素描显得尤为重要。

探槽展示图有以坡度展开法绘制的展示图和以平行展开法绘制的展示图两种，通常是沿探槽长壁及槽底展开，绘制一壁一底的展示图。其中，平行展示法使用广泛，更适用于坡壁直立的探槽。

（3）平洞展示图

平洞展示图绘制从洞口开始，到掌子面结束。其具体绘制方法是按实测数据先画出洞底的中线，然后依次绘制洞底—洞两侧壁—洞顶—掌子面，最后按底、壁、顶和掌子面对应的地层岩性和地质构造填充岩性图例与地质界线，并应绘制洞底高程变化线，以便于分析和应用，如图3-8所示。

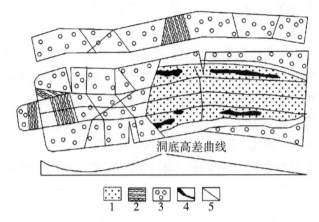

洞底高差曲线

1—凝灰岩；2—凝灰质页岩；3—斑岩；4—细粒凝灰岩夹层；5—节理。

图3-8　平洞展示图

## 3.5　工程物探

不同成分、结构、产状的地质体，在地下半无限空间呈现不同的物理场分布。这些物理场可由人工建立（如交、直流电场，重力场等），也可以是地质体自身具备的（如自然电场、磁场、辐射场、重力场等）。在地面、空中、水上或钻孔中用各种仪器测量物理场的分布情况，对其数据进行分析解释，结合有关地质资料推断欲测地质体性状的勘探方法，称为地球物理勘探。用于岩土工程勘察时，亦称为工程物探。

工程物探的主要作用：作为钻探的先行工作，了解隐蔽的地质界线、界面或异常点（如基岩面、风化带、断层破碎带、岩溶洞穴等）；作为钻探的辅助工作，在钻孔之间增加地球物理勘探点，为钻探成果的内插、外推提供依据；作为原位测试方法，测定岩土体的波速、动弹性模量、动剪切模量、卓越周期、电阻率、放射性辐射参数、土对金属的腐蚀性等。

常用工程物探方法有电阻率法、地震勘探、电视测井、地质雷达和综合物探。

### 3.5.1　电阻率法

电阻率法是依靠人工建立直流电场，在地表测量某点垂直方向或水平方向的电阻率变化，从而推断地质体性状的方法。它主要可以解决下列地质问题。

①确定不同的岩性，进行地层岩性的划分。

②探查褶皱构造形态，寻找断层。

③探查覆盖层厚度、基岩起伏及风化壳厚度。

④探查含水层的分布情况、埋藏深度及厚度，寻找充水断层及主导充水裂隙方向。

⑤探查岩溶发育情况及滑坡体的分布范围。

⑥寻找古河道的空间位置。

电阻率法包括电测深法和电剖面法，在岩土工程勘察中应用最广的是对称四极电测深法、环形电测深法、对称剖面法和联合剖面法。

电剖面法可以用来探查松散覆盖层下基岩面起伏和地质构造，了解古河道位置，寻找溶洞等。溶蚀洼地中堆积了低电阻的第四系松散物质，视电阻率曲线的高低起伏正好反映了灰岩面的起伏变化，解释效果良好。应用对称四极电测深法来确定电阻率有差异的地层，探查基岩风化壳、地下水埋深或寻找古河道，解释效果较好；而复合四极对称装置探查溶蚀漏斗和溶洞可以取得比较满意的效果。环形电测深法是指在同一个测深点上不同方位（通常是四个方位）的电阻率测深法，观测结果反映该测深点的不同方向的岩层视电阻率的变化，常用来研究岩石的各向异性，如确定断层走向、岩溶发育方向、岩层倾斜方向等。

视电阻率的基本表达如式（3.1）所示。

$$\rho_s = K \frac{\Delta V}{I} \tag{3.1}$$

式中：$\rho_s$ 为视电阻率，$\Omega \cdot m$；$\Delta V$ 为电位差，mV；$I$ 为电流强度，mA；$K$ 为装置系数，m。

运用联合剖面法可以较为准确地推断断裂带的位置。如果沿着所要探查断层的走向上布置几条联合剖面，即可根据 $\rho_s$ 曲线获得该断层的平面延伸情况。而在同一条联合剖面上采用不同极距，则可确定断层面的倾向和倾角。

电阻率法的使用条件如下。

①地形比较平缓，具有便于布置极距的一定范围。

②被探查地质体的大小、形状、埋深和产状，必须在人工电场可控制的范围之内；其电阻率应较稳定，与围岩背景值有较大异常。

③场地内应有电性标准层存在。该标准层的电阻率在水平和垂直方向上均保持稳定，且与上下地层的差值较大；有明显的厚度，倾角不大于20°，埋深不太大；在其上部无屏蔽层存在。

④场地内无不可排除的电磁干扰。

### 3.5.2　地震勘探

地震勘探是通过人工激发的地震波在地壳内传播的特点来探查地质体的一种物探方法。在岩土工程勘察中运用最多的是高频地震波浅层折射法，可以研究深度在100 m以内的地质体。

地震勘探主要解决下列问题。

①测定覆盖层的厚度，确定基岩的埋深和起伏变化。

②追索断层破碎带和裂隙密集带。

③研究岩石的弹性性质，测定岩石的动弹性模量和动泊松比。

④划分岩体的风化带，测定风化壳厚度和新鲜基岩的起伏变化。

地震勘探的使用条件：地形起伏较小；地质界面较平坦和断层破碎带少，且界面以上岩石较均一，无明显高阻层屏蔽；界面上下或两侧地质体有较明显的波速差异。

### 3.5.3　电视测井

**1. 以普通光源为能源的电视测井**

利用日光灯光源为能源，投射到孔壁，再经平面镜反射到照相镜头来完成对孔壁的探测。

（1）主要设备及工作过程

主要设备：由孔内摄像机、地面控制器、图像监视器等组成的孔内电视。

主要工作过程：孔内摄像机为钻孔电视的地下探测头，它将孔壁情况由一块 45°平面反射镜片反射到照相镜头，经照相镜头聚焦到摄像管的光靶面上，便产生图像视频信号。照明光源为特制异型日光灯，在 45°平面镜下端嵌有小罗盘，使所摄取的孔壁图像旁边有指示方位的罗盘图像。摄像机及光源能做 360°的往复转动，因而可对孔壁四周进行摄像。

地面控制器是产生各种工作电源和控制信号的装置，它给地下摄像机发出信号。孔内摄像机将视频信号经电缆传送至图像监视器而显示电视图像。

（2）图像解释

岩石粗颗粒的形状可直接从屏幕上观察，颗粒大小可用直接量取的数据除以放大倍数。水平裂纹在屏幕上为一水平线。垂直裂纹，摄像机在孔内转动 360°，电视屏幕上将出现不对称的两条垂直线，此两条垂直线方位夹角的平分线所指方位角±90°，即为裂隙走向。通过钻孔中心摄像机转动一周，可以看到对称的两条垂直线。当垂直线在屏幕中央时，罗盘所指的方位角即为其走向。倾斜裂隙在屏幕上呈现波浪曲线，摄像机转动一周，曲线最低点对应的罗盘指针方位角即为其倾向。转动到屏幕上出现倾斜的直线与水平线共夹角即为其倾角，可直接在屏幕上量得。裂隙宽度可在屏幕上量得后除以放大倍数。岩石裂隙填充物为泥质时，屏幕上呈灰白色，充填物为铁锰质时，屏幕上呈灰黑色。其他如孔、洞、不同岩石互层等均能从电视屏幕上直接观察到。

（3）适用条件

以普通光源为能源的电视测井的适用条件，多用于钻孔孔径大于 100 mm、深度较浅的钻孔中。由于是普通光源，浑水中不能观察，若孔壁上有黏性土或岩粉等黏附时，观察也困难。

**2. 以超声波为光源的电视测井**

利用超声波为光源，在孔中不断向孔壁发射超声波束，接受从井壁反射回来的超声波，完成对孔壁的探测，从而建立孔壁电视图像。

（1）主要设备及工作过程

主要设备：井下设备由换能器、马达、同步信号发生器、电子腔等组成，地面设备由照相记录器、监视器及电源等构成。

主要工作过程：钻孔中，电子腔给换能器以一定时间间隔和宽度的正弦波束做能源，换能器则发射一相应的定向超声波束，此波束在水中或泥浆中传播，遇到不同波阻抗的界面时（如孔壁）产生反射，其反射的能量大小决定于界面的物理特征（如裂隙、空洞）；换能器同时又接收反射回来的超声波束，将其变为电信号送回电子腔；电子腔对信号做电压和功率放大后，经电缆送至地面设备，用以调制地面仪器荧光屏上光点的亮度；用马达带动换能器旋转并缓慢提升孔下设备，完成对整个孔壁的探测。如果使照相胶片随井下设备的提升而移动，在照相胶片上就记录下了连续的孔壁图像。

（2）图像解释

当孔壁完整无破碎时，超声波束的反射能量强，光点亮；反之能量则弱或不反射光，光点暗。若图像上出现黑线则是孔壁裂隙，若出现黑斑则是空洞。孔壁不同的裂隙、空洞的对应解释与以普通光源为能源的电视测井相近。

（3）适用条件

适用于检查孔壁套管情况及基岩中的孔壁岩层、结构情况，主要优点是可以在泥浆和浑水中使用。

### 3.5.4　地质雷达

地质雷达是交流电法勘探的一种。其工作原理是由发射机发射脉冲电磁波，其中一部分沿着空气与介质（岩土体）分界面传播，经一定时间（$t_0$）后到达接收天线（称直达波），为接收机所接收；另一部分传入岩土体介质中，在岩土体中若遇到电性不同的另一介质层或介质体（如另一种岩层、土层、裂隙、洞穴）时就发生反射和折射，经时间（$t_s$）后回到接收天线（称回波）。根据接收到直达波和回波的传播时间来判断另一介质体的存在并测算其埋藏深度。

地质雷达具有分辨能力强，判释精度高，一般不受高阻屏蔽层及水平层、各向异性的影响等优点。它对探查浅部介质体，如覆盖层厚度、基岩强风化带埋深、溶洞及地下洞室和管线等非常有效。

### 3.5.5　综合物探

物探方法由于具有透视性和高效性，因而在岩土工程勘察中广泛应用，但同时又由于物性差异、勘探深度及干扰因素等原因而使其具有条件性、多解性，从而使其应用受到一定限制。因此，对于一个勘探对象只有使用几种工程物探方法，即综合物探方法，才能最大限度地发挥工程物探方法的优势，为地质勘察提供客观反映地层岩性、地质结构与构造及其岩土体物理力学性质的可靠资料。

为了查明覆盖层厚度，了解基岩风化带的埋深、溶洞及地下洞室、管线位置，追踪断层破碎带、地裂缝等地质界线，常使用直流电阻率法、地震勘探或地质雷达方法。实践证明只要目的层存在明显的电性或波速差异，且有足够深度，都可以用电阻率法普查，再用地震勘探或地质雷达详查。用直流电阻率法、磁法勘探和重力勘探联合寻找含水溶洞，用地震勘探、直流电阻率法、放射性勘探联合查明地裂缝三维空间展布的可靠程度也已接近100%。

## 3.6 原位测试

原位测试指的是在土（岩）体的本来位置，对处于天然状态下的土（岩）体所进行的工程性质的测试。它具有直接性、真实性和实用性的特点，对土（岩）体工程性质的判断起着十分重要的作用。原位测试技术方法多，发展很快，下文主要介绍荷载试验、十字板剪切试验、标准贯入试验、静力触探试验和动力触探试验。

### 3.6.1 荷载试验

#### 1. 荷载试验加载装置

荷载试验，简称DLT（dead load test），加载装置可分为两大类型。

一种为利用木质或铁质加载平装置（平台、立柱、斜撑等），如图3-9（a）所示，将荷载（堆载）传至刚性平板，这种装置要求底部采用较大的承压板（常宜为2 600~10 000 cm²），否则，由于上大下小、头重脚轻，易出现歪斜现象，甚至倒塌事故，故目前较少采用。

另一种为千斤顶加载装置，如图3-9（b）（c）所示，其构造由加载稳定装置、反力装置和观测装置三部分组成。加载稳定装置包括承压板、油压千斤顶、油泵和压力表等，根据地基土软硬程度的不同，承压板面积为2 500~10 000 cm²，密实土取小值，松散土取大值，常用标准压板为5 000 cm²（方形压板70.7 cm×70.7 cm，圆形压板直径79.8 cm），对均质密实土，如老黏土可用1 000 cm²，对软土则不应小于5 000 cm。反力装置包括堆载系统和地锚系统两种：前者千斤顶的向上反力由堆放在钢梁上的重物来平衡，按堆放工艺要求，一次堆足重物，再用千斤顶逐级加载；后者千斤顶的向上反力一般经由反力梁传给与该梁连接的地锚，也可用桁架替代这种梁，地锚系统的抗拔能力须经过试验设计确定。量测装置包括百分表和固定百分表用的支架，支架必须架在不受试验沉降影响的小木桩上。

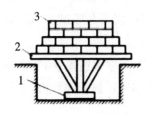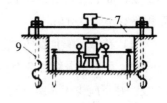

（a）利用木质或铁质加载平台装置　　　（b）千斤顶加载装置一　　　（c）千斤顶加载装置二

1—承压板；2—加载平台；3—堆重；4—千斤顶；5—油管；6—压力表；
7—钢梁；8—枕木垛；9—地锚；10—百分表；11—固定支架。

**图3-9 荷载试验加载装置**

**2. 荷载试验方法**

（1）试坑的准备工作

试坑底宽应不小于承压板宽度或直径的 3 倍，以便排除承压板周围超载的影响。坑底应铺设厚度 1 cm 左右的砂垫层（中砂或粗砂），以便确保承压板与土层同水平和均匀接触口。为保证试验土层的天然状态，当测试土层为软塑黏土或饱和松砂时，试验开始前承压板周围应预留 20~30 cm 厚的原状土作为保护层。

（2）设备标定和稳压工作

试验前必须进行千斤顶，油泵和压力表等加载系统的标定；试验中须考虑加压过程中压力的稳定性，往往由于地锚的上拔、承压板的下降、加载设备的变形和千斤顶的漏油，千斤顶的压力（表现在油表的读数上）不易稳定，出现松压现象，必须及时补充压力，保持恒压。

（3）加荷方式

加荷方式有三种。第一种为常规的慢速加载法，采取分级加载，待沉降稳定后再施加下一级荷载。第二种为快速加载法，同样采取分级加载，每级荷载只需维持 2 h 便可施加下一级荷载，而不必等待沉降稳定，最后一级荷载沉降观测达稳定标准或仍维持 2 h。第三种为等沉降速率法，控制承压板按一定的沉降速率下沉，测量与沉降相应的所施加的荷载，直至破坏状态。

**3. 荷载试验的技术要求规定**

（1）浅层平板荷载试验的试坑宽度或直径不应小于承压板宽度或直径的 3 倍；深层平板荷载试验的试井直径应等于承压板直径；当试井直径大于承压板直径时，紧靠承压板周围土的高度不应小于承压板直径。

（2）试坑或试井底的岩土应避免扰动，保持其原状结构和天然湿度，并在承压板下铺设不超过 20 mm 的砂垫层找平，尽快安装试验设备；螺旋板头入土时，应按每转一圈一个螺距进行操作，减少对土的扰动。

（3）荷载试验宜采用圆形刚性承压板，根据土的软硬或岩体裂隙密度选用合适的尺寸；土的浅层平板荷载试验承压板面积不应小于 0.25 m²，对软土和粒径较大的填土不应小于 0.5 m²；土的深层平板荷载试验承压板面积宜选用 0.5 m²；岩石荷载试验承压板的面积不宜小于 0.07 m²。

（4）荷载试验加荷方式应采用分级维持荷载沉降相对稳定法（常规慢速法）；有地区经验时，可采用分级加荷沉降非稳定法（快速法）或等沉降速率法；加荷等级宜取 10 至 12 级，并不应少于 8 级，荷载量测精度不应低于最大荷载的±1%。

（5）承压板的沉降量可采用百分表或电测位移计量测，其精度不应低于±0.01 mm。

（6）对于慢速法，当试验对象为土体时，每级荷载施加后，间隔 5 min、5 min、10 min、10 min、15 min、15 min 测读一次沉降量，以后间隔 30 min 测读一次沉降量，当连续 2 h 每小时沉降量小于或等于 0.1 mm 时，可认为沉降量已达相对稳定标准，施加下一级荷载；当试验对象是岩体时，间隔 1 min、2 min、2 min、5 min 测读一次沉降量，以后每隔 10 min 测读一次，当连续三次读数差小于或等于 0.01 mm 时，可认为沉降量已达相对稳定标准，施加下一级荷载。

（7）当出现下列情况之一时，可终止试验：承压板周边的土出现明显侧向挤出，周边岩土出现明显隆起或径向裂缝持续发展；本级荷载的沉降量大于前级荷载沉降量的 5 倍，荷载与沉降曲线出现明显陡降；在某级荷载下 24 h 沉降速率不能达到相对稳定标准；总沉降量与承压板直径（或宽度）之比超过 0.06。

**4. 荷载试验资料整理**

通过静力荷载试验，可给出每级荷载下的时间（$t$）沉降（$s$）曲线，即 $t$-$s$ 曲线和荷载（$p$）沉降（$s$）曲线，即 $p$-$s$ 曲线，这两条曲线即为荷载试验的主要成果。

除试验设备及其安装、量测仪表等准确可靠外，在加载过程中精确读数，及时描绘上述两条曲线亦很重要，这样，可根据地基情况和破坏形式分析各次量测的可靠性。由 $t$-$s$ 曲线可看出每一级荷载作用下随时间的沉降过程和各级荷载作用下曲线的变化规律，可供分析地基极限荷载时参考。将各级荷载下的沉降量点在图纸上，可直接得出 $p$-$s$ 曲线，但往往由于承压板和地基之间不紧贴，或加载设备的某个部件不够紧固，致使 $p$-$s$ 曲线的直线段不通过原点，在资料整理时应进行修正，确保初始直线段通过原点。

**5. 荷载试验成果的利用**

现场荷载试验的成果主要用于下述三个方面，且须注意应用的条件。

（1）确定地基土的容许承载力 $[\sigma]$

①按极限荷载确定地基土的容许承载力。

地基土的容许承载力 $[\sigma]$ 的计算如式（3.2）所示。

$$[\sigma] = \frac{p_k}{K} \tag{3.2}$$

式中：$p_k$ 为极限荷载，或叫极限压力，kPa；$K$ 为安全系数，一般由工程的重要性和地基土的复杂性决定，可取 2~3。

②按比例荷载确定地基土的容许承载力。

当基底压力小于或等于 $p_a$ 时（$p_a$ 为容许承载力），地基土中任意点的剪应力均小于土的抗剪强度，上体的变形主要为竖向压密，能满足地基强度的要求，且沉降变形不大。

③按 $p_{0.02}$ 作为地基容许承载力。

$p$-$s$ 曲线的曲线段变化缓慢，或因时间紧迫，或因加载设备能力不足等原因，致使沉降曲线长度不够，难以找到曲线突然变陡的转折点，此时也可绘制荷载相对沉降 $p$-$\frac{s}{b}$ 曲线，并取 $\frac{s}{b}$ = 0.02（$\frac{s}{b}$ 为承压板的相对沉降；$b$ 为板直径或边长）对应的压力，即 $p_{0.02}$ 作为地基容许承载力，对软黏土地基可取 $\frac{s}{b}$ = 0.01~0.015 对应的压力。

值得提醒的是，当在地表或敞坑中做荷载试验时，所确定的上述容许承载力只能作为地基基本承载力，在具体设计时仍须根据基础的实际宽度和埋深，决定是否进行宽深修正，并按有关规范具体计算。

（2）确定地基土的变形模量 $E_0$

在 $p$-$s$ 的直线段上，由于 $p$ 与 $s$ 呈直线变形关系，故可利用弹性理论公式确定地基土的变形模量。对于刚性圆形压板和刚性矩形压板，地基土的变形模量 $E_0$ 计算如式（3.3）、式（3.4）所示。

$$E_0 = \frac{\pi}{4} \times \frac{1-\mu^2}{s} \times pD \tag{3.3}$$

$$E_0 = \frac{\sqrt{\pi}}{2} \times \frac{1-\mu^2}{s} \times pB_p \tag{3.4}$$

式中：$\mu$ 为土的泊松比；$D$ 为刚性圆形承压板直径，cm；$B_p$ 为刚性矩形承压板短边边长，cm；$p$ 为荷载值，kPa；$s$ 为沉降量，mm。

（3）确定地基土的基床反力系数 $K$

直线段的斜率 $s/p$，即为刚性承压板下地基的基床系数，宽度为 $B$ 时的实际基础下地基的基床系数 $K$，计算如式（3.5）所示。

$$K = \frac{B_p}{B} \times \frac{p}{s} \tag{3.5}$$

式中：符号意义同前。

（4）静力荷载试验的适用条件

静力荷载试验是直接在现场能较好地模拟建筑物基础工作条件的一种原位试验。上述试验成果一般是可靠的，除可直接利用外，也常作为其他原位测试方法资料对比的重要依据。但该种试验仍具有模型性质，并非实际基础，受影响深度小和加荷时间短的局限性，应用时要注意分析成果资料和实际建筑物地基基础的作用效果之间可能存在的差异。

## 3.6.2 十字板剪切试验

十字板剪切试验简称 VST（vane shear test），是用十字板剪切仪在现场原位测试软土地基不排水抗剪强度的试验。它与室内试验比较，避免了土样扰动，并保存了其天然状态，且所需设备简单，操作方便，是一种有效的测试方法。

### 1. 十字板剪切试验的原理

十字板剪切试验的基本原理是将装在轴杆下的十字板头压入钻孔孔底下土中测试深度处，再在杆顶施加水平扭矩，由十字板头旋转将土剪破。根据该圆柱体侧面和顶底面上土的抗剪强度产生的阻抗力矩之和与外加水平扭矩平衡的原理，计算如式（3.6）所示。

$$M = \pi DH \times \frac{D}{2} S_u + \frac{2\pi D^2}{4} \times \frac{D}{3} \times S_H \tag{3.6}$$

式中：$H$ 为十字板头高度，m；$D$ 为十字板头宽度，m；$M$ 为土体产生剪切破坏时，所施加的外力总扭矩，kN·m；$S_u$ 为圆柱体侧面处土的抗剪强度，kN/m$^2$；$S_H$ 为圆柱体上下两底面上土的抗剪强度，kN/m$^2$。

若考虑上下底面上剪应力的分布规律，相关计算如式（3.7）所示。

$$S_u = \frac{2M}{\pi D^2 \left( H + \dfrac{D}{\eta} \right)} \tag{3.7}$$

式中：$\eta$ 为系数。其余符号意义同前。

实际上外力作用于十字板头圆柱体剪切面上的扭矩 $M$ 应为外力施加的总扭矩减去轴杆与土体间的摩擦力矩和仪器机械的阻力矩，如式（3.8）所示。

$$M = (P_f - f)R \tag{3.8}$$

式中：$P_f$ 为剪破土体时所施加的总作用力，kN；$f$ 为轴杆与土体间的摩擦力和仪器机械阻力之和，kN；$R$ 为施力旋盘的半径，m。

**2. 十字板剪切试验装置**

十字板剪切仪有普通型和轻便型两种，近年来发展了电阻应变式量测装置。十字板剪切仪的主要部件为十字板头、施加扭矩装置、扭力量测装置和轴杆等。常用的十字板头尺寸为 50 mm（宽）×100 mm（高），板厚 2 mm，刃口为 60°，轴杆直径为 20 mm，轴杆和十字板的连接有分离式和套筒式两种。

**3. 普通十字板剪切试验方法和步骤**

（1）钻孔下 $\phi$127 mm 套管至预定试验深度以上 75 cm，再用取土器逐段取土清孔，一直清至管底以上约 15 cm。为防止软土从孔底涌起和保持试验土层的天然状态，清孔后须在套管内灌水。

（2）将十字板头、离合器、导杆和轴杆等逐节接好，下入孔内至十字板头，与孔底接触。

（3）用摇把套在导杆上，并向右转动，使十字板离合器啮合，然后将十字板慢慢压入土中至预定测试深度。

（4）装好底座和加力测力装置，以约每 10 s 转 1°的速度旋转转盘，每转 1°量测钢环变形读数一次，直至读数不再增加或开始减小为止，此时便表明土体已被剪破。钢环的变形读数与其变形系数的乘积，即为施加于钢环上的作用力。

（5）拔下连接导杆与测力装置的特制键，套上摇把，连续转动导杆、轴杆和十字板头等 6 次，使土完全扰动。再按步骤"（4）"以相同剪切速度进行试验，可得扰动土的总作用力。

（6）按下特制键，将十字板轴杆向上提 3~5 cm，使连接轴杆与十字板轴杆头的离合器分开，然后仍按步骤"（4）"便可测得轴杆与土体间的摩擦力和仪器机械阻力之和。

（7）拔出十字板头，继续钻进，进行下一测试深度的试验。十字板剪切仪结构及试验安装如图 3-10 所示。

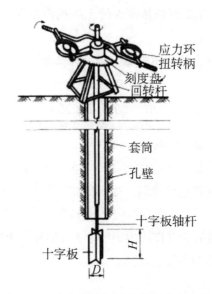

图 3-10　十字板剪切仪结构及试验安装

### 4. 十字板剪切试验的应用

十字板剪切试验主要用于饱和软黏土地层，可得到饱和黏土不排水抗剪强度、饱和黏土不排水残余抗剪强度、饱和黏土的灵敏度等土性参数。

应用成果参数时，需要注意下述几点。

在圆柱体破裂面上，$S_u$ 实际上不等于 $S_H$，原因是在天然地基中水平固结压力并不等于垂直固结压力，在正常固结黏土地基中，垂直固结压力大于水平固结压力，故圆柱体顶底面上的抗剪强度大于其侧面上的抗剪强度，在应用公式计算时，可把 $S_u$ 理解为综合抗剪强度。剪切破裂面实际上并非圆柱面，由于其破裂面面积比圆柱面面积大，使得算出的 $S_u$ 值偏大。每 10 s 转 1° 的旋转速率快于实际建筑物的加载速率，由于黏滞阻力的存在，旋转越快，测得的饱和黏土不排水抗剪强度就越高。在试验过程中各杆件的竖直、接头拧紧程度、量测标定的正确性等，将直接影响试验成果对于土的各向异性、孔底下十字板的插入深度、土的扰动，逐渐破坏效应等多方面的影响因素，都是在成果分析时值得考虑的。

### 3.6.3　标准贯入试验

标准贯入试验，简称 SPT（standard penetration test），它是用重 635 N 的穿心锤，以 760 mm 高的落距，将置于试验土层上的特制的对开式标准贯入器（如图 3-11 所示），先不记锤击数打入孔底 15 cm，然后再打入 30 cm，并记下锤击数 $N$，最后提出钻杆和标准贯入器，取出土样，进行土的物理力学性质试验。标准贯入试验实际上也属于土的动力触探试验类型之一，只不过探头不是圆锥探头，而是标准的圆筒形探头，由两个半圆筒合成的取土器。

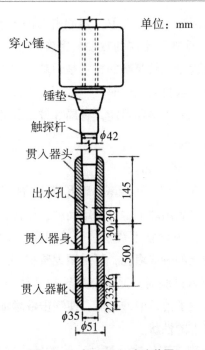

**图 3-11　标准贯入试验装置**

　　标准贯入试验的成果如图 3-12 所示，包括地基中指定深度处或不同深度处的标准贯入击数和相应地基土层的分布情况。这种试验一般适用于黏性土和砂性土地基。

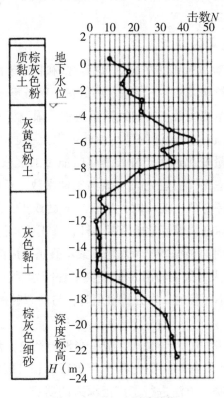

**图 3-12　N-H 测试结果**

按一般理解，土层越硬或越密实，对取土器冲击而锤入土中一定深度（30 cm）所需的锤击次数 $N$ 就越大，即 $N$ 反映了土层的软硬或密实程度。从理论上讲，集中表现在 $N$ 值大小的标准贯入试验的机理是比较复杂的，它是地基土层与贯入器的一种共同作用，在重复的冲击荷载作用下，取土器打入土中时，一方面土要进入取土器，另一方面它又将周围的土体向外挤出并压紧，此时土体还可能具有局部排水的性状。

**1. 标准贯入试验的技术要求**

（1）锤击速度不应超过 30 击/min。

（2）宜采用回转钻进方法，以尽可能减少对孔底土的扰动。

钻进时注意保持孔内水位高出地下水位一定高度，保持孔底土处于平衡状态，不使孔底发生涌砂变松，影响 $N$ 值；下套管不要超过试验标高；要缓慢地下放钻具，避免孔底土的扰动；细心清孔；为防止涌砂或塌孔，可采用泥浆护壁。

（3）由于手拉绳牵引贯入试验时，绳索与滑轮的摩擦阻力及运转中绳索所引起的张力，消耗了一部分能量，减少了落锤的冲击能，使锤击数增加；而自动落锤完全克服了上述缺点，能比较真实地反映土的性状。

（4）通过标贯实测，发现真正传输给杆件系统的锤击能量有很大差异，它受机具设备、钻杆接头的松紧、落锤方式、导向杆的摩擦、操作水平及其他偶然因素等支配；美国标准制定了实测锤击的力–时间曲线，用应力波能量法分析，即计算第一压缩波应力波曲线积分可得传输杆件的能量；通过现场实测锤击应力波能量，可以对不同锤击能量的 $N$ 值进行合理的修正。

**2. 标准贯入试验成果的分析整理**

（1）修正问题。国外对 $N$ 值的传统修正包括：饱和粉细砂的修正、地下水位的修正、土的上覆压力修正；国内长期以来并不考虑这些修正，而着重考虑杆长修正；杆长修正是依据牛顿碰撞理论，杆件系统质量不得超过锤重两倍，限制标贯使用深度小于 21 m，但实际使用深度已远超过 21 m，最大深度已达 100 m 以上；通过实测杆件的锤击应力波，发现锤击传输给杆件的能量变化远大于杆长变化时能量的衰减，故可不将杆长修正的 $N$ 值作为基本的数值；但考虑到过去建立的 $N$ 值与土性参数、承载力的关系，所用 $N$ 值均经杆长修正，而抗震规范评定砂土液化时，$N$ 值又不做修正；故在实际应用 $N$ 值时，应按具体岩土工程问题，参照有关规范考虑是否作杆长修正或其他修正；勘察报告应提供不做杆长修正的 $N$ 值，应用时再根据情况考虑修正或不修正，用何种方法修正。

（2）由于 $N$ 值离散性大，故在利用 $N$ 值解决工程问题时，应持慎重态度，依据单孔标贯资料提供设计参数是不可信的；在分析整理时，与动力触探相同，应剔除个别异常的 $N$ 值。

（3）依据 $N$ 值提供定量的设计参数时，应有当地的经验，否则只能提供定性的参数，供初步评定用。在利用成果资料时，要先对 $N$ 值进行修正。国内外针对成果资料的不同应用，对 $N$ 值是否修正及修正方法进行了广泛深入的研究，取得了许多研究成果，在我国则应根据颁布的有关规范进行国内工程 $N$ 值的修正。总的来讲，要考虑不同深度处上覆土压力的不同。钻杆的长度，落锤的方法及地下水位等的影响，将实测击数乘以修正系数，得校正后的锤击数。当考虑钻杆长度时，若杆长小于或等于 3.0 m，修正系数等于1.0；杆长等于 12 m，修正系数等于 0.81；其他杆长情况，可查有关资料。

根据修正后的锤击次数，可用以确定砂类土的密实程度（密实、中密或松散）和抗剪强度、砂土和黏性土地基的承载力，甚至砂土的液化强度和单桩的轴向承载力等。

### 3.6.4 静力触探试验

静力触探试验，简称 CPT（cone penetration test），它是将一锥形金属探头，按一定的速率（一般为 0.5~1.2 m/min）匀速地静力压入土中，量测其贯入阻力，而进行的一种原位测试方法。

静力触探在国内外得到了迅速发展和广泛应用。早在 1917 年，瑞典铁路工程中正式采用了螺旋锥头静力触探；1930 年荷兰采用了尖锥试验，国际上称为荷兰静力触探，此法较瑞典法更为简捷，比利时、意大利、英国、法国、美国和中国等许多国家相继采用。我国于 1956 年研制了双层管式静力触探车；1965 年制造了电阻应变式静力触探仪；1967 年成功地研制了机械传动静力触探仪。利用静力触探的勘探深度一般为 15~30 m，在软土中可达 50 m 以上。

静力触探是一种快速的现场勘探和原位测试方法，具有设备简单、轻便、机械化和自动化程度高、操作方便等一系列优点，受到了国内外工程界的普遍重视。

#### 1. 静力触探设备

（1）静力触探仪

静力触探仪按贯入能力大致可分为轻型（20~50 kN）、中型（80~120 kN）、重型（200~300 kN）三种；按贯入的动力及传动方式可分为人力给进、机械传动及液压传动三种；按测力装置可分为油压表式、应力环式、电阻应变式及自动记录等不同类型。2Y-16型双缸液压静力触探仪构造示意如图 3-13 所示，该仪器由加压及锚定、动力及传动、油路、量测等 4 个系统组成。

①加压及锚定系统。

加压及锚定系统双缸液压千斤顶的活塞与卡杆器相连，卡杆器将探杆固定，千斤顶在油缸的推力下带动探杆上升或下降，该加压系统的反力则由固定在底座上的地锚来承受。

②动力及传动系统。

动力及传动系统由汽油机、变速箱和油泵组成，其作用是完成动力的传递和转换，汽油机输出的扭矩和转速，经减速箱驱动油泵转动，产生高压油，从而把机械能转变为液体的压力能。

③油路系统。

油路系统由操纵阀、压力表、油箱及管路组成，其作用是控制油路的压力、流量，方向和循环方式，使执行机构按预期的速度、方向和顺序动作，并确保液压系统的安全。

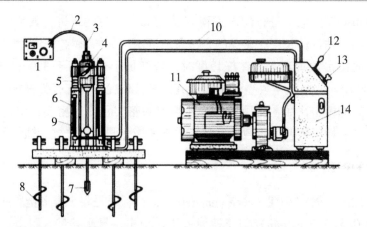

1—电阻应变仪；2—电缆；3—探杆；4—卡杆器；5—防尘罩；6—贯入深度标尺；
7—探头；8—地锚；9—油缸；10—高压软管；11—汽油机；12—手动换向阀；
13—溢流阀；14—高压油箱；15—变速箱；16—油泵。

**图3-13　2Y-16型双缸液压静力触探仪构造示意**

④量测系统。

量测系统是静力触探仪的重要组成部分，测量静力触探的贯入阻力，国外常用油压法或电测法，在我国几乎都采用电测法。

（2）探头

探头由金属制成，有锥尖和侧壁两个部分，锥尖为圆锥体，锥角一般为60°。探头在土中贯入时，探头总贯入阻力为锥尖总阻力和侧壁总摩阻力之和。

根据量测贯入阻力的方法不同，探头可分为两大类：一类只能量测总贯入阻力，不能区分锥尖阻力和侧壁总摩阻力，这类探头叫单用探头或综合型探头，其特点是探头的锥尖与侧壁连在一起。另一类能分别量测探头锥尖总阻力和侧壁总摩阻力，这类探头称为双用探头，其探头和侧壁套筒分开，并有各自测量变形的传感器。

**2. 静力触探的基本原理**

静力触探的贯入阻力与探头的尺寸和形状有关。在我国，对一定规格的圆锥形探头；对单桥探头采用比贯入阻力 $p_s$，简称贯入阻力；对双桥探头则指锥尖阻力 $q_c$ 和侧壁摩阻力 $f_s$。相关计算如式（3.9）~式（3.11）所示。

$$p_s = \frac{P}{A} \tag{3.9}$$

$$q_c = \frac{Q_c}{A} \tag{3.10}$$

$$f_s = \frac{P_f}{F} \tag{3.11}$$

式中：$P$ 为探头总贯入阻力，N；$Q_c$ 为锥尖总阻力，N；$P_f$ 为探头侧壁总摩阻力，N；$A$ 为探头截面面积，$cm^2$；$F$ 为探头套筒侧壁表面积，$cm^2$。

当静力触探探头在静压力作用下向土层中匀速贯入时，探头附近土体受到压缩和剪切破坏，形成剪切破坏区、压密区和未变化区三个区域，同时对探头产生贯入阻力，通过量测系统，可测出不同深度处的贯入阻力，贯入阻力的变化，反映了土层物理力学性质的变化，同一种土层贯入阻力大，土的力学性质好，承载力就大；相反，贯入阻力小，土层就相对软弱，承载力就小。利用贯入阻力与现场荷载试验对比，或与桩基承载力及土的物理力学性质指标对比，运用数理统计方法，建立各种相关经验公式，便可确定土层的承载力等设计参数。

**3. 静力触探试验的技术要求规定**

探头圆锥锥底截面积应采用 10 cm² 或 15 cm²，单桥探头侧壁高度应分别采用 57 mm 或 70 mm），双桥探头侧壁面积应采用 150~300 cm²，锥尖锥角应为 60°；探头应匀速垂直压入土中，贯入速率为 1.2 m/min；探头测力传感器应连同仪器、电缆进行定期标定，室内探头标定测力传感器的非线性误差、重复性误差、滞后误差、温度漂移、归零误差均应小于 1%FS，现场试验归零误差应小于 3%，绝缘电阻不小于 500 MΩ；深度记录的误差不应大于触探深度的 ±1%；当贯入深度超过 30 m，或穿过厚层软土后再贯入硬土层时，应采取措施防止孔斜或断杆，也可配置测斜探头，量测触探孔的偏斜角，校正土层界线的深度；孔压探头在贯入前，应在室内保证探头应变腔为已排除气泡的液体所饱和，并在现场采取措施保持探头的饱和状态，直至探头进入地下水位以下的土层为止；在孔压静探试验过程中不得上提探头；当在预定深度进行孔压消散试验时，应量测停止贯入后不同时间的孔压值，其计时间隔由密而疏合理控制；试验过程不得松动探杆。

## 3.6.5　动力触探试验

动力触探试验，简称 DPT（dynamic penetration test）。它是用一定质量的落锤（冲击锤），提升到与型号相应的高度，让其自由下落，冲击钻杆上端的锤垫，使其与钻杆下端相连的探头贯入土中，根据贯入的难易程度，即贯入规定深度所需的锤击次数（击数），来判定土的工程性质，这种原位测试方法叫动力触探试验。在我国，动力触探仪按锤的质量大小可分为轻型、重型和超重型三类。每类动力触探仪都是由圆锥形探头、钻杆（或称探杆）、冲击锤三个主要部分构成。

**1. 动力触探试验技术要求**

采用自动落锤装置；触探杆最大偏斜度不应超过 2%，锤击贯入应连续进行；同时防止锤击偏心、探杆倾斜和侧向晃动，保持探杆垂直度；锤击速率每分钟宜为 15~30 击；每贯入 1 m，宜将探杆转动一圈半；当贯入深度超过 10 m 时，每贯入 20 cm 宜转动探杆一次；对轻型动力触探，当锤击数 ≥100 或贯入 15 cm 锤击数超过 50 时，可停止试验；对重型动力触探，当连续三次锤击数 ≥50 时，可停止试验或改用超重型动力触探。

采用动力触探可直接获得锤击数沿土层深度的分布曲线，即动力触探曲线，如图 3-14 所示。

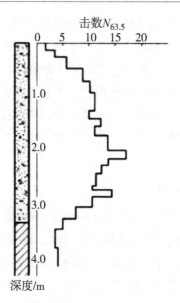

注：$N_{63.5}$表示采用重型动力触探仪，即锤重 635 N、落距 76 cm、探头直径 74 mm、锥角 60°和钻杆直径 42 mm 的条件下，探头在某一深度处贯入土中 10 cm 所施加的锤击次数。

**图 3-14　动力触探曲线**

动力触探试验的成果除用锤击数表示外，还可用动贯入阻力 $q_d$ 来表示。$q_d$ 一般应由仪器直接量测，进行校核和计算如式（3.12）所示。

$$q_d = \frac{M}{(M + M')} \times \frac{MgH}{Ae} \tag{3.12}$$

式中：$q_d$ 为动贯入阻力，MPa；$M$ 为落锤质量，kg；$M'$ 为探头、钻杆、锤垫和导向杆的质量，kg；$g$ 为重力加速度，其值为 9.81 m/s²；$A$ 为探头的截面面积，cm²；$e$ 为贯入度，cm；$H$ 为落距，m。

式（3.12）是根据 Newton（牛顿）的碰撞理论得出的，他认为碰撞后锤与垫完全不分开，也不考虑弹性能的损耗，故在应用时受下述条件的限制：$e = 2 \sim 50$ mm；触探深度一般不超过 12 m；$M'/M < 2$。

### 2. 动力触探成果分析

（1）根据触探击数、曲线形态，结合钻探资料可进行力学分层，分层时注意超前滞后现象，不同土层的超前滞后量是不同的。上为硬土层，下为软土层，超前为 0.5~0.7 m，滞后为 0.2 m；上为软土层，下为硬土层，超前为 0.1~0.2 m，滞后为 0.3~0.5 m。

（2）在整理触探资料时，应剔除异常值，在计算土层的触探指标平均值时，超前滞后范围内的值不反映真实土性；临界深度以内的锤击数偏小，不反映真实土性，故不应参加统计。动力触探本来是连续贯入的，但也有配合钻探间断贯入的做法，间断贯入时临界深度以内的锤击数同样不反映真实土性，不应参加统计。

（3）整理多孔触探资料时，应结合钻探资料进行分析，对均匀土层，可用厚度加权平均法统计场地分层平均触探击数值。

# 第4章　岩土工程勘察室内试验技术

## 4.1　岩土样的鉴别

岩土样的鉴别即对岩土样进行合理的分类，是岩土工程勘察和设计的基础。从工程的角度来说，岩土分类就是系统地把自然界中不同的岩土分别根据工程地质性质的相似性划分到各个不同的岩土组合中去，以使人们有可能依据同类岩土一致的工程地质性质去评价其性质，或提供人们一个比较确切的描述岩土的方法。

### 4.1.1　分类体系、目的和原则

土的分类体系就是根据土的工程性质差异将土划分成一定的类别，目的是通过通用的鉴别标准，便于在不同土类间做有价值的比较、评价、积累以及开展学术与经验的交流。分类原则如下。

①分类要简明，既要能综合反映土的主要工程性质，又要测定方法简单，使用方便。

②土的分类体系所采用的指标要在一定程度上反映不同类工程用土的不同特性。

岩体的分类体系有以下两类。

**1. 建筑工程系统分类体系**

建筑工程系统分类体系侧重作为建筑地基和环境的岩土，例如《岩土工程勘察规范》（GB 50021—2001，2009 年版）岩土的分类。

**2. 工程材料系统分类体系**

工程材料系统分类体系侧重把土作为建筑材料，用于路堤、土坝和填土地基工程，研究对象为扰动土。

### 4.1.2　分类方法

**1. 岩石的分类和鉴定**

在进行岩土工程勘察时，应鉴定岩石的地质名称和风化程度，并进行岩石坚硬程度、岩体结构、完整程度和岩体基本质量等级的划分。

（1）岩石按成因可划分为岩浆岩、沉积岩、变质岩等类型。

（2）岩石质量指标是用直径为 75 mm 的金刚石钻头和双层岩芯管在岩石中钻进，连续取芯，回次钻进所取岩芯中，长度大于 10 cm 的岩芯段长度之和与该回次进尺的比值，以百分数表示。

（3）岩石按风化程度可划分为 6 个级别，如表 4-1 所示。

表 4-1　岩石按风化程度分类

| 风化程度 | 野外特征 | 风化程度参数指标 | |
|---|---|---|---|
| | | 波速比 $K_v$ | 风化系数 $K_f$ |
| 未风化 | 岩质新鲜，偶见风化痕迹 | 0.9~1.0 | 0.9~1.0 |
| 微风化 | 结构基本未变，仅节理面有渲染或略有变色，有少量风化痕迹 | 0.8~0.9 | 0.8~0.9 |
| 中等风化 | 结构部分破坏，沿节理有次生矿物，风化裂隙发育，岩体被切割成岩块。用镐难挖，岩芯钻进方可钻进 | 0.6~0.8 | 0.4~0.8 |
| 强风化 | 结构大部分破坏，矿物成分显著变化，风化裂隙很发育，岩体破碎，用镐可挖，干钻不易钻进 | 0.4~0.6 | <0.4 |
| 全风化 | 结构基本破坏，但尚可辨认，有残余结构强度，可用镐挖，干钻可钻进 | 0.2~0.4 | — |
| 残积土 | 组织结构全部破坏，已风化成土状，锹镐易挖掘，干钻易钻进，具可塑性 | <0.2 | — |

注：①波速比 $K_v$ 为风化岩石与新鲜岩石压缩波速度之比；②风化系数 $K_f$ 为风化岩石与新鲜岩石饱和单轴抗压强度之比；③岩石风化程度，除按表列野外特征和定量指标划分外，也可根据当地经验划分；④花岗岩类岩石，可采用标准贯入试验划分为强风化、全风化、残积土；⑤泥岩和半成岩，可不进行风化程度划分。

（4）岩体按结构可分为五大类，如表 4-2 所示。

表 4-2　岩体按结构类型划分

| 岩体结构类型 | 岩体地质类型 | 结构体形状 | 结构面发育情况 | 岩体工程特征 | 可能发生的岩体工程问题 |
|---|---|---|---|---|---|
| 整体状结构 | 巨块状岩浆岩和变质岩，巨厚层沉积岩 | 巨块状 | 以层面和原生、构造节理为主，多呈闭合性，间距大于 1.5 m，一般为 1~2 组，无危险结构面 | 岩体稳定，可视为均质弹性各向同性体 | 局部滑动或坍塌，深埋洞室的岩爆 |
| 块状结构 | 厚层状沉积岩，块状沉积岩和变质岩 | 块状柱状 | 有少量贯穿性节理裂隙，结构面间距 0.7~1.5 m，一般为 2~3 组，有少量分离体 | 结构面相互牵制，岩体基本稳定，接近弹性各向同性体 | |
| 层状结构 | 多韵律薄层、中厚层状沉积岩，副变质岩 | 层状板状 | 有层理、片理、节理，常有层间错动带 | 变形和强度受层面控制，可视为各向异性弹塑性体，稳定性较差 | 可沿结构面滑塌，软岩可产生塑性变形 |

| 岩体结构类型 | 岩体地质类型 | 结构体形状 | 结构面发育情况 | 岩体工程特征 | 可能发生的岩体工程问题 |
|---|---|---|---|---|---|
| 碎裂状结构 | 构造影响严重的破碎岩层 | 碎块状 | 断层、节理、片理、层理发育，结构面间距0.25～0.50 m，一般有3组以上，有许多分离体 | 整体强度很低，并受软弱结构面控制，呈弹塑性体，稳定性很差 | 易发生规模较大的岩体失稳，地下水加剧失稳 |
| 散体状结构 | 断层破碎带，强风化及全风化带 | 碎屑状 | 构造和风化裂隙密集，结构面错综复杂，多充填黏性土，形成无序小块和碎屑 | 完整性遭极大破坏，稳定性极差，接近松散介质 | 易发生规模较大的岩体失稳，地下水加剧失稳 |

## 2. 地基土的分类和鉴定

（1）地基土的分类

地基土的分类可按沉积时代，地质成因及土粒大小、塑性指数划分为以下几类。

①按沉积时代划分。

晚更新世 $Q_3$ 及其以前沉积的土，应定为老沉积土；第四纪全新世中近期沉积的土，应定为新近沉积土。

②根据地质成因。

根据地质成因可划分为残积土、坡积土、洪积土、冲积土、淤积土、冰积土和风积土等。

③根据土粒大小、土的塑性指数分类。

根据土粒大小、土的塑性指数可把地基土分为碎石土、砂土、粉土和黏性土四大类。

碎石土：粒径大于2 mm的颗粒含量超过全重50%的土称为碎石土。砂土：粒径大于2 mm的颗粒含量不超过全重50%的土，且粒径大于0.075 mm的颗粒含量超过全重50%的土称为砂土。粉土：粒径大于0.075 mm的颗粒含量超过全重的50%，且塑性指数≤10的土称为粉土。黏性土：粒径大于0.075 mm的颗粒含量不超过全重的50%，且塑性指数>10的土称为黏性土。

（2）土的密实度鉴定

①碎石土的密实度可根据圆锥动力触探锤击数按表4-3或表4-4确定。碎石土密实度野外鉴别如表4-5所示。

表4-3 碎石土密实度按圆锥动力触探锤击数 $N_{63.5}$ 分类

| 重型动力触探锤击数 $N_{63.5}$ | 密实度 |
|---|---|
| $N_{63.5} \leqslant 5$ | 松散 |
| $5 < N_{63.5} \leqslant 10$ | 稍密 |

| 重型动力触探锤击数 $N_{63.5}$ | 密实度 |
| --- | --- |
| $10 < N_{63.5} \leq 20$ | 中密 |
| $N_{63.5} > 20$ | 密实 |

注：$N_{63.5}$ 应进行杆长修正；本表适用于平均粒径小于或等于 50 mm，且最大粒径小于 100 mm 的碎石土，对于平均粒径大于 50 mm，或最大粒径大于 100 mm 的碎石土，可用超重型动力触探或野外观察鉴别。

表 4-4　碎石土密实度按圆锥动力触探锤击数 $N_{120}$ 分类

| 超重型动力触探锤击数 $N_{120}$ | 密实度 |
| --- | --- |
| $N_{120} \leq 3$ | 松散 |
| $3 < N_{120} \leq 6$ | 稍密 |
| $6 < N_{120} \leq 11$ | 中密 |
| $11 < N_{120} \leq 14$ | 密实 |
| $N_{120} > 14$ | 很密 |

注：$N_{120}$ 应进行杆长修正。

表 4-5　碎石土密实度野外鉴别

| 密实度 | 骨架颗粒含量和排列 | 可挖性 | 可钻性 |
| --- | --- | --- | --- |
| 松散 | 骨架颗粒质量小于总质量的 60%，排列混乱，大部分不接触 | 锹可以挖掘，井壁易坍塌，从井壁取出大颗粒后，立即塌落 | 钻进较易，钻杆稍有跳动，孔壁易坍塌 |
| 中密 | 骨架颗粒质量等于总质量的 60%～70%，呈交错排列，大部分接触 | 锹镐可挖掘，井壁有掉块现象，从井壁取出大颗粒处，能保持凹面形状 | 钻进较困难，钻杆、吊锤跳动不剧烈，孔壁有坍塌现象 |
| 密实 | 骨架颗粒质量大于总质量的 70%，呈交错排列，连续接触 | 锹镐挖掘困难，用撬棍方能松动，井壁较稳定 | 钻进困难，钻杆、吊锤跳动不剧烈，孔壁较稳定 |

注：密实度应按表列各项特征综合确定。

②砂土的密实度应根据标准贯入试验锤击数实测值 $N$ 划分为密实、中密、稍密和松散，并应符合规定。当用静力触探探头阻力划分砂土密实度时，可根据当地经验确定。

③粉土的密实度应根据孔隙比 $e$ 划分为密实、中密和稍密；其湿度应根据含水量 $w$（%）划分为稍湿、湿、很湿。密实度和湿度的划分应符合规定。

④黏性土的状态应根据液性指数 $I_L$ 划分为坚硬、硬塑、可塑、软塑和流塑，并符合规定。

## 4.2　室内制样

土样的制备是获得正确试验成果的前提。为保证试验成果的可靠性以及试验数据的可比性，应严格按照规程要求的程序进行制备。土样制备可分为原状土和扰动土的制备。本试验主要讲扰动土的制备。扰动土的制备程序则主要包括取样、风干、碾散、过筛、制备等，这些程序步骤的正确与否，都会直接影响到试验成果的可靠性。土样的制备都融合在今后的每个试验项目中。

### 4.2.1 试样制备所需的主要设备仪器

（1）细筛

孔径 0.5 mm、2 mm。

（2）洗筛

孔径 0.075 mm。

（3）台秤和天平

称量 10 kg，最小分度值 5 g；称量 5 000 g，最小分度值 1 g；称量 1 000 g，最小分度值 0.5 g；称量 500 g，最小分度值 0.1 g；称量 200 g，最小分度值 0.01 g。

（4）环刀

不锈钢材料制成，内径 61.8 mm 和 79.8 mm，高 20 mm；内径 61.8 mm，高 40 mm。

（5）击样器和压样器

如图 4-1 和图 4-2 所示。

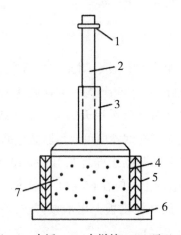

1—定位环；2—导杆；3—击锤；4—击样筒；5—环刀；6—底座；7—试样。

图 4-1 击样器

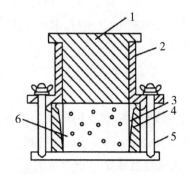

1—活塞；2—导筒；3—护环；4—环刀；5—拉杆；6—试样。

图 4-2 压样器

（6）其他

包括切土刀、钢丝锯、碎土工具、烘箱、保湿缸、喷水设备等。

### 4.2.2 原状土试样的制备

（1）将土样筒按标明的上下方向放置，剥去蜡封和胶带，开启土样筒取出土样。检查土样结构，当确定土样已受扰动或取土质量不符合规定时，不应制备力学性质试验的试样。

（2）根据试验要求用环刀切取试样时，应在环刀内壁涂一薄层凡士林，刃口向下放在土样上，将环刀垂直下压，并用切土刀沿环刀外侧切削土样，边压边削至土样高出环刀。根据试样的软硬采用钢丝锯或切土刀整平环刀两端土样，擦净环刀外壁，称环刀和土的总质量。

（3）从余土中取代表性试样，供测定含水率、相对密度、颗粒分析、界限含水率等试验时使用。

（4）切削试样时，应对土样的层次、气味、颜色、夹杂物、裂缝和均匀性进行描述，对低塑性和高灵敏度的软土，制样时不得扰动。

### 4.2.3 扰动土试样的备样

（1）将土样从土样筒或包装袋中取出，对土样的颜色、气味、夹杂物和土类及均匀程度进行描述，并将土样切成碎块，拌和均匀，取代表性土样测定含水率。

（2）对均质和含有机质的土样，宜采用天然含水率状态下代表性土样，供颗粒分析、界限含水率试验。对非均质土应根据试验项目取足够数量的土样，置于通风处风干至可碾散为止。对砂土和进行相对密度试验的土样宜在 105~110 ℃ 温度下烘干，对有机质含量超过 5% 的土、含石膏和硫酸盐的土，应在 65~70 ℃ 温度下烘干。

（3）将风干或烘干的土样放在橡皮板上用木碾碾散，对不含砂和砾的土样，可用碎土器碾散（碎土器不得将土粒破碎）。

（4）对分散后的粗粒土和细粒土，根据试验要求过筛：对于物理性试验土样，如液限、塑限、缩限等试验，过 0.5 mm 筛；对于力学性试验土样，过 2 mm 筛；对于击实试验土样，过 5 mm 筛。对含细粒土的砾质土，应先用水浸泡并充分搅拌，使粗细颗粒分离后按不同试验项目的要求进行过筛。

### 4.2.4 扰动土试样的制样

（1）试样的数量视试验项目而定，应有备用试样 1~2 个。

（2）将碾散的风干土样通过孔径 2 mm 或 5 mm 的筛，取筛下足够试验用的土样，充分拌匀，测定风干含水率，装入保湿缸或塑料袋内备用。

（3）根据试验所需的土量与含水率，制备试样所需的加水量计算如式（4.1）所示。

$$m_w = \frac{m_0}{1 + 0.01\omega_0} \times 0.01(w_1 - w_0) \tag{4.1}$$

式中：$m_w$ 为制备试样所需的加水质量，g；$m_0$ 为湿土（或风干土）质量，g；$w_0$ 为湿土（或风干土）含水率，%；$w_1$ 为制备要求的含水率，%。

（4）称取过筛的风干土样平铺于搪瓷盘内，将水均匀喷洒于土样上，充分拌匀后装入盛土容器内盖紧，润湿一昼夜，砂土的润湿时间可酌减。

（5）测定润湿土样不同位置处的含水率，不应少于两点，每组试样的含水率与要求含水率之差不得大于±1%。

（6）根据环刀容积及所需的干密度，制样所需的湿土量计算如式（4.2）所示。

$$m_0 = (1 + 0.01w_0)\rho_d V \tag{4.2}$$

式中：$\rho_d$ 为试样所要求的干密度，g/cm³；$V$ 为试样体积，cm³；其余符号意义同前。

## 4.3　土工试验的方法

### 4.3.1　土的物理性质指标

土是岩石风化的产物，与一般建筑材料相比，具有三个特性：散体性、多样性和自然变异性。土的物质成分包括作为土骨架的固态矿物颗粒、土骨架孔隙中的液态水及其溶解物质以及土孔隙中的气体。因此，土是由颗粒（固相）、水（液相）和气体（气相）所组成的三相体系。

各种土的土粒大小（即粒度）和矿物成分都有很大差别，土的粒度成分或颗粒级配（即土中各个粒组的相对含量）反映土粒均匀程度对土的物理力学性质的影响。土中各个粒组的相对含量是粗粒土的分类依据。土粒及其周围的土中水又发生了复杂的物理化学作用，对土的性质影响很大。土中封闭气体对土的性质亦有较大影响。

所以，要研究土的物理性质就必须先认识土的三相组成物质、相互作用及其在天然状态下的结构等特性。从地质学观点来看，土是没有胶结或弱胶结的松散沉积物，或是三相组成的分散体；而从土质学观点来看，土是无黏性或有黏性的具有土骨架孔隙特性的三相体。土粒形成土体的骨架，土粒大小和形状、矿物成分及其组成状况是决定土的物理力学性质的重要因素。通常土粒的矿物成分与土粒大小有密切的关系，粗大土粒其矿物成分往往是保持母岩的原生矿物，而细小土粒主要是被化学风化的次生矿物，以及土生成过程中混入的有机物质。土粒的形状和土粒大小有直接关系，粗大土粒的形状都是块状或柱状，而细小土粒主要呈片状。土的物理状态与土粒大小有很大关系，粗大土粒具有松密的状态特征，细小土粒则与土中水相互作用呈现软硬的状态特征。

因此，土粒大小是影响土的性质最主要的因素，天然无机土就是大大小小土粒的混合体。土粒大小含量的相对数量关系是土的分类依据，当土中巨粒（土粒粒径大于 60 mm）和粗粒（0.075~60 mm）的含量超过全重 50% 时，属无黏性土（non-cohesive soils），包括碎石类土（stoney soils）和砂类土（sandy soils）；反之，不超过 50% 时，属粉性土

（silty soils）和黏性土（cohesive soils）。粉性土兼有砂类土和黏性土的形状。土中水和黏粒（土粒粒径小于 0.005 mm）有着复杂的相互作用，产生细粒土的可塑性、结构性、触变性、胀缩性、湿陷性、冻胀性等物理特性。

土的三相组成物质的性质和三相比例指标的大小，必然在土的轻重、松密、湿干、软硬等一系列物理性质有不同的反映。土的物理性质又在一定程度上决定了它的力学性质，所以物理性质是土的最基本的工程特性。在处理与土相关的工程问题和进行土力学计算时，不但要知道土的物理性质指标及其变化规律，从而认识各类土的特性，还必须掌握各指标的测定方法以及三相比例指标间的相互换算关系，并熟悉土的分类方法。

1. 土的三相比例指标

土的三相组成各部分的质量和体积之间的比例关系，随着各种条件的变化而改变。表示土的三相比例关系的指标称为土的三相比例指标，包括土粒相对密度（specific gravity of soilparticles）、土的含水率（moisture content）、土的密度（density）、特殊条件下土的密度（包括土的干密度、土的饱和密度、土的浮密度）、描述土的孔隙体积相对含量的指标（包括土的孔隙比、土的孔隙率、土的饱和度）。

（1）土粒相对密度

土粒相对密度 $G_s$ 土粒质量与同体积的 4 ℃时纯水的质量之比，无量纲，计算如式（4.3）所示。

$$G_s = \frac{m_s}{V_s \rho_{w1}} = \frac{\rho_s}{\rho_{w1}} \tag{4.3}$$

式中：$m_s$ 为土粒质量，g；$V_s$ 为土粒体积，$cm^3$；$\rho_s$ 为土粒密度，即土粒单位体积的质量，$g/cm^3$；$\rho_{w1}$ 为纯水在 4 ℃时的密度，等于 1 $g/cm^3$ 或 1 $t/m^3$。

一般情况下，土粒相对密度在数值上就等于土粒密度，但两者的含义不同，前者是两种物质的质量密度之比，而后者是一种物质（土粒）的质量密度。土粒相对密度决定于土的矿物成分，一般无机矿物颗粒的相对密度为 2.6~2.8，有机质为 2.4~2.5，泥炭为 1.5~1.8。土粒（一般无机矿物颗粒）的相对密度变化幅度很小。土粒相对密度可在试验室内用比重瓶法测定，通常也可按经验数值选用。

（2）土的含水率

土的含水率 $w$ 为土中水的质量与土粒质量之比，以百分数计。

含水率 $w$ 是标志土含水程度（或湿度）的一个重要物理指标。天然土层的含水率变化范围很大，它与土的种类、埋藏条件及其所处的自然地理环境等有关。一般干的粗砂，其值接近零，而饱和砂土，可达 40%；坚硬黏性土的含水率可小于 30%，而饱和软黏土（如淤泥），可达 60% 或更大。一般来说，同一类土（尤其是细粒土），当其含水率增大时，其强度就降低。土的含水率一般用"烘干法"测定。先称小块原状土样的湿土质量，然后置于烘箱内维持 105 ℃烘至恒重，再称干土质量，湿、干土质量之差与干土质量的比值，就是土的含水率。

（3）土的密度

土的密度 $\rho$ 即为土单位体积的质量。

天然状态下土的密度变化范围较大，一般黏性土 $\rho = 1.8 \sim 2.0 \ \text{g/cm}^3$，砂土 $\rho = 1.6 \sim 2.0 \ \text{g/cm}^3$，腐殖土 $\rho = 1.5 \sim 1.7 \ \text{g/cm}^3$。

土的密度一般用环刀法测定，即用一个圆环刀（刀刃向下）放在削平的原状土样面上，徐徐削去环刀外围的土，边削边压，使保持天然状态的土样压满环刀内，称得环刀内土样质量，求得它与环刀容积之比即为密度值。

（4）特殊条件下土的密度

①土的干密度。

土的干密度（dry density）$\rho_\text{d}$ 为土单位体积中固体颗粒部分的质量，计算如式（4.4）所示。

$$\rho_\text{d} = \frac{m_\text{s}}{V} \tag{4.4}$$

式中：$\rho_\text{d}$ 为试样所要求的干密度，$\text{g/cm}^3$；$V$ 为试样体积 $\text{cm}^3$；$m_\text{s}$ 为土粒质量，g。

②土的饱和密度。

土的饱和密度（saturated density）$\rho_\text{sat}$ 为土孔隙中充满水时的单位体积质量，计算如式（4.5）所示。

$$\rho_\text{sat} = \frac{m_\text{s} + v_\text{v}\rho_\text{w}}{V} \tag{4.5}$$

式中：$\rho_\text{w}$ 为水的密度，近似 $1 \ \text{g/cm}^3$；$V_\text{v}$ 为土中孔隙体积，$\text{cm}^3$；其余符号意义同前。

③土的浮密度。

土的浮密度（buoyant density）$\rho'$ 为在地下水位以下，土单位体积中土粒的质量与同体积水的质量之差，计算如式（4.6）所示。

$$\rho' = \frac{m_\text{s} - V_\text{s}\rho_\text{w}}{V} \tag{4.6}$$

式中：符号意义同前。

与之相对，土单位体积的重力（土的密度与重力加速度的乘积）称为土的重力密度（gravity density），简称重度，单位为 $\text{kN/m}^3$。有关重度的指标有四个，即土的（湿）重度 $\gamma$、干重度 $\gamma_\text{d}$、饱和重度 $\gamma_\text{sat}$ 和浮重度 $\gamma'$。其定义不言自明均以重力替换质量。

（5）描述土的孔隙体积相对含量的指标

①土的孔隙比。

土的孔隙比 $e$ 为土中孔隙体积 $V_\text{v}$ 与土粒体积 $V_\text{s}$ 之比。

孔隙比用小数表示，它是一个重要的物理性指标，可以用来评价天然土层的密实程度。一般 $e \leqslant 0.6$ 的土是密实的低压缩性土，$e > 1.0$ 的土是疏松的高压缩性土。

②土的孔隙率。

土的孔隙率 $n$ 为土中孔隙所占体积与孔隙总体积之比，以百分数计。

③土的饱和度。

土的饱和度 $S_r$ 为土中水体积与土中孔隙体积之比，以百分数计。

土的饱和度 $S_r$ 与含水率 $w$ 均为描述土中含水程度的三相比例指标。通常根据饱和度 $S_r$，砂土的湿度可分为 3 种状态：稍湿（$S_r \leqslant 50\%$）、很湿（$50\% < S_r \leqslant 80\%$）、饱和（$S_r > 80\%$）。

**2. 黏性土的可塑性及界限含水率**

同一种黏性土随其含水量的不同，而分别处于固态、半固态、可塑状态及流动状态，其界限含水率分别为缩限、塑限和液限。所谓可塑状态，就是当黏性土在其含水率范围内，可用外力塑成任何形状而不发生裂纹，并当外力移去后仍能保持既得的形状。土的这种性能叫作可塑性（plasticity）。黏性土由一种状态转为另一种状态的界限含水率，称为阿太堡界限（atterberg limits）。它对黏性土的分类及工程性质的评价有重要意义。

土由可塑状态转到流动状态的界限含水率称为液限，或称塑性上限或流限，用符号 $w_L$ 表示；相反，土由可塑状态转为半固态的界限含水率，称为塑限，用符号 $w_P$ 表示；土由半固态不断蒸发水分，则体积继续逐渐缩小，直到体积不再收缩时，对应土的界限含水率叫缩限，用符号 $w_S$ 表示。

**3. 黏性土的物理状态指标**

（1）塑性指数

土的塑性指数是指液限 $w_L$ 和塑限 $w_P$ 的差值（省去% 符号），即土处在可塑状态的含水量变化范围，用符号 $I_P$ 表示。

显然，塑性指数越大，土处于可塑状态的含水量范围也越大。换句话说，塑性指数的大小与土中结合水的可能含量有关。从土的颗粒来说，土粒越细，则其比表面（积）越大，结合水含量越高，因而 $I_P$ 也随之增大。从矿物成分来说，黏土矿物（尤以蒙脱石类）含量越多，水化作用剧烈，结合水含量越高，因而 $I_P$ 也随之增大。从土中水的离子成分和浓度来说，当水中高价阳离子的浓度增加时，土粒表面吸附的反离子层中阳离子数量减少，层厚变薄，结合水含量相应减少，$I_P$ 也变小；反之随着反离子层中低价阳离子的增加，$I_P$ 变大。在一定程度上，塑性指标综合反映了黏性土及其三相组成的基本特性。因此，在工程上常按塑性指数对黏性土进行分类。

（2）液性指数

土的液性指数是指黏性土的天然含水率和塑限的差值与塑性指数之比，用符号 $I_L$ 表示。

当土的天然含水量 $w$ 小于 $w_P$ 时，$I_L$ 小于 0，天然土处于坚硬状态；当 $w$ 大于 $w_L$ 时，$I_L$ 大于 1，天然土处于流动状态；当 $w$ 在 $w_P$ 与 $w_L$ 之间时，即 $I_L$ 在 0~1 之间，则天然土处于可塑状态。因此，可以利用液性指数 $I_L$ 作为黏性土状态的划分指标。$I_L$ 值越大，土质越软；反之，土质越硬。

黏性土界限含水率指标都是采用重塑土测定的，它们仅反映黏土颗粒与水的相互作用，并不能完全反映具有结构性的黏性土体与水的关系，以及作用后表现出的物理状态。因此，保持天然结构的原状土，在其含水量达到液限以后，并不处于流动状态，而成为流塑状态。

（3）天然稠度

土的天然稠度（natural consistency）是指原状土样测定的液限和天然含水量的差值与塑性指数之比，用符号 $w_c$ 表示。

### 4. 黏性土的活动度、灵敏度和触变性

（1）黏性土的活动度

黏性土的活动度 $A$ 反映了黏性土中所含矿物的活动性。在实验室里，有两种土样的塑性指数可能很接近，但性质却有很大差异。为了把黏性土中所含矿物的活动性显示出来，可用塑性指数 $I_p$ 与黏粒（粒径小于 0.002 mm 的颗粒）含量 $m$ 百分数之比值（即称为活动度）来衡量所含矿物的活动性。

（2）黏性土的灵敏度

天然状态下的黏性土通常都具有一定的结构性（structure character），它是天然土的结构受到扰动影响而改变的特性。当受到外来因素的扰动时，土粒间的胶结物质以及土粒、离子、水分子所组成的平衡体系受到破坏，土的强度降低和压缩性增大。土的结构性对强度的这种影响，一般用灵敏度（sensitivity）来衡量。土的灵敏度是以原状土的强度与该土经过重塑（土的结构性彻底破坏）后的强度之比来表示，重塑试样具有与原状试样相同的尺寸、密度和含水量。土的强度测定通常采用无侧限抗压强度试验。对于饱和黏性土的灵敏度计算如式（4.7）所示。

$$S_t = \frac{q_u}{q_u'} \tag{4.7}$$

式中：$S_t$ 为饱和黏性土的灵敏度；$q_u$ 为原状试样的无侧限抗压强度，kPa；$q_u'$ 为重塑试样的无侧限抗压强度，kPa。

（3）黏性土的触变性

饱和黏性土的结构受到扰动，导致强度降低，但当扰动停止后，土的强度又随时间而逐渐部分恢复。黏性土的这种抗剪强度随时间恢复的胶体化学性质成为土的触变性（thixotropy）。

饱和软黏土易于触变的实质是这类土的微观结构为不稳定的片架结构，含有大量结合水。黏性土的强度主要来源于土粒间的联结特征，即粒间电分子力产生的原始黏聚力和粒间胶结物产生的固化黏聚力。当土体被扰动时，这两类黏聚力被破坏或部分被破坏，土体强度降低。但扰动破坏的外力停止后，被破坏的原始黏聚力可随时间部分恢复，因而强度有所恢复。然而，固化黏聚力的破坏是无法在短时间内恢复的。因此，易于触变的土体，被扰动而降低的强度仅能部分恢复。

### 5. 无黏性土的密实度

砂土的密实度（compactness）在一定程度上可根据天然孔隙比 $e$ 的大小来评定。但对

于级配相差较大的不同类土，则天然孔隙比 $e$ 难以有效判定密实度的相对高低。例如某级配不良的砂土所确定的天然孔隙比，根据该孔隙比可评定为密实状态；而对于级配良好的土，同样具有这一孔隙比，可能判为中密或者稍密状态。因此，为了合理判定砂土的密实度状态，在工程上提出了相对密实度 $D_r$ 的概念，它的表达式如式（4.8）所示。

$$D_r = \frac{e_{max} - e}{e_{max} - e_{min}} \tag{4.8}$$

式中：$e_{max}$ 为砂土在最松散状态时的孔隙比，即最大孔隙比；$e_{min}$ 为砂土在最密实状态时的孔隙比，即最小孔隙比；$e$ 为砂土在天然状态时的孔隙比。

土的胀缩性（swellability）是指黏性土具有吸水膨胀和失水收缩的两种变形特性。黏粒成分主要是由亲水性矿物组成具有显著胀缩性的黏性土，习惯称为膨胀土（expansive soil）。膨胀土一般强度较高，压缩性低，易被误认为是建筑性能较好的地基土。当膨胀土成为建筑地基时，如果对它的胀缩性缺乏认识，或者在设计和施工中没有采取必要的措施，结果会给建筑物造成危害，尤其对低层轻型的房屋或构筑物以及土工建筑物带来的危害更大。

土的湿陷性（collapsibility）是指土在自重压力作用下或自重压力和附加压力综合作用下，受水浸湿后结构迅速被破坏而发生显著附加下陷的特征。湿陷性黄土（collapsible soil）在我国广泛分布，此外，在干旱或半干旱地区，特别是在山前洪坡积扇中常遇到湿陷性的碎石类土和砂类土，在一定压力作用下浸水后也常具有强烈的湿陷性。

土的冻胀性（frost heave）是指土的冻胀和冻融给建筑物或土工建筑物带来危害的变形特性。在冰冻季节，因大气负温影响，使土中水分冻结成为冻土（frozen soil）。冻土根据其冻融情况分为季节性冻土、隔年冻土和多年冻土。季节性冻土是指冬季冻结，夏季全部融化的冻土；冬季冻结，1~2 年内不融化的土层称为隔年冻土；凡冻结状态维持在 3 年或 3 年以上的土层称为多年冻土。

### 4.3.2　砂类土的粒度测定

砂类土的粒度采用筛析法。筛析法适用于粒径小于、等于 600 mm，大于 0.075 mm 的土。本试验所用的仪器设备应符合下列规定。

①分析筛：粗筛，孔径为 60 mm、50 mm、40 mm、20 mm、10 mm、2 mm；细筛，孔径为 2.0 mm、1.0 mm、0.5 mm、0.25 mm、0.075 mm。

②天平：称量为 5 000 g，最小分度值为 1 g；称量为 1 000 g，最小分度值为 0.1 g；称量为 200 g，最小分度值为 0.01 g。

③振筛机：筛析过程中应能上下振动。

④其他：烘箱、研钵、瓷盘、毛刷等。

筛析法的取样数量，应符合规定。

**1. 筛析法的试验步骤**

（1）从准备好的土样中取代表性试样，数量如下。

①最大粒径小于 2 mm 的，取 100~300 g。

②最大粒径为 2~10 mm 的，取 300~1 000 g。

③最大粒径为 10~20 mm 的，取 1 000~2 000 g。

④最大粒径为 20~40 mm 的，取 2 000~4 000 g。

⑤最大粒径大于 40 mm 的，取 4 000 g 以上。

（2）将试样过 2 mm 筛，称筛上和筛下的试样质量。当筛下的试样质量小于试样总质量的 10% 时，不做细筛分析；筛上的试样质量小于试样总质量的 10% 时，不做粗筛分析。

（3）取筛上的试样倒入依次叠好的粗筛中，筛下的试样倒入依次叠好的细筛中，进行筛析。细筛宜置于振筛机上振筛，振筛时间宜为 10~15 min，再按由上而下的顺序将各筛取下，称各级筛上及底盘内试样的质量，应准确至 0.1 g。

（4）筛后各级筛上和筛底上试样质量的总和与筛前试样总质量的差值，不得大于试样总质量的 1%。

### 2. 含有细粒土颗粒的砂土筛析法试验步骤

（1）按规定称取代表性试样，置于盛水容器中充分搅拌，使试样的粗细颗粒完全分离。

（2）将容器中的试样悬液通过 2 mm 筛，取筛上的试样烘至恒量，称烘干试样质量，应准确到 0.1 g，并进行粗筛分析；取筛下的试样悬液，用带橡皮头的研杵研磨，再过 0.075 mm 筛，并将筛上试样烘至恒量，称烘干试样质量，应准确至 0.1 g，然后进行细筛分析。

（3）当粒径小于 0.075 mm 的试样质量大于试样总质量的 10% 时，应按密度计法或移液管法测定小于 0.075 mm 的颗粒组成。小于某粒径的试样质量占试样总质量的百分比计算如式（4.9）所示。

$$X = \frac{m_A}{m_B} \times d_x \tag{4.9}$$

式中：$X$ 为小于某粒径的试样质量占试样总质量的百分比，%；$m_A$ 为小于某粒径的试样质量，g；$m_B$ 为筛析时的试样总质量，g；$d_x$ 为粒径小于 2 mm 的试样质量占试样总质量的百分比，%。

以小于某粒径的试样质量占试样总质量的百分比为纵坐标，颗粒粒径为横坐标，在单对数坐标上绘制颗粒大小分布曲线。必要时计算级配指标、不均匀系数和曲率系数。

### 4.3.3 细粒土的粒度测定

测定细粒土的粒度采用密度计法。本试验方法适用于粒径小于 0.075 mm 的试样。

### 1. 试验设备规定

本试验所用的主要仪器设备，应符合下列规定。

（1）密度计

①甲种密度计，刻度为-5~50，最小分度值为0.5。

②乙种密度计，刻度为0.995~1.02，最小分度值为0.000 2。

（2）量筒

内径约60 mm，容积1 000 mL，高约420 mm，刻度为0~1 000 mL，准确至10 mL。

（3）洗筛

孔径为0.075 mm。

（4）洗筛漏斗

上口直径大于洗筛直径，下口直径略小于量筒内径。

（5）天平

称量为1 000 g，最小分度值为0.1 g；称量为200 g，最小分度值为0.01 g。

（6）搅拌器

轮径为50 mm，孔径为3 mm，杆长约450 mm，带螺旋叶。

（7）煮沸设备

附冷凝管装置。

（8）温度计

刻度为0~50 ℃，最小分度值为0.5 ℃。

（9）其他

秒表、锥形瓶（容积500 mL）、研钵、木杵、电导率仪等。

2. 试验试剂规定

本试验所用试剂，应符合下列规定。

①4%六偏磷酸钠溶液，溶解4 g六偏磷酸钠（$NaPO_3$）$_6$于100 mL水中。

②5%酸性硝酸银溶液，溶解5 g硝酸银（$AgNO_3$）于100 mL的10%硝酸（$HNO_3$）溶液中。

③5%酸性氯化钡溶液，溶解5 g氯化钡（$BaCl_2$）于100 mL的盐酸（HCl）溶液中。

3. 密度计法试验步骤

（1）试验的试样。宜采用风干试样。当试样中易溶盐含量大于0.5%时，应洗盐。易溶盐含量的检验方法可用电导法或目测法。

电导法：按电导率仪使用说明书操作测定 $T$（℃）时，试样溶液（土水比为1∶5）的电导率。可按下式计算20 ℃时的电导率计算如式（4.10）所示。

$$K_{20} = \frac{K_T}{1 + 0.02(T - 20)} \tag{4.10}$$

式中：$K_{20}$为20 ℃时悬液的电导率，μS/cm；$K_T$为$T$℃时悬液的电导率，μS/cm；$T$为测定时悬液的温度，℃。

当$K_{20}$大于1000 μS/cm时应洗盐。

目测法：取风干试样 3 g 于烧杯中，加适量纯水调成糊状研散，再加纯水 25 mL，煮沸 10 min，冷却后移入试管中，放置过夜，观察试管，出现凝聚现象应洗盐。

洗盐方法：称取干土质量为 30 g 的风干试样，准确至 0.01 g，倒入 500 mL 的锥形瓶中，加纯水 200 mL，搅拌后用滤纸过滤或抽气过滤，并用纯水洗滤到滤液的电导率 $K_{20}$ 小于 1 000 μs/cm（或兑 5% 酸性硝酸银溶液和 5% 酸性氯化钡溶液无白色沉淀反应）为止。

（2）试样风干含水率。称取具有代表性风干试样 200~300 g，过 200 mm 筛，求出筛土试样占试样总质量的百分比。取筛下土测定试样风干含水率。

（3）试样风干质量。试样干质量为 30 g 的风干试样质量按式（4.11）、式（4.12）计算。

当易溶盐含量小于 1% 时：

$$m_0 = 30(1 + 0.01w_0) \tag{4.11}$$

当易溶盐含量大于等于 1% 时：

$$m_0 = \frac{30(1 + 0.01w_0)}{1 - W} \tag{4.12}$$

式中：$m_0$ 为试样风干质量，m；$w_0$ 为含水率，%；$W$ 为溶盐含量，%。

（4）将风干试样或洗盐后在滤纸上的试样，倒入 500 mL 锥形瓶，注入纯水 200 mL，浸泡过夜，然后置于煮沸设备上煮沸，煮沸时间宜为 40 min。

（5）将冷却后的悬液移入烧杯中，静置 1 min，通过洗筛漏斗将上部悬液过 0.075 mm 筛，遗留杯底沉淀物用带橡皮头研杵研散，再加适量水搅拌，静置 1 min；然后将上部悬液过 0.075 mm 筛，如此重复倾洗（每次倾洗，最后所得悬液不得超过 1 000 mL）直至杯底砂粒洗净，将筛上和杯中砂粒合并洗入蒸发皿中，倒去清水，烘干，称量并进行细筛分析，并计算各级颗粒占试样总质量的百分比。

（6）将过筛悬液倒入量筒，加入 4% 六偏磷酸钠 10 mL，再注入纯水至 1 000 mL。

（7）将搅拌器放入量筒中，沿悬液深度上下搅拌 1 min，取出搅拌器，立即开动秒表，将密度计放入悬液中，测记 0.5 min、1 min、2 min、5 min、15 min、30 min、60 min、120 min 和 1 440 min 时的密度计读数。每次读数均应在预定时间前 10~20 天，将密度计放入悬液中，且接近读数的深度，保持密度计浮泡处在量筒中心，不得贴近量筒内壁。

（8）密度计读数均以弯月面上缘为准。甲种密度计读数应准确至 0.5，乙种密度计读数应准确至 0.000 2。每次读数后，应取出密度计放入盛有纯水的量筒中，并应测定相应的悬液温度，准确至 0.5 ℃，放入或取出密度计时，应小心轻放，不得扰动悬液。

小于某粒径的试样质量占试样总质量的百分比应按式（4.13）、式（4.14）计算。

$$\text{甲种密度计：} X = \frac{100}{m_d} C_G(R + m_T + n - C_D) \tag{4.13}$$

式中：$X$ 为小于某粒径的试样质量百分比，%；$m_d$ 为试样干质量，g；$C_G$ 为土粒相对密度校正值；$m_T$ 为悬液温度校正值；$n$ 为弯液面校正值；$C_D$ 为分散剂校正值；$R$ 为甲种密度计读数。

$$乙种密度计：X = \frac{100 V_{\mathrm{X}}}{m_{\mathrm{d}}} C'_{\mathrm{G}} \left[ (R' - 1) + m'_{\mathrm{T}} + n' + C'_{\mathrm{D}} \right] \rho_{\mathrm{w}20} \tag{4.14}$$

式中：$m'_{\mathrm{T}}$ 为悬液温度校正值；$n'$ 为弯液面校正值；$C'_{\mathrm{D}}$ 为分散剂校正值；$R'$ 为乙种密度计读数；$V_{\mathrm{X}}$ 为悬液体积，mL；$\rho_{\mathrm{w}20}$ 为 20 ℃时纯水的密度（0.998 232 g/cm³）；$C'_{\mathrm{G}}$ 为土粒相对密度校正值。

### 4.3.4　土的颗粒密度测定

对小于、等于和大于 5 mm 土颗粒组成的土，应分别采用比重瓶法、浮称法和虹吸筒法测定相对密度。

土颗粒的平均相对密度计算如式（4.15）所示。

$$G_{\mathrm{sm}} = \frac{1}{\dfrac{P_1}{G_{\mathrm{s}1}} + \dfrac{P_2}{G_{\mathrm{s}2}}} \tag{4.15}$$

式中：$G_{\mathrm{sm}}$ 为土颗粒平均相对密度；$G_{\mathrm{s}1}$ 为粒径大于、等于 5 mm 的土颗粒相对密度，%；$G_{\mathrm{s}2}$ 为粒径小于 5 mm 的土颗粒相对密度，%；$P_1$ 为粒径大于、等于 5 mm 的土颗粒质量占试样总质量的百分比，%；$P_2$ 为粒径小于 5 mm 的土颗粒质量占试样总质量的百分比，%。

试验必须进行两次平行测定，两次测定的差值不得大于 0.02，取两次测值的平均值。

#### 1. 比重瓶法

本试验方法适用于粒径小于 5 mm 的各类土。

（1）试验设备规定

本试验所用的主要仪器设备，应符合下列规定。

①比重瓶：容积 100 mL 或 50 mL，分长颈和短颈两种。

②恒温水槽：准确度应为 ±1 ℃。

③砂浴：应能调节温度。

④大平：称量为 200 g，最小分度值为 0.001 g。

⑤温度计：刻度为 0~50 ℃，最小分度值为 0.5 ℃。

（2）比重瓶的校准步骤

①将比重瓶洗净，烘干，置于干燥器内，冷却后称量，准确至 0.001 g。

②将煮沸经冷却的纯水注入比重瓶。对长颈比重瓶注水至刻度处；对短颈比重瓶应注纯水，塞紧瓶塞，多余水自瓶塞毛细管中溢出，将比重瓶放入恒温水槽直至瓶内水温稳定。取出比重瓶，擦干外壁，称瓶、水总质量，准确至 0.001 g。测定恒温水槽内水温，准确至 0.5 ℃。

③调节数个恒温水槽内的温度，温度差宜为 5 ℃，测定不同温度下的瓶、水总质量。每个温度时均应进行两次平行测定，两次测定的差值不得大于 0.002 g，取两次测值的平均值绘制温度与瓶、水总质量的关系曲线。

（3）比重瓶法试验步骤

①将比重瓶烘干。称烘干试样 15 g（当用 50 mL 的比重瓶时，称烘干试样 12 g）装入比重瓶，称试样和瓶的总质量，准确至 0.001 g。

②向比重瓶内注入半瓶纯水，摇动比重瓶，并放在砂浴上煮沸，煮沸时间自悬液沸腾起砂土不应少于 30 min，黏土、粉土不得少于 1 h，沸腾后应调节砂浴温度，比重瓶内悬液不得溢出。对砂土宜用真空抽气法，对含有可溶盐、有机质和亲水性胶体的土必须用中性液体（煤油）代替纯水。采用真空抽气法排气，真空表读数宜接近当地一个大气负压值，抽气时间不得少于 1 h。

③将煮沸经冷却的纯水（或抽气后的中性液体）注入装有试样悬液的比重瓶。当用长颈比重瓶时注纯水至刻度处；当用短颈比重瓶时应将纯水注满，塞紧瓶塞，多余的水分自瓶塞毛细管中溢出。将比重瓶置于恒温水槽内至温度稳定，且瓶内上部悬液澄清。取出比重瓶，擦干瓶外壁，称比重瓶、水、试样总质量，准确至 0.001 g，并应测定瓶内的水温，准确至 0.5 ℃。

④从温度与瓶、水总质量的关系曲线中查得各试验温度下的瓶、水总质量。

土粒相对密度 $G_s$ 计算如式（4.16）所示。

$$G_s = \frac{m_d}{m_{bw} + m_d - m_{bws}} \times G_{wT} \qquad (4.16)$$

式中：$m_d$ 为试样干质量，g；$m_{bw}$ 为比重瓶、水总质量，g；$m_{bws}$ 为比重瓶、水、土总质量，g；$G_{wT}$ 为 $T$℃时纯水或中性液体的相对密度。水的比重可查物理手册，中性液体的相对密度应实测，称重应精确至 0.001 g。

2. 浮称法

本试验方法适用于粒径等于大于 5 mm 的各类土，且其中粒径大于 20 mm 的土质量应小于总土质量的 10%。

（1）试验设备规定

本试验所用的主要仪器设备，应符合下列规定。

①铁丝筐：孔径小于 5 mm，边长为 10~15 cm，高度为 10~20 cm。

②盛水容器：尺寸应大于铁丝筐。

③浮秤天平：称量为 200 g，最小分度值为 0.5 g（如图 4-3 所示）。

（2）浮称法试验步骤

①取代表性试样 500~1 000 g，表面清洗洁净，浸入水中一昼夜后取出，放入铁丝筐，并缓慢地将铁丝筐浸没于水中，在水中摇动至试样中气泡逸出。

②称铁丝筐和试样在水中的质量，取出试样烘干，并称烘干试样质量。

③称铁丝筐在水中的质量，并测定盛水容器内水温，准确至 0.5 ℃。土粒相对密度 $G_s$ 计算如式（4.17）所示。

$$G_s = \frac{m_d}{m_d - (m_{1s} - m_1')} \times G_{wT} \qquad (4.17)$$

109

式中：$m_{1s}$ 为铁丝筐和试样在水中质量，g；$m_d$ 为试样干质量，g；$m'_1$ 为铁丝筐在水中质量，g；$G_{wT}$ 为 T℃时水的相对密度，可查相关物理手册。

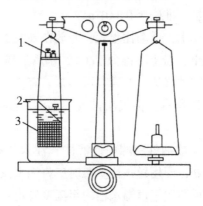

1—平衡砝码；2—盛水容器；3—盛粗粒土的铁丝筐。

**图 4-3 浮秤天平**

### 3. 虹吸筒法

本试验方法适用于粒径等于大于 5 mm 的各类土，且其中粒径大于 20 mm 的土质量等于、大于总土质量的 10%。

（1）试验设备规定

本试验所用的主要仪器设备，应符合下列规定。

①虹吸筒装置：由虹吸筒、虹吸管、橡皮管、管夹等组成。

②天平：称量为 1 000 g，最小分度值为 0.3 g。

③量筒：容积应大于 500 mL。

（2）试验步骤

①取代表性试样 700~1 000 g，试样应清洗洁净，浸入水中一昼夜后取出晾干，对大颗粒试样宜用干布擦干表面，并称晾干试样质量。

②将清水注入虹吸筒至虹吸管口有水溢出时关管夹，试样缓缓放入虹吸筒中，边放边搅拌，至试样中无气泡逸出为止，搅动时水不得溅出筒外。

③当虹吸筒内水面平稳时开管夹，让试样排开的水通过虹吸管流入量筒，称量筒与水的总质量，准确至 0.5 g，并测定量筒内水温，准确至 0.5 ℃。

（3）取出试样烘至恒量，称烘干试样质量，准确至 0.1 g，称量筒质量，准确至 0.5 g。土粒的相对密度计算如式（4.18）所示。

$$G_s = \frac{m_d}{(m_{cw} - m_c) - (m_{ad} - m_d)} \times G_{wT} \tag{4.18}$$

式中：$m_c$ 为量筒质量，g；$m_{cw}$ 为量筒与水的总质量，g；$m_{ad}$ 为晾干试样的质量 g；其余符号意义同前。

#### 4.3.5　土的干密度测定

**1. 环刀法**

本试验方法适用于细粒土。

试验设备规定

本试验所用的主要仪器设备，应符合下列规定。

①环刀：内径为 61.8 mm 和 79.8 mm，高度为 20 m。

②天平：称量为 500 g，最小分度值为 0.1 g；称量为 200 g，最小分度值为 0.01 g。

环刀法测定密度，应对原状土制样步骤进行试验，称重并求得试样的湿密度。

试样的干密度 $\rho_d$ 计算如式（4.19）所示。

$$\rho_d = \frac{\rho_0}{1 + 0.01 w_0} \tag{4.19}$$

式中：$\rho_0$ 为试样的湿密度，g/cm³；$w_0$ 为含水率，%。

本试验应进行两次平行测定，两次测定的差值不得大于 0.03 g/cm³，取两次测值的平均值。

**2. 蜡封法**

本试验方法适用于易破裂土和形状不规则的坚硬土。

（1）试验设备规定本试验所用的主要仪器设备，应符合下列规定。

①蜡封设备：应附熔蜡加热器。

②天平：应符合环刀法天平的规定。

（2）蜡封法试验步骤

①从原状土样中，切取体积不小于 30 cm³ 的代表性试样，清除表面浮土及尖锐棱角，系上细线，称试样质量，准确至 0.01 g。

②持线将试样缓缓浸入刚过熔点的蜡液中，浸没后立即提出，检查试样周围的蜡膜，当有气泡时应用针刺破，再用蜡液补平，冷却后称蜡封试样质量。

③将蜡封试样挂在天平的一端，浸没于盛有纯水的烧杯中，称蜡封试样在纯水中的质量，并测定纯水的温度。

④取出试样，擦干蜡面上的水分，再称蜡封试样质量，当浸水后试样质量增加时，应另取试样重做试验。

试样的干密度 $\rho_0$ 计算如式（4.20）所示。

$$\rho_0 = \frac{m_0}{\dfrac{m_n - m_{nw}}{\rho_{wT}} - \dfrac{m_n - m_0}{\rho_n}} \tag{4.20}$$

式中：$m_0$ 为试样风干质量，g；$m_n$ 为蜡封试样质量，g；$m_{nw}$ 为蜡封试样在纯水中的质量，g；$\rho_{wT}$ 为纯水在 $T℃$ 下的密度，g/cm³；$\rho_n$ 为蜡的密度，g/cm³。

本试验应进行两次平行测定，两次测定的差值不得大于 0.03 g/cm³，取两次测值的平均值。

### 4.3.6　土的含水率测定

本试验方法适用于粗粒土、细粒土、有机质土和冻土。

**1. 试验设备规定**

本试验所用的主要仪器设备，应符合下列规定。

①电热烘箱：应能控制温度为 105~110 ℃。

②天平：称量为 200 g，最小分度值为 0.01 g；称量为 1 000 g，最小分度值为 0.1 g。

**2. 含水率试验步骤**

（1）取具有代表性试样 10~30 g 或用环刀中的试样（有机质土、砂类土和整体状构造冻土为 50 g），放入称量盒内，盖上盒盖，称盒加湿土质量，准确至 0.01 g。

（2）打开盒盖，将盒置于烘箱内，在 105 ℃~110 ℃ 的恒温下烘至恒量。烘干时间对黏土、粉土不得少于 8 h，对砂土不得少于 6 h，对含有机质超过干土质量 5%~10% 的土，应将温度控制在 65 ℃~70 ℃ 的恒温下烘至恒量。

（3）将称量盒从烘箱中取出，盖上盒盖，放入干燥容器内冷却至室温，称盒加干土质量，准确至 0.01 g。试样的含水率 $w_0$ 计算如式（4.21）所示，准确至 0.1%。

$$w_0 = \left( \frac{m_0}{m_d} - 1 \right) \times 100 \tag{4.21}$$

式中：$m_d$ 为干土质量，g；$m_0$ 为湿土质量，g。

**3. 层状和网状构造的冻土含水率试验步骤**

（1）用四分法切取 200~500 g 试样（视冻土结构均匀程度而定，结构均匀少取，反之多取）放入搪瓷盘中，称盘和试样质量，准确至 0.1 g。

（2）待冻土试样融化后，调成均匀糊状（土太湿时，多余的水分让其自然蒸发或用吸球吸出，但不得将土粒带出；土太干时，可适当加水），称土糊和盘质量，准确至 0.1 g。

层状和网状冻土的含水率应计算如式（4.22）所示，准确至 0.1%。

$$w = \left[ \frac{m_1}{m_2}(1 + 0.01 w_h) - 1 \right] \times 100\% \tag{4.22}$$

式中：$w$ 为含水量，%；$m_1$ 为冻土试样质量，g；$m_2$ 为糊状试样质量，g；$w_h$ 为糊状试样的含水率，%。

本试验必须对两个试样进行平行测定，测定的差值：当含水率小于 40% 时，取值为 1%；当含水率等于或大于 40% 时，取值为 2%；对层状和网状构造的冻土不大于 3%，取两个测值的平均值，以百分数表示。

### 4.3.7　细粒土的液限测定

细粒土的液限采用碟式仪液限试验。本试验方法适用于粒径小于 0.5 mm 的土。

**1. 试验设备规定**

本试验所用的主要仪器设备，应符合下列规定。

①碟式液限仪。

由铜碟、支架及底座组成，底座应为硬橡胶制成。

②开槽器。

带量规，具有一定形状和尺寸。

**2. 碟式仪的校准步骤**

(1) 松开调整板的定位螺钉，将开槽器上的量规垫在铜碟与底座之间，用调整螺钉将铜碟提升高度调整到 10 mm。

(2) 保持量规位置不变，迅速转动摇柄以检验调整是否正确。当蜗形轮碰击从动器时，铜碟不动，并能听到轻微的声音，表明调整正确。

(3) 拧紧定位螺钉，固定调整板。

**3. 碟式仪法试验步骤**

(1) 将制备好的试样充分调拌均匀，铺于铜碟前半部，用调土刀将铜碟前沿试样刮成水平，使试样中心厚度为 10 mm。用开槽器经蜗形轮的中心沿铜碟直径将试样划开，形成 V 形槽。

(2) 以每秒两转的速度转动摇柄，使铜碟反复起落，坠击于底座上，记录击数，直至槽底两边试样的合拢长度为 13 mm 时，记录击数，并在槽的两边取试样不应少于 10 g，放入称量盒内，测定含水率。

(3) 将加不同水量的试样，重复本条 (1) (2) 的步骤测定槽底两边试样合拢长度为 13 mm 所需要的击数及相应的含水率，试样宜为 4～5 个，槽底试样合拢所需要的击数宜控制在 15～35 击。以击次为横坐标，含水率为纵坐标，在单对数坐标纸上绘制击次与含水率关系曲线，取曲线上击次为 25 所对应的整数含水率为试样的液限。

### 4.3.8　细粒土的塑限测定

细粒土的塑限采用滚搓法塑限试验。本试验方法适用于粒径小于 0.5 mm 的土。

**1. 试验设备规定**

本试验所用的主要仪器设备，应符合下列规定。

①毛玻璃板：尺寸宜为 200 mm×300 mm。

②卡尺：分度值为 0.02 mm。

**2. 滚搓法试验步骤**

(1) 取 0.5 mm 筛下的代表性试样 100 g，放在盛土皿中加纯水拌匀，湿润过夜。

(2) 将制备好的试样在手中揉捏至不粘手，捏扁，当出现裂缝时，表示其含水率接近塑限。

（3）取接近塑限含水率的试样8~10 g，用手搓成椭圆形，放在毛玻璃板上用手掌滚搓，滚搓时手掌的压力要均匀地施加在土条上，不得使土条在毛玻璃板上无力滚动，土条不得有空心现象，土条长度不宜大于手掌宽度。

（4）当土条直径搓成3 mm时产生裂缝，并开始断裂，表示试样的含水率达到塑限含水率。当土条直径搓成3 mm时不产生裂缝或土条直径大于3 mm时开始断裂，表示试样的含水率高于塑限或低于塑限，都应重新取样进行试验。

（5）取直径3 mm有裂缝的土条3~5 g，测定土条的含水率。本试验应进行两次平行测定，两次测定的差值符合要求时，取两次测值的平均值。

### 4.3.9　土的压缩性测定

土的压缩性采用标准固结试验。本试验方法适用于饱和的黏土。当只进行压缩时允许用于非饱和土。

#### 1. 试验设备规定

本试验所用的主要仪器设备，应符合下列规定。

（1）固结仪

固结仪组成如图4-4所示。

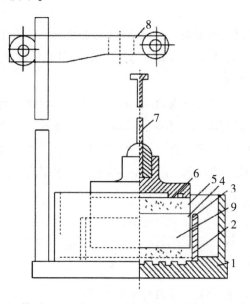

1—水槽；2—护环；3—环刀；4—导环；5—透水板；6—加压上盖；
7—位移计导杆；8—位移计架；9—试样。

**图4-4　固结仪**

（2）环刀

内径为61.8 mm和79.8 mm，高度为20 mm。环刀应具有一定的刚度，内壁应保持较高的光洁度，宜涂一薄层硅脂或聚四氟乙烯。

（3）透水板

由氧化铝或不受腐蚀的金属材料制成，其渗透系数应大于试样的渗透系数。用固定式容器时，顶部透水板直径应小于环刀内径 0.2~0.5 mm；用浮环式容器时上、下端透水板直径相等，均应小于环刀内径。

（4）加压设备

应能垂直地在瞬间施加各级规定的压力，且没有冲击力，压力准确度应符合现行国家标准《岩土工程仪器基本参数及通用技术条件》（GB/T 15406—2007）的规定。

（5）变形量测设备

量程为 10 mm，最小分度值为 0.01 mm 的百分表或准确度为全量程 0.2% 的位移传感器。

**2. 固结试验步骤**

固结仪及加压设备应定期校准，并应作仪器变形校正曲线。测定试样的含水率和密度，取切下的余土测定土粒相对密度。试样需要饱和时，应进行抽气饱和。固结试验应按下列步骤进行。

（1）在固结容器内放置护环、透水板和薄型滤纸，将带有试样的环刀装入护环内，放上导环，试样上依次放上薄型滤纸、透水板和加压上盖，并将固结容器置于加压框架正中，使加压上盖与加压框架中心对准，安装百分表或位移传感器。

（2）施加 1 kPa 的预压力使试样与仪器上、下各部件之间接触，将百分表或传感器调整到零位或测读初读数。

（3）确定需要施加的各级压力，压力等级宜为 12.5 kPa、25 kPa、50 kPa、100 kPa、200 kPa、400 kPa、800 kPa、1 600 kPa、3 200 kPa。第一级压力的大小应视土的软硬程度而定，宜用 12.5 kPa、25 kPa 或 50 kPa。最后一级压力应大于土的自重压力与附加压力之和。只需测定压缩系数时，最大压力不小于 400 kPa。

（4）需要确定原状土的先期固结压力时，初始段的荷重率应小于 1，可采用 0.5 或 0.25。施加的压力应使测得的曲线下段出现直线段。对超固结土，应进行卸压，再加压来评价其再压缩特性。

（5）对于饱和试样，施加第一级压力后应立即向水槽中注水浸没试样。非饱和试样进行压缩试验时，需用湿棉纱围住加压板周围。

（6）需要测定沉降速率、固结系数时，施加每一级压力后宜按下列时间顺序测记试样的高度变化。不需要测定沉降速率时，则施加每级压力后 24 h 测定试样高度变化作为稳定标准。只需测定压缩系数的试样，施加每级压力后，每小时变形达 0.01 mm 时，测定试样高度变化作为稳定标准。按此步骤逐级加压至试验结束。

（7）需要进行回弹试验时，可在某级压力下固结稳定后退压，直至退到要求的压力，每次退压至 24 h 后测定试样的回弹量。

（8）试验结束后吸去容器中的水，迅速拆除仪器各部件，取出整块试样，测定含水率。试样的初始孔隙比 $e_0$ 计算如式（4.23）所示。

$$e_0 = \frac{(1 + w_0) G_s \rho_w}{\rho_0} - 1 \qquad (4.23)$$

式中：$\rho_0$ 为试样的湿密度，$g/cm^3$；$w_0$ 为含水率，%；$G_s$ 为土粒相对密度；$\rho_w$ 为水的密度，$g/cm^3$。

各级压力下试样固结稳定后的单位沉降量应计算如式（4.24）所示。

$$S_i = \frac{\sum \Delta h_i}{h_0} \times 10^3 \qquad (4.24)$$

式中：$S_i$ 为某级压力下的单位沉降量，mm/m；$h_0$ 为试样初始高度，mm；$\sum \Delta h_i$ 为某级压力下试样固结稳定后的总变形量（等于该级压力下固结稳定读数减去仪器变形量），mm；$10^3$ 为单位换算系数。

各级压力下试样固结稳定后的孔隙比 $e_i$ 计算如式（4.25）所示。

$$e_i = e_0 - (1 + e_0) \frac{\sum \Delta h_i}{h_0} \qquad (4.25)$$

式中：$\Delta h_i$ 为某级压力下试样固结稳定后的变形量，mm；符号意义同前。

以孔隙比为纵坐标，压力为横坐标绘制孔隙比与压力的关系曲线。以孔隙比为纵坐标，以压力的对数为横坐标，绘制孔隙比与压力的对数关系曲线。

### 3. 固结系数确定方法

（1）时间平方根法

对某一级压力，以试样的变形为纵坐标，时间平方根为横坐标，绘制变形与时间平方根关系曲线。延长曲线开始段的直线，交纵坐标于 $d$ 为理论零点，过 $d$ 作另一直线，令其横坐标为前一直线横坐标的1.15倍，则后一直线与 $d$-$t$（$t$ 为时间）曲线交点所对应的时间平方即为试样固结度达90%所需的时间 $t_{90}$，该级压力下的固结系数计算如式（4.26）所示。

$$C_v = \frac{0.848 \bar{h}^2}{t_{90}} \qquad (4.26)$$

式中：$C_v$ 为固结系数，$cm^2/s$；$\bar{h}$ 为最大排水距离，等于某级压力下试样的初始和终了高度的平均值一半，cm；$t_{90}$ 为试样固结度达90%所需的时间，s。

（2）时间对数法

对某一级压力，以试样的变形为纵坐标，时间的对数为横坐标，绘制变形与时间对数关系曲线。在关系曲线的开始段，选任一时间 $t_1$，查得相对应的变形值 $d_1$，再取时间 $t_2$（$t_2 = t_1/4$），查得相对应的变形值 $d_2$，则 $2d_2 - d_1$ 即为 $d_{01}$；另取一时间依同法求得 $d_{02}$、$d_{03}$、$d_{04}$ 等，取其平均值为理论零点 $d$，延长曲线中部的直线段和通过曲线尾部数点切线的交点即为理论终点 $d_{100}$，则 $d_{50} = (d_2 + d_{100})/2$，对应于 $d_{50}$ 的时间，即为试样固结度达50%所需的时间。$t_{50}$ 某一级压力下的固结系数计算如式（4.27）所示。

$$C_{v} = \frac{0.197\overline{h}^{2}}{t_{50}}$$

(4.27)

式中：符号意义同前。

### 4.3.10　土的剪切强度测定

#### 1. 三轴压缩试验

测定土的剪切强度采用三轴压缩试验。本试验方法适用于细粒土和粒径小于 20 mm 的粗粒土。本试验应根据工程要求分别采用不固结不排水剪试验、固结不排水剪测孔隙水压力试验和固结排水剪试验。本试验必须制备 3 个以上性质相同的试样，在不同的周围压力下进行试验，周围压力宜根据工程实际荷重确定。对于填土，最大一级周围压力应与最大的实际荷重大致相等。

（1）试验设备规定

本试验所用的主要仪器设备，应符合下列规定。

①应变控制式三轴仪组成如图 4-5 所示。

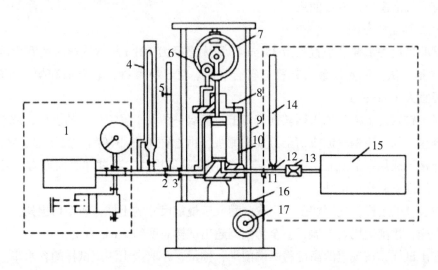

1—周围压力系统；2—周围压力阀；3—排水阀；4—体变管；5—排水管；6—轴向位移表；
7—测力计；8—排气孔；9—轴向加压设备；10—压力室；11—孔压阀；12—量管阀；
13—孔压传感器；14—量管；15—孔压量测系统；16—离合器；17—手轮。

**图 4-5　应变控制式三轴仪**

②附属设备。

包括击实器、饱和器、切土器、原状土分样器、切土盘、承膜筒和对开圆模，应符合要求。

③天平。

称量为 200 g，最小分度值为 0.01 g；称量为 1 000 g，最小分度值为 0.1 g。

④橡皮膜。

应具有弹性的乳胶膜，对直径 39.1 mm 和 61.8 mm 的试样，厚度以 0.1~0.2 mm 为宜；对直径 101 mm 的试样，厚度以 0.2~0.3 mm 为宜。

⑤透水板。

直径与试样直径相等，其渗透系数宜大于试样的渗透系数，使用前在水中煮沸并泡于水中。

（2）试验仪器规定

试验时的仪器应符合下列规定。

①周围压力的测量准确度应为全量程的 1%，根据试样的强度大小，选择不同量程的测力计，应使最大轴向压力的准确度不低于 1%。

②孔隙水压力量测系统内的气泡应完全排除。系统内的气泡可用纯水冲出或施加压力使气泡溶解于水，并从试样底座溢出。整个系统的体积变化因数应小于 $1.5 \times 10^{-5}$ cm$^3$/kPa。

③管路应畅通，各连接处应无漏水，压力室活塞杆在轴套内应能滑动。

④在使用橡皮膜前，应对其进行仔细检查，其方法是扎紧两端，向膜内充气，在水中检查，应无气泡溢出，方可使用。

（3）试样制备方法

本试验采用的试样最小直径为 35 mm，最大直径为 101 mm，试样高度宜为试样直径的 2~2.5 倍，试样的允许最大粒径应符合规定。对于有裂缝，软弱面和构造面的试样，试样直径宜大于 60 mm。

①对于较软的土样，先用钢丝锯或切土刀切取一稍大于规定尺寸的土柱，放在切土盘上、下圆盘之间，用钢丝锯或切土刀紧靠侧板，由上往下细心切削，边切削边转动圆盘，直至土样被削成规定的直径为止。试样切削时应避免扰动，当试样表面遇有砾石或凹坑时，允许用削下的余土填补。

②对较硬的土样，先用切土刀切取一稍大于规定尺寸的土柱，放在切土架上，用切土器切削土样，边削边压切土器，直至切削到超出试样高度约 2 cm 为止。

③取出试样，按规定的高度将两端削平，称量，并取余土测定试样的含水率。

④对于直径大于 10 cm 的土样，可用分样器切成 3 个土柱，按上述方法切取直径 39.1 mm 的试样。

扰动土试样制备应根据预定的干密度和含水率，在击样器内分层击实，粉土宜为 3~5 层，黏土宜为 5~8 层，各层土料数量应相等，各层接触面应刨毛。击完最后一层，将击样器内的试样两端整平，取出试样称量，对制备好的试样，应量测其直径和高度。试样的平均直径 $D_0$ 计算如式（4.28）所示。

$$D_0 = \frac{D_1 + 2D_2 + D_3}{4} \tag{4.28}$$

式中：$D_1$、$D_2$、$D_3$ 分别为试样上、中、下部位的直径，mm。

砂类土的试样制备应先在压力室底座上依次放上不透水板、橡皮膜和对开圆模。根据砂样的干密度及试样体积，称取所需的砂样质量，分三等份，将每份砂样填入橡皮膜内，填至该层要求的高度，依次按第二层、第三层顺序填入，直至膜内填满为止。当制备饱和试样时，在压力室底座上依次放透水板，橡皮膜和对开圆模，在膜内注入纯水至试样高度的1/3，将砂样分三等份在水中煮沸，待冷却后分3层，按预定的干密度填入橡皮膜内，直至膜内填满为止。当要求的干密度较大时，填砂过程中，轻轻敲打对开圆模，使所称的砂样填满规定的体积，整平砂面，放上不透水板或透水板及试样帽，扎紧橡皮膜。对试样内部施加5 kPa负压力使试样能站立，拆除对开圆膜。

（4）试样饱和宜选方法

①抽气饱和。

将试样装入饱和器内。

②水头饱和。

将试样安装于压力室内。试样周围不贴滤纸条。施加20 kPa周围压力。提高试样底部量管水位，降低试样顶部量管水位，使两管水位差在1 m左右，打开孔隙水压力阀、量管阀和排水管阀，使纯水从底部进入试样，从试样顶部溢出，直至流入水量和溢出水量相等为止。当需要提高试样的饱和度时，宜在水头饱和前，从底部将二氧化碳气体（二氧化碳的压力以5~10 kPa为宜）通入试样，置换孔隙中的空气，再进行水头饱和。

③反压力饱和。

试样要求完全饱和时，应对试样施加反压力。反压力系统和周围压力系统相同（对不固结不排水剪试验可用同一套设备施加），但应用双层体变管代替排水量管。试样装好后，调节孔隙水压力等于大气压力，关闭孔隙水压力阀，反压力阀，体变管阀，测记体变管读数。开周围压力阀，先对试样施加20 kPa的周围压力，再开孔隙水压力阀，待孔隙水压力变化稳定，测记读数，关孔隙水压力阀。反压力应分级施加，同时分级施加周围压力，以尽量减少对试样的扰动。周围压力和反压力的每级增量宜为30 kPa，开体变管阀和反压力阀，同时施加周围压力和反压力，缓慢打开孔隙水压力阀，检查孔隙水压力增量，待孔隙水压力稳定后，测记孔隙水压力和体变管读数，再施加下一级周围压力和孔隙水压力，计算每级周围压力引起的孔隙水压力增量，当孔隙水压力增量与周围压力增量之比大于0.98时，认为试样饱和。

2. 剪试验

（1）不固结不排水剪试验

试样的安装应按下列步骤进行。

①在压力室的底座上，依次放上不透水板、试样及不透水试样帽，将橡皮膜用承膜筒套在试样外，并用橡皮圈将橡皮膜两端与底座及试样帽分别扎紧。

②将压力室罩顶部活塞提高，放下压力室罩，将活塞对准试样中心，并均匀地拧紧底座连接螺母。向压力室内注满纯水，待压力室顶部排气孔有水溢出时，拧紧排气孔，并将活塞对准测力计和试样顶部。

③将离合器调至粗位，转动粗调手轮，当试样帽与活塞及测力计接近时，将离合器调

至细位，改用细调手轮，使试样帽与活塞及测力计接触。装上变形指示计，将测力计和变形指示计调至零位。

④关排水阀，开周围压力阀，施加周围压力。

剪切试样应按下列步骤进行。

①剪切应变速率宜为每分钟应变 0.5% ~ 1.0%。

②启动电动机，合上离合器，开始剪切。试样每产生 0.3% ~ 0.4% 的轴向应变（或 0.2 mm 变形值），测记一次测力计读数和轴向变形值。当轴向应变大于 3% 时，试样每产生 0.7% ~ 0.8% 的轴向应变（或 0.5 mm 变形值），测记一次。

③当测力计读数出现峰值时，剪切应继续进行到轴向应变为 15% ~ 20%。

④试验结束，关电动机，关周围压力阀，脱开离合器，将离合器调至粗位，转动粗调手轮，将压力室降下，打开排气孔，排除压力室内的水，拆卸压力室罩，拆除试样，描述试样破坏形状，称试样质量，并测定含水率。

轴向应变计算如式（4.29）所示。

$$\varepsilon_1 = \frac{\Delta h_1}{h_0} \times 100\%$$ (4.29)

式中：$\varepsilon_1$ 为轴向应变，%；$\Delta h_1$ 为剪切过程中试样的高度变化，mm；$h_0$ 为试样初始高度，mm。

试样面积的校正计算如式（4.30）所示。

$$A_a = \frac{A_0}{1 - \varepsilon_1}$$ (4.30)

式中：$A_a$ 为试样的校正断面积，$cm^2$；$A_0$ 为试样的初始断面积，$cm^2$；其余符号意义同前。

主应力差计算如式（4.31）所示。

$$\sigma_1 - \sigma_3 = \frac{C \times R}{A_a} \times 10$$ (4.31)

式中：$\sigma_1 - \sigma_3$ 为主应力差，kPa；$\sigma_1$ 为大总主应力。kPa；$\sigma_3$ 为小总主应力，kPa；$C$ 为测力计率定系数，N/0.01 mm 或 N/mV；$R$ 为测力计读数，0.01 mm；10 为单位换算系数；$A_a$ 为试样的校正断面积，$cm^2$。

以主应力差为纵坐标，轴向应变为横坐标，绘制主应力差与轴向应变关系曲线。取曲线主应力差的峰值作为破坏点，无峰值时，取 15% 轴向应变时的主应力差值作为破坏点。

（2）固结不排水剪试验

试样的安装应按下列步骤进行。

①开孔隙水压力阀和量管阀，对孔隙水压力系统及压力室底座充水排气后，关孔隙水压力阀和量管阀，压力室底座上依次放上透水板、湿滤纸、试样，试样周围贴浸水的滤纸条 7~9 条。

②将橡皮膜用承膜筒套在试样外，并用橡皮圈将橡皮膜下端与底座扎紧。

③打开孔隙水压力阀和量管阀，使水缓慢地从试样底部流入，排除试样与橡皮膜之间

的气泡，关闭孔隙水压力阀和量管阀，打开排水阀，使试样帽中充水并将其放在透水板上，用橡皮圈将橡皮膜上端与试样帽扎紧，降低排水管，使管内水面位于试样中心以下20~40 cm，吸除试样与橡皮膜之间的余水，关排水阀。

④需要测定土的应力应变关系时，应在试样与透水板之间放置中间夹有硅脂的两层圆形橡皮膜，膜中间应留有直径为1 cm的圆孔排水。

试样排水固结应按下列步骤进行。

①调节排水管使管内水面与试样高度的中心齐平，测记排水管水面读数。

②开孔隙水压力阀，使孔隙水压力等于大气压力，关孔隙水压力阀，记下初始读数。

③将孔隙水压力调至接近周围压力值，施加周围压力后，再打开孔隙水压力阀，待孔隙水压力稳定测定孔隙水压力。

④打开排水阀，当需要测定排水过程时，应测记排水管水面及孔隙水压力读数，直至孔隙水压力消散95%以上。固结完成后，关排水阀，测记孔隙水压力和排水管水面读数。

⑤微调压力机升降台，使活塞与试样接触，此时轴向变形指示计的变化值为试样固结时的高度变化。

剪切试样应按下列步骤进行。

①剪切应变速率，黏土宜为每分钟应变0.05%~0.1%，粉土为每分钟应变0.1%~0.5%。

②将测力计、轴向变形指示计及孔隙水压力读数均调整至零。

③启动电动机，合上离合器，开始剪切。测力计、轴向变形、孔隙水压力应按步骤进行测记。

④试验结束，关电动机，关各阀门，脱开离合器，将离合器调至粗位，转动粗调手轮，将压力室降下，打开排气孔，排除压力室内的水，拆卸压力室罩，拆除试样，描述试样破坏形状，称试样质量，并测定试样含水率。

## 4.3.11　岩石的单轴抗压强度测定

单轴抗压强度试验适用于能制成规则试件的各类岩石。

试件可用岩芯或岩块加工制成。试件在采取、运输和制备过程中，应避免产生裂缝。

1. 试件尺寸要求

①圆柱体直径宜为48~54 mm。

②含水颗粒的岩石，试件的直径应大于岩石最大颗粒尺寸的10倍。

③试件高度与直径之比宜为2.0~2.5。

2. 试件精度要求

①试件两端面不平整度误差不得大于0.05 mm。

②沿试件高度，直径的误差不得大于0.3 mm。

③端面应垂直于试件轴线，最大偏差不得大于0.25°。

### 3. 试件描述内容

①岩石名称、颜色、矿物成分、结构、风化程度、胶结物性质等。

②加荷方向与岩石试件内层理、节理、裂隙的关系及试件加工中出现的问题。

③含水状态及所使用的方法。试件含水状态可根据需要选择天然含水状态、烘干状态、饱和状态或其他含水状态。同一含水状态下，每组试验试件的数量不应少于3。

### 4. 主要仪器和设备

①钻石机、切石机、磨石机、车床等；

②测量平台；

③材料试验机。

### 5. 试验步骤

①将试件置于试验机承压板中心，调整球形座，使试件两端面接触均匀。

②以每秒0.5~1.0 MPa的速度加荷直至破坏。记录破坏荷载及加载过程中出现的现象。

③试验结束后，应描述试件的破坏形态。

### 6. 试验成果整理要求

岩石单轴抗压强度计算如式（4.32）所示。

$$R = \frac{P}{A} \tag{4.32}$$

式中：$R$ 为岩石单轴抗压强度，MPa；$P$ 为试件破坏荷载，N；$A$ 为试件截面积，$mm^2$。

计算值取3位有效数字。单轴抗压强度试验记录应包括工程名称、取样位置、试件编号、试件描述、试件尺寸和破坏荷载。

## 4.3.12 岩石的抗拉强度测定

抗拉强度试验采用劈裂法，适用于能制成规则试件的各类岩石。

### 1. 试件要求

圆柱体试件的直径宜为48~54 mm，试件的厚度宜为直径的0.5~1.0倍，并应大于岩石最大颗粒的10倍。

### 2. 试验步骤

①通过试件直径的两端，沿轴线方向画两条相互平行的加载基线。将两根垫条沿加载基线，固定在试件两端。

②将试件置于试验机承压板中心，调整球形座，使试件均匀受荷，并使垫条与试件在同一加荷轴线上。

③以每秒0.3~0.5 MPa的速度加荷直至破坏。

④记录破坏荷载及加荷过程中出现的现象，并对破坏后的试件进行描述。

### 3. 试验成果整理要求

岩石抗拉强度计算如式（4.33）所示。

$$\sigma_t = \frac{2P}{\pi Dh} \tag{4.33}$$

式中：$\sigma_t$ 为岩石抗拉强度，MPa；$P$ 为试件破坏荷载，N；$D$ 为试件直径，mm；$h$ 为试件厚度，mm。

计算值取 3 位有效数字。抗拉强度试验的记录应包括工程名称、取样位置、试件编号、试件描述、试件尺寸、破坏荷载。

## 4.3.13 岩石的剪切强度测定

直剪试验适用于岩块、岩石结构面以及混凝土与岩石胶结面。应在现场采取试件，在采取、运输和制备过程中，应防止产生裂缝和扰动。

### 1. 试件尺寸要求

①岩块直剪试验试件的直径或边长不得小于 5 cm，试件高度应与直径或边长相等。

②岩石结构面直剪试验试件的直径或边长不得小于 5 cm，试件高度与直径或边长相等。结构面应位于试件中部。

③混凝土与岩石胶结面直剪试验试件应为方块体，其边长不宜小于 15 cm。胶结面应位于试件中部，岩石起伏差应为边长的 1%~2%。混凝土骨料的最大粒径不得大于边长的 1/6。

④含水状态可根据需要采用天然含水状态、饱和状态或其他含水状态。

⑤每组试验试件的数量不应少于 5 个。

### 2. 试件描述内容

①岩石名称、颜色、矿物成分、结构、风化程度、胶结物性质等。

②层理、片理、节理、裂隙的发育程度及其与剪切方向的关系。

③结构面的充填物性质、充填程度以及试件在采取和制备过程中受扰动的情况。

④对混凝土与岩石胶结面的试件，应测定岩石表面的起伏差，并绘制其沿剪切方向的高度变化曲线。混凝土的配合比，胶结质量及实测标号。

### 3. 主要仪器和设备

①试件制备设备；

②试件饱和设备；

③直剪试验仪。

### 4. 试件安装规定

①将试件置于金属剪切盒内，试件与剪切盒内壁之间的间隙应填料填实，使试件与剪切盒成为一个整体。预定剪切面应位于剪切缝中部。

②安装试件时，法向荷载和剪切荷载应通过预定剪切面的几何中心。法向位移测表和水平位移测表应对称布置，各测表数量不宜少于 2 只。

**5. 法向荷载的施加方法规定**

①在每个试件上，分别施加不同的法向应力，所施加的最大法向应力，不宜小于预定的法向应力。

②对于岩石结构面中具有充填物的试件，最大法向应力应以不挤出充填物为宜。

③对于不需要固结的试件，法向荷载一次施加完毕，即测读法向位移，5 min 后再测读一次，即可施加剪切荷载。

④对于需固结的试件，在法向荷载施加完毕后的第一个小时内，每隔 15 min 读数 1 次，然后每半小时读数 1 次，当每小时法向位移不超过 0.05 mm 时，即认为固结稳定，可施加剪切荷载。

⑤在剪切过程中应使法向荷载始终保持为常数。

**6. 剪切荷载的施加方法规定**

①按预估最大剪切荷载分 8~12 级施加。每级荷载施加后，即测读剪切位移和法向位移，5 min 后再测读一次，即施加下一级剪切荷载直至破坏。当剪切位移量变大时，可适当加密剪切荷载分级。

②将剪切荷载退至零。根据需要，待试件充分回弹后，调整测表，按上述步骤，进行摩擦试验。

**7. 试验结束后对试件剪切面的描述**

①准确量测剪切面面积。

②详细描述剪切面的破坏情况，擦痕的分布、方向和长度。

③测定剪切面的起伏差，绘制沿剪切方向断面高度的变化曲线。

④当结构面内有充填物时，应准确判断剪切面的位置，并记录其组成成分、性质、厚度、构造。根据需要测定充填物的物理性质。

**8. 试验成果整理要求**

①各法向荷载下的法向应力和剪应力分别如式（4.34）、式（4.35）所示。

$$\sigma = \frac{P}{A} \tag{4.34}$$

$$\tau = \frac{Q}{A} \tag{4.35}$$

式中：$\sigma$ 为作用于剪切面上的法向应力，MPa；$\tau$ 为作用于剪切面上的剪应力，MPa；$P$ 为作用于剪切面上的总法向荷载，N；$Q$ 为作用于剪切面上的总剪切荷载，N；$A$ 为剪切面积，$mm^2$。

②绘制各法向应力下的剪应力与剪切位移及法向位移关系曲线，根据曲线确定各剪切

阶段特征点的剪应力。

③根据各剪切阶段特征点的剪应力和法向应力绘制关系曲线，按库伦—奈维表达式确定相应的岩石抗剪强度参数。

④直剪试验记录应包括工程名称、取样位置、试件编号、试件描述、剪切面积、各法向荷载下各级剪切荷载时的法向位移及剪切位移。

# 第5章 不良地质作用与地震稳定性分析评价

## 5.1 不良地质作用分析评价

不良地质作用是指由地球内力或外力产生的对工程可能造成危害的地质作用。由不良地质作用引发的，危及人身、财产、工程或环境安全的事件，又称为地质灾害。

在各项岩土工程建设中存在的不良地质作用和地质灾害包括岩溶、滑坡、泥石流、危岩、崩塌、采空区、地震、活动断裂等。这些不良地质作用及其引发的种种地质灾害对各项工程建设的场地稳定性、建筑适宜性等往往会产生决定性作用，同时对工程建设后期安全运营也会产生重大、直接的危害。因此重视对不良地质作用和地质灾害的调查研究、勘察分析和全面正确评价，查清各种不良地质作用的分布位置、形态特征、规模、类型及其发育程度，分析与研究各种不良地质作用的形成机制、现状与发展演变趋势，评价与预测各种不良地质作用对工程建设的影响与危害程度，提出预防与整治措施，对工程建设活动有重大积极意义，也是岩土工程勘察工作中的一个重要环节。

### 5.1.1 岩溶

岩溶是我国相当普遍的一种不良地质作用，在一定条件下可能发生地质灾害，严重威胁工程安全。岩溶作用所形成的复杂地基常常会出现下伏溶洞顶板坍塌、土洞发育大规模地面塌陷、岩溶地下水的突袭、不均匀地基沉降等情况，对工程建设产生重要影响。特别在大量抽取地下水，使水位急剧下降，引发土洞的发展和地面塌陷的发生方面，我国已有很多实例。故拟建工程场地或其附近存在对工程安全有影响的岩溶时，应进行岩溶勘察。

1. 岩溶及岩溶作用的概念

岩溶是指地壳岩石圈内可溶岩层（碳酸盐类岩层如石灰岩、白云岩、大理岩等，硫酸盐类岩石如石膏等和卤素类岩如盐岩等）在具有侵蚀性和腐蚀能力的水体作用下，发生的近代化学溶蚀作用。这种溶蚀作用包括水体对可溶岩层的机械侵蚀和崩解作用。被腐蚀下来的物质携出、转移和再沉积的综合地质作用及由此所产生的现象的统称，又称为喀斯特。由岩溶现象造成的对可溶性岩石的破坏和改造作用称为岩溶作用。

2. 岩溶发育规律

岩溶的形成、发育和发展要有其内在因素和外界条件。形成岩溶一般要同时具备三个条件：一是地区要具有可溶性的岩层，岩性不同，溶蚀强度不一；二是要具有溶解可溶岩层能力的溶蚀体，在自然界中主要是 $CO_2$ 和足够流量的水；三是要有溶蚀水体能够沿着岩土裂隙、节理等孔隙而渗入可溶岩体上，进行侵蚀作用的通道。

①岩溶与岩性的关系。

岩石成分、成层条件和组织结构等直接影响岩溶的发育程度和速度。一般来说，硫酸盐类和卤素类岩层岩溶发展速度较快；碳酸盐类岩层则发育速度较慢。质纯层厚的岩层，岩溶发育强烈，形态齐全，规模较大；含泥质或其他杂质的岩层，岩溶发育较弱。结晶颗粒粗大的岩石，岩溶较为发育；结晶颗粒细小的岩石，岩溶发育较弱。

②岩溶与地质构造的关系。

节理裂隙：裂隙的发育程度和延伸方向通常决定了岩溶的发育程度与发展方向。在节理裂隙的交叉处或密集带，岩溶最易发育。

断层：沿断裂带是岩溶显著发育地段，常分布有漏斗、竖井、落水洞及溶洞、暗河等。往往在正断层处岩溶较发育，逆断层处岩溶发育较弱。

褶皱：褶皱轴部一般岩溶较发育。在单斜地层中，岩溶一般顺层面发育。在不对称褶曲中，陡的一翼岩溶较缓的一翼发育。

岩层产状：倾斜或陡倾斜的岩层，一般岩溶发育较强烈；水平或缓倾斜的岩层，当上覆或下伏非可溶性岩层时，岩溶发育较弱。可溶性岩与非可溶性岩接触带或不整合面往往发育岩溶。

③岩溶与新构造运动的关系。

地壳强烈上升地区，岩溶以垂直方向发育为主；地壳相对稳定地区，岩溶以水平方向发育为主；地壳下降地区，既有水平发育又有垂直发育，岩溶发育较为复杂。

④岩溶与地形的关系。

地形陡峻、岩石裸露的斜坡上，岩溶多呈溶沟、溶槽、石芽等地表形态；地形平缓地带，岩溶多以漏斗、竖井、落水洞、塌陷洼地、溶洞等形态为主。

⑤地表水体同岩层产状关系对岩溶发育的影响。

当水体与层面反向或斜交时，岩溶易于发育；而当水体与层面顺向时，岩溶则不易发育。

⑥岩溶与气候的关系。

在大气降水丰富、气候潮湿地区，地下水能经常得到补给，水的来源充沛，岩溶易发育。

⑦岩溶发育的带状性和成层性。

岩石的岩性、裂隙、断层和接触面等一般都有方向性，造成了岩溶发育的带状性；可溶性岩层与非可溶性岩层互层、地壳强烈的升降运动、水文地质条件的改变等则往往造成岩溶分布的成层性。

**3. 岩溶勘察目的**

岩溶勘察的目的是查明对场地安全和地基稳定有影响的岩溶化发育规律，包括各种岩溶形态的规模、密度及其空间分布规律，可溶岩顶部浅层土体的厚度、空间分布及其工程性质、岩溶水的循环交替规律等。通过这些信息，可以对建筑场地的适宜性和地基的稳定性作出确切的评价。

在岩溶勘察过程中，应查明与场地选择和地基稳定评价有关的基本问题，具体如下。

①各类岩溶的位置、高程、尺寸、形状、延伸方向、顶板与底部状况、围岩（土）及洞内堆填物性状、塌落的形成时间与因素等。

②岩溶发育与地层的岩性、结构、厚度及不同岩性组合的关系，结合各层位上岩溶形态与分布数量的调查统计，划分出不同的岩溶岩组。

③岩溶形态分布、发育强度与所处的地质构造部位、褶皱形式、地层产状、断裂等结构面及其属性的关系。

④岩溶发育与当地地貌发展史、所处的地貌部位、水文网及相对高程的关系。划分出岩溶微地貌类型及水平与垂向分带。阐明不同地貌单元上岩溶发育特征及强度差异性。

⑤岩溶水出水点的类型、位置、标高、所在的岩溶岩组、季节动态、连通条件及其与地面水体的关系。阐明岩溶水环境、动力条件、消水与涌水状况、水质与污染。

⑥土洞及各类地面变形的成因、形态规律、分布密度与土层厚度、下伏基岩岩溶特征、地表水和地下水动态及人为因素的关系。结合已有资料，划分出土洞与地面变形的类型及发育程度区段。

⑦在场地及其附近有已（拟）建人工降水工程的，应着重了解降水的各项水文地质参数及空间与时间的动态。据此预测地表塌陷的位置与水位降深、地下水流向及塌陷区在降落漏斗中的位置及其之间的关系。

⑧对土洞史的调查访问，包括已有建筑使用情况、设计施工经验、地基处理的技术经济指标与效果等。勘察阶段应与设计阶段一致。

**4. 不同勘察阶段的目的、任务及勘察工作布置**

岩溶勘察宜采用工程地质测绘和调查、物探、钻探等多种手段结合的方法进行，其不同勘察阶段，要求的工作深度和工作任务不同，其工作手段方法有所偏重。

（1）可行性研究勘察

可行性研究勘察的主要目的是查明岩溶洞隙、土洞的发育条件，并对其危害程度和发展趋势作出判断，对场地的稳定性和工程建设的适宜性作出初步评价。

（2）初步勘察

初步勘察的主要目的是查明岩溶洞隙及其伴生土洞、塌陷的分布、发育程度和发育规律，并按场地的稳定性和适宜性进行分区。

上述两阶段勘察工作宜采用以工程地质测绘、调查和综合物探为主，辅助少量勘探的手段，勘探点的间距不应大于各类工程勘察基本要求的勘探点布置间距的相关规定，对于重点需要查明的岩溶发育地段可适当加密勘探点。对测绘和物探发现的异常地段，应选择有代表性的部位布置验证性钻孔。控制性勘探孔的深度应穿过表层岩溶发育带。

岩溶洞隙、土洞和塌陷的形成及发展，与岩性、构造、土质、地下水等条件有密切关系。因此，在工程地质测绘时，不仅要查明其形态和分布，更要注意研究其机制和规律。只有做好了工程地质测绘，才能有的放矢地进行勘探测试，为分析评价打下基础。土洞的发展和塌陷的发生，往往与人工抽吸地下水有关。抽吸地下水造成大面积成片塌陷的例子屡见不鲜，进行工程地质测绘时应特别注意。

岩溶勘察工作中的工程地质测绘与调查，除满足一般工程地质测绘、调查要求外，还应详细调查以下内容。

①岩溶洞隙的分布、形态和发育规律。

②岩面起伏、形态和覆盖层厚度。

③地下水赋存条件、水位变化和运动规律。

④岩溶发育与地貌、构造、岩性、地下水的关系。

⑤土洞和塌陷的分布、形态和发育规律。

⑥土洞和塌陷的成因及其发展趋势。

⑦当地治理岩溶、土洞和塌陷的经验。

以上要求，都与岩土工程分析评价密切相关。

（3）详细勘察

详细勘察的主要目的是查明拟建工程范围及有影响地段的各种岩溶洞隙和土洞的位置、规模、埋深，岩溶堆填物性状和地下水特征，对地基基础的设计和岩溶的治理提出建议。

详细勘察的勘探工作主要包括物探、勘探及测试工作。物探线沿建筑物轴线布置，并宜采用多种方法判定异常地段及其性质，在异常区段、重要柱位均应布置钻孔查明。勘探过程的具体要求应符合下列规定。

①勘探线应沿建筑物轴线布置，勘探点间距不应大于各类工程勘察基本要求的有关规定，条件复杂时，每个独立基础均应布置勘探点。

②勘探点深度除应符合各类工程勘察基本要求的有关规定外，当基底下土层厚度较薄或地基条件较复杂时，应有部分或全部勘探孔钻入基岩。

③当预定深度内存在洞体，且可能影响地基稳定时，应钻入洞底基岩面下不少于2 m，必要时应圈定洞体范围。

④对一柱一桩的基础，宜逐柱布置勘探孔。

⑤在土洞和塌陷发育地段，可采用静力触探、轻型动力触探、小口径钻探等手段，详细查明其分布。

⑥当需查明断层、岩组分界、洞隙和土洞形态、塌陷等情况时，应布置适当的探槽或探井等。

⑦物探应根据通行条件采用有效方法，对异常点应采用钻探验证，当发现或可能存在危害工程的洞体时，应加密勘探点。

⑧凡人员可以进入的洞体，均应入洞勘察，人员不能进入的洞体，宜使用井下电视等手段探测。

岩溶发育地区下列部位尚宜查明土洞和土洞群的位置。

①土层较薄、土中裂隙及其下岩体洞隙发育部位。

②岩面张开裂隙发育，石芽或外露的岩体与土体交接部位。

③两组构造裂隙交会处和宽大裂隙带。

④隐伏溶沟、溶槽、漏斗等，其上有软弱土分布的负岩面地段。

⑤地下水强烈活动于岩土交界面的地段和大幅度人工降水地段。

（4）施工勘察

施工勘察主要是针对某一地段或尚待查明的专门问题进行补充勘察及采用大直径嵌岩桩时进行的专门的桩基勘察。

施工勘察工作量应根据岩溶地基设计和施工要求合理布置。在土洞、塌陷地段，可在已开挖的基槽内布置触探或钎探。对于重要或荷载较大的工程，可在槽底采用小口径钻探进行检测。对大直径嵌岩桩，勘探点应逐桩布置，勘探深度应不小于底面以下桩径的 3 倍并不小于 5 m，当相邻桩底的基岩面起伏较大时应适当加深。

**5. 岩溶勘察的总体工作方法和程序控制原则**

在进行岩溶勘察工作时，应注意以下几点。

①重视前人成果的收集和有效分析利用，认真收集和研究建设场地区域及周边已有的资料成果，将对认识场地、有目的地布置勘察工作提供很好的帮助，同时区域研究资料可以帮助我们更好地掌握岩溶分布的区域规律，明确工程勘察工作重点。

②重视基本工程地质研究和基于岩溶发育规律的工程地质分析，在工作程序上必须坚持以工程地质测绘和调查为先导，摒弃纯粹依赖于单纯的勘探手段来试图查明岩溶形态和发育规律的不切实际的工作方法。

③岩溶规律研究和勘探应遵循从面到点、先地表后地下、先定性后定量、先控制后一般及先疏后密的工作准则。

④应有针对性地选择勘探手段，如为查明浅层岩溶可采用槽探，为查明浅层土洞可用钎探，为查明深埋土洞可用静力触探等。

⑤采用综合物探的方法，可以多种方法相互印证，但不宜将未经验证的物探成果作为施工图设计和地基处理的依据。

⑥岩溶地区有大片非可溶性岩石存在时，勘察工作应与岩溶区段有所区别，可按照一般岩质地基进行勘察。

**6. 岩溶场地稳定性评价**

（1）场地稳定性评价

岩溶场地稳定性评价主要是通过勘察资料分析，确定岩溶发育程度和对今后工程建设工作的影响及其危害程度，判明对工程不利的场地范围和规模，对存在不利于工程建设的岩溶场地，且其后期处理复杂或处理工程量巨大，处理费用较高的情况下，一般应采取避开措施。有下列情况之一者，可判定对工程不利，一般应绕避或舍弃。

浅层洞体或溶洞群，其洞径大，顶板破碎且可见变形迹象，洞底有新近塌落物。

隐伏的漏斗、洼地、槽谷等规模较大的浅埋岩溶形态，其间和上覆为软弱土体或地面已出现明显变形。

地表水沿土中缝隙下渗或地下水自然升降使上覆土层被冲蚀，出现成片（带）土洞塌陷地带。

覆盖土地段抽水降落漏斗中最低动水位高出岩土交界面的区段。

岩溶通道排泄不畅，可能导致暂时淹没的地段。

（2）地基稳定性评价

由于岩溶发育，岩溶形态多样，可溶岩表面参差不齐；地下溶洞又破坏了岩体完整性。岩溶水动力条件的变化，又可能会导致其上部覆盖土层出现开裂、沉陷。这些都不同程度地影响着建筑物地基的稳定。

根据碳酸盐岩出露条件及其对地基稳定性的影响，可将岩溶地基划分为裸露型、覆盖型、掩埋型三种，而最为重要的是前两种。

裸露型：缺少植被和土层覆盖，碳酸盐岩裸露于地表或其上仅有很薄覆土。它又可分为石芽地基和溶洞地基两种。石芽地基：由大气降水和地表水沿裸露的碳酸盐岩节理、裂隙溶蚀扩展而形成。溶沟间残存的石芽高度一般不超过 3 m。如被土覆盖，称为埋藏石芽。石芽通常分布在山岭斜坡、河流谷坡及岩溶洼地的边坡上。芽面极陡，芽间的溶沟、溶槽有的可深达 10 余米，而且往往与下部溶洞和溶蚀裂隙相连，基岩面起伏极大。因此，可能会导致地基滑动、不均匀沉陷，以及施工困难。溶洞地基：浅层溶洞顶板的稳定性问题是该类地基安全的关键。溶洞顶板的稳定性与岩石性质、结构面的分布及其组合关系、顶板厚度、溶洞形态和大小、洞内充填情况和水文地质条件等有关。

覆盖型：碳酸盐岩之上覆盖层厚数米至数十米（一般小于 30 m）。这类土体可以是各种成因类型的松软土，如风成黄土、冲洪积砂卵石类土及我国南方岩溶地区普遍发育的残坡积红黏土。覆盖型岩溶地基存在的主要岩土工程问题是地面塌陷，对这类地基稳定性的评价需要同时考虑上部建筑荷载与土洞的共同作用。

①岩溶地基稳定性的定性评价。

岩溶地基稳定性的定性评价中，裸露或浅埋的岩溶洞隙稳定评价至关重要。根据经验，可按洞穴的各项边界条件，对比表 5-1 所列影响其稳定的诸因素综合分析，作出评价。

表 5-1　岩溶地基稳定性的定性评价

| 因素 | 对稳定有利 | 对稳定不利 |
|---|---|---|
| 岩性及层厚 | 厚层块状、强度高的灰岩 | 泥灰岩、白云质灰岩，薄层状有互层，岩体软化，强度低 |
| 裂隙状况 | 无断裂，裂隙不发育或胶结良好 | 有断层通过，裂隙发育，岩体被二组以上裂隙切割，裂缝张开，岩体呈干砌状 |
| 岩层产状 | 岩层走向与洞轴呈正交或斜交，倾角平缓 | 走向与洞轴平行，呈陡倾角 |

续表

| 因素 | 对稳定有利 | 对稳定不利 |
|---|---|---|
| 洞隙形态与埋藏条件 | 洞体小（与基础尺寸相比），呈竖向延伸的井状，单体分布，埋藏深，覆土厚 | 洞径大，呈扁平状，复体相连，埋藏浅，在基底附近 |
| 顶板情况 | 顶板岩层厚度与洞径比值大，顶板呈板状或拱状，可见钙质沉积 | 顶板岩层厚度与洞径比值小，有悬挂岩体，被裂隙切割且未胶结 |
| 充填情况 | 为密实沉积物填满且无被水冲蚀的可能 | 未充填或半充填，水流冲蚀有充填物，洞底见有近期塌落物 |
| 地下水 | 无 | 有水流或间歇性水流，流速大，有承压性 |
| 地震设防烈度 | 地震设防烈度小于7度 | 地震设防烈度等于或大于7度 |
| 建筑荷载及重要性 | 建筑物荷重小，为一般建筑物 | 建筑物荷重大，为重要建筑物 |

上述评价方法属于经验比拟法，适用于初勘阶段选择建筑场地及一般工程的地基稳定性评价。这种方法虽简便，但往往具有一定的随意性。实际运用中应根据影响稳定性评价的各项因素进行充分的综合分析，并在勘察和工程实践中不断总结经验，或根据当地相同条件下已有的成功与失败工程实例进行比拟评价。

地基稳定性定性评价的核心是查明岩溶发育和分布规律，对地基稳定有影响的个体岩溶形态特征，如溶洞大小、形状、顶板厚度、岩性、洞内充填和地下水活动情况等，上覆土层岩性、厚度及土洞发育情况，根据建筑物荷载特点，并结合已有经验，最终对地基稳定作出全面评价。

②岩溶地基稳定性的定量评价。

目前，岩溶地基稳定性的定量评价较难实现：一是受各种因素的制约，岩溶地基的边界条件相当复杂，受到探测技术的局限，岩溶洞穴和土洞往往很难查清；二是洞穴的受力状况和围岩应力场的演变十分复杂，要确定其变形破坏形式和取得符合实际的力学参数又很困难。因此，在工程实践中，大多采用半定量评价方法，主要是根据一些公式对溶洞或土洞的稳定性进行分析。目前有以下几种方法：根据溶洞顶板坍塌自行填塞洞体所需要厚度进行计算；根据顶板裂隙分布情况，分别对其进行抗弯、抗剪计算；根据极限平衡条件，按顶板能抵抗受荷载剪切的厚度计算；普氏压力拱理论分析法；有限元数值分析法；多元逐步回归分析和模糊综合分析法等。因目前尚属探索阶段，有待积累资料不断提高，实际工程中应采取定性评价与定量评价相结合的方法，以多种评价方法综合评判，注意积累当地的成功经验进行恰当的评价。

## 5.1.2 滑坡

### 1. 滑坡的定义和形成

滑坡是指斜坡上的土体或岩体，受河流冲刷、地下水活动、地震及人工切坡等因素影响，在重力的作用下，沿着一定的软弱面或软弱带，整体或分散地顺坡向下滑动的现象，又称"走山""跨山""地滑""土溜"等。滑坡泛指已经发生的滑坡和可能以滑坡形式破坏的不稳定斜坡或变形体。

滑坡的形成必须具备三个条件：①有位移的空间，即要具有足够的临空面；②有适宜的岩土体结构，即具有可形成滑动面的剪切破碎面或剪切破碎带；③有驱使滑体发生滑动位移的动力。三者缺一不可。

因此，对滑坡进行岩土工程勘察，其主要任务就是要查明这三个方面的条件及它们之间的内在联系，并为滑坡的防治与整治设计提供建议和依据。

滑坡的产生主要受地形地貌条件、地层岩性、地质构造、水文地质条件、地震作用和人类工程活动等因素影响。

滑坡是一种对工程安全有严重威胁的不良地质作用和地质灾害，可能产生严重后果，造成重大人身伤亡和经济损失。考虑到滑坡勘察的特点，当拟建工程场地存在滑坡或有滑坡可能，或者拟建工程场地附近存在滑坡或有滑坡可能并危及工程安全时，均应进行滑坡勘察。

### 2. 滑坡的稳定性评价

滑坡场地的评价主要是场地稳定性评价，包括定性评价和定量评价。

（1）定性评价

定性评价主要从滑坡体的地形地貌特征、水文地质条件变化及滑坡痕迹、滑坡各要素的变化等综合判定其稳定性。

①地貌特征。

根据地貌特征来判断滑坡的稳定性，如表 5-2 所示。也可利用滑坡工程地质图，根据各阶地标高联结关系，滑坡位移量和与周围稳定地段在地物、地貌上的差异，以及滑坡变形历史等分析地貌发育历史过程和变形情况来推断发展趋势，判定滑坡整体和各局部的稳定程度。

表 5-2 根据地貌特征判断滑坡稳定性

| 滑坡要素 | 相对稳定 | 不稳定 |
| --- | --- | --- |
| 滑坡体 | 坡度较缓，坡面较平整，草木丛生，土体密实，无松塌现象，两侧沟谷已下切深达基岩 | 坡度较陡，平均坡度 30°，坡面高低不平，有陷落松塌现象，无高大直立树木，地表水、泉、湿地发育 |

| 滑坡要素 | 相对稳定 | 不稳定 |
|---|---|---|
| 滑坡壁 | 滑坡壁较高，长满了草木，无擦痕 | 滑坡壁不高，草木少，有坍塌现象，有擦痕 |
| 滑坡平台 | 平台宽大，且已夷平 | 平台面积不大，有向下缓倾或后倾现象 |
| 滑坡前缘及滑坡舌 | 前缘斜坡较缓，坡上有河水冲刷过的痕迹，并堆积了漫滩、阶地，河水已远离舌部，舌部坡脚有清晰泉水 | 前缘斜坡较陡，常处于河水冲刷之下，无漫滩、阶地，有时有季节性泉水出露 |

②工程地质和水文地质条件对比。

将滑坡地段的工程地质、水文地质条件与附近相似条件的稳定山坡进行对比，分析其差异性，从而判定其稳定性。

下伏基岩呈凸形的，不易积水，较稳定；相反，呈勺形且地表有反坡向地形时易积水，不稳定。

滑坡两侧及滑坡范围内同一沟谷的两侧，在滑动体与相邻稳定地段的地质断面中，详尽地对比描述各层的物质组成、组织结构、不同矿物含量和性质、风化程度和液性指数在不同位置上的分布等，借以判断山坡处于滑动的某一阶段及其稳定程度。

分析滑动面的坡度、形状、与地下水的关系，软弱结构面的分布及其性质，以判定其稳定性及估计今后的发展趋势。

③滑动前的迹象及滑动因素的变化。

分析滑动前的迹象，如裂缝、水泉复活、舌部鼓胀、隆起等，以及引起滑动的自然和人为因素，如切方、填土、冲刷等，研究下滑力与抗滑力的对比及其变化，从而判定滑坡的稳定性。

（2）定量评价

近40年来，作为滑坡防治工作重要组成部分的滑坡稳定性评价取得了长足进步，滑坡稳定性评价方法不断丰富，特别是随着计算机技术的不断发展，计算精度得到了显著提高。就滑坡稳定性评价方法而言，主要分为三大类：一是弹塑性理论数值分析方法；二是基于刚体极限平衡理论的条分法；三是在此基础上发展起来的可靠度分析方法。尽管弹塑性理论数值分析方法和可靠度分析方法被广泛地应用于滑坡稳定性分析，但条分法至今仍是工程上使用最多、最成熟的方法。目前，我国相关规程规范对滑坡稳定性评价的方法基本上都采用条分法。

滑坡稳定性定量分析计算主要包括滑坡稳定安全系数的计算及滑坡推力的计算。滑坡稳定性计算应符合下列要求。

①正确选择有代表性的分析断面，正确划分牵引段、主滑段和抗滑段。

②正确选用强度指标，宜根据测试结果、反馈分析和当地经验综合确定。

③有地下水时，应计入浮托力和水压力。

④根据滑动面（带）的条件，按照平面、圆弧或折线的形式，选择正确的计算模型。

⑤当有局部滑动可能时，除验算整体稳定外，尚应验算局部稳定。

⑥当存在地震、冲刷、人类活动等影响因素时，应计入这些因素对稳定的影响。滑坡稳定性评价应给出滑坡计算剖面在设计工况下的稳定系数和稳定状态。

对每条纵勘探线和每个可能的滑面均应进行滑坡稳定性评价。除了考虑滑坡沿已查明的滑面滑动外，还应考虑沿其他可能的滑面滑动，应根据计算或判断找出所有可能的滑面及剪出口。对于推移式滑坡，应分析从新的剪出口剪出的可能性及前缘崩塌对滑坡稳定性的影响；对于牵引式滑坡，除了分析沿不同的滑面滑动的可能性外，还应分析前方滑体滑动后后方滑体滑动的可能性；对于涉水滑坡，还应分析塌岸后滑坡稳定性的变化。滑坡稳定性计算最终结果所对应的滑动面应是已查明的滑面或通过地质分析及计算搜索确定的潜在滑面，不应随意假设。

### 5.1.3　危岩和崩塌

#### 1. 危岩和崩塌的概念

危岩和崩塌是单个或群体岩块在重力及其他外力作用下突然从陡峻岩石山坡上分离，并以自由落体、滑移、弹跳、滚动或其他的某种组合方式顺坡向下猛烈运动，最后散集于坡脚的一种常见地质灾害现象。危岩和崩塌的含义有所区别，前者是指岩体被结构面切割，在外力作用下产生松动和塌落，后者是指危岩的塌落过程及其产物。当其发生在交通线、旅游场地、工业或民用建筑设施附近时，常会带来交通中断、建筑物毁坏和人身伤亡等重大危害。

#### 2. 危岩和崩塌产生的条件

危岩和崩塌的形成取决于以下因素。

（1）地形条件

崩塌通常发生在陡峻的斜坡地段，一般坡度大于 55°，高度大于 30 m，坡面多不平整，上陡下缓。

（2）岩性条件

坚硬岩层多组成高陡山坡，在节理裂隙发育、岩体破碎的情况下易产生崩塌。

（3）构造条件

当岩体中各种软弱结构面的组合位置处于下列最不利的情况时易发生崩塌：①当岩层倾向山坡，倾角大于 45°而小于自然坡度时；②当岩层发育有多组节理，且一组节理倾向山坡，倾角为 25°~65°时；③当两组与山坡走向斜交的节理组成倾向坡脚的楔形体时；④当节理面呈弧形弯曲的光滑面或山坡上方不远处有断层破碎带存在时；⑤在岩浆岩侵入接触带附近的破碎带或变质岩中片理片麻构造发育的地段，风化后形成软弱结构面，容易导致崩塌的产生；⑥昼夜的温差、季节的温度变化，促使岩石风化，地表水的冲刷、溶解和软化裂隙充填物形成软弱面，或水的渗透增加静水压力，强烈地震以及人类工程活动中的爆破，边坡开挖过高过陡，破坏了山体平衡，都会促使崩塌的发生。

### 3. 危岩和崩塌的运动特征及工程分类

危岩和崩塌的运动特征表现为：暴发突然，快速向坡脚运动，全过程历时短暂；惯性大，破坏能力大；运动过程中沿途撞击，引发更多的危岩随之滚落；运动轨迹不确定，变向显著；运动的形式有滑动、滚动及弹跳。

根据危岩发育特征，危岩体可根据单体、群体及所处相对高度等进行分类，其中危岩体根据单体体积 $V$ 划分为小型危岩（$V \leqslant 10 \text{ m}^3$）、中型危岩（$10 \text{ m}^3 < V < 50 \text{ m}^3$）、大型危岩（$50 \text{ m}^3 < V \leqslant 100 \text{ m}^3$）和特大型危岩（$V > 100 \text{ m}^3$）；根据危岩带（群）体积划分为小型危岩带（$V \leqslant 500 \text{ m}^3$）、中型危岩带（$500 \text{ m}^3 < V \leqslant 1\ 000 \text{ m}^3$）、大型危岩带（$1\ 000 \text{ m}^3 < V < 5\ 000 \text{ m}^3$）和特大型危岩带（$V > 5\ 000 \text{ m}^3$）；根据危岩体所处高度 $H$，可划分为低位危岩（$H \leqslant 15 \text{ m}$）、中位危岩（$15 \text{ m} < H \leqslant 50 \text{ m}$）、高位危岩（$50 \text{ m} < H \leqslant 100 \text{ m}$）和特高位危岩（$H > 100 \text{ m}$）。

崩塌既可以发生在黄土、黏土等土层中，也可发生在岩层中，按照其形成机理可分为倾倒式、滑移式、鼓胀式、拉裂式、错断式等。

### 4. 危岩和崩塌勘察要点

拟建工程场地或其附近存在对工程安全有影响的危岩或崩塌时，应进行危岩和崩塌勘察。危岩和崩塌勘察宜在可行性研究或初步勘察阶段进行，应查明产生崩塌的条件及其规模、类型、范围，并对工程建设适宜性进行评价，提出防治方案。

工程地质测绘宜在可行性研究阶段进行，初步设计与施工图阶段可进行修测，或对某些专门地质问题进行补充调查。在实施勘探工程之前，应先进行地质测绘与调查。

危岩和崩塌地区工程地质测绘的比例尺宜采用 1∶500~1∶1 000，崩塌方向主剖面的比例尺宜采用 1∶200。应查明下列内容。

①地形地貌及崩塌类型、规模、范围，崩塌体的大小和崩落方向。

②岩体基本质量等级、岩性特征和风化程度。

③地质构造，岩体结构类型，结构面的产状、组合关系、闭合程度、力学属性、延展及贯穿情况。

④气象（重点是大气降水）、水文、地震和地下水的活动。

⑤崩塌前的迹象和崩塌原因。

⑥当地防治崩塌的经验。

### 5. 危岩和崩塌的岩土工程评价

（1）岩土工程评价的原则

危岩和崩塌区岩土工程评价应根据山体地质构造格局、变形特征进行工程分类，圈出可能崩塌的范围和危险区，对各类建筑物和线路工程的场地适宜性作出评价，并提出防治对策和方案。各类危岩和崩塌的岩土工程评价应符合下列规定。

①规模大，破坏后果很严重，难以治理的，不宜作为工程场地，线路工程应绕避。

②规模较大，破坏后果严重，应对可能产生崩塌的危岩进行加固处理，同时线路工程应采取防护措施。

③规模较小，破坏后果不严重，则可作为工程场地，但应对不稳定危岩采取治理措施。

（2）评价方法

①工程地质类比法。

对已有的崩塌或附近崩塌区及稳定区的山体形态，斜坡坡度，岩体构造，结构面分布、产状、闭合及填充情况进行调查对比，分析山体的稳定性、危岩的分布，判断产生崩塌落石的可能性及其破坏力。

②力学分析法。

在分析可能崩塌体及落石受力条件的基础上，用块体平衡理论计算其稳定性。计算时应考虑当地地震力、风力、爆破力、地面水和地下水冲刷力及冰冻力等因素的影响。

### 5.1.4　泥石流

#### 1. 泥石流特点及其危害

泥石流是山区常见的一种灾害性的泥沙集中搬运现象，属于固、液两相流体运动，是指斜坡上或沟谷中松散碎屑物质被暴雨或积雪、冰川消融水所饱和，在重力作用下，沿斜坡或沟谷流动的介于崩塌滑坡和洪水之间的一种特殊洪流。

泥石流作为一种典型的山区地质灾害，其特点是：存在形成—输移—堆积三个发展阶段；爆发突然、来势凶猛，可携带巨大的石块；行进速度高，蕴含强大的能量，因而破坏性极大；活动过程短暂，一般只有几个小时，短的只有几分钟；具有季节性、周期性发生规律，一般发生在连续降雨、暴雨集中季节，且与暴雨、连续降水周期一致。

#### 2. 泥石流的勘察和评价

拟建工程场地或其附近有发生泥石流的条件并对工程安全有影响时，应进行专门的泥石流勘察。

泥石流勘察应在可行性研究或初步勘察阶段进行。应调查地形地貌、地质构造、地层岩性、水文气象等特点，分析判断场地及其上游沟谷是否具备产生泥石流的条件，预测泥石流的类型、规模、发育阶段、活动规律、危害程度等，对工程场地作出适宜性评价，提出防治方案的建议。

（1）工程地质测绘和调查

泥石流勘察应以工程地质测绘和调查为主。测绘范围应包括沟谷至分水岭的全部地段和可能受泥石流影响的地段。测绘比例尺，对全流域宜采用1：50 000，对中下游可采用1：2 000～1：10 000。工程地质测绘和调查的方法、内容除应符合一般要求外，应以下列与泥石流有关的内容为重点。

①冰雪融化、暴雨强度、一次最大降雨量、平均及最大流量、地下水活动等情况。

②地层岩性、地质构造、不良地质作用、松散堆积物的物质组成、分布和储量。

③地形地貌特征，包括沟谷的发育程度、切割情况、坡度、弯曲、粗糙程度，并划分泥石流的形成区、流通区和堆积区，圈绘整个沟谷的汇水面积。

④形成区的水源类型、水量、汇水条件、山坡坡度、岩层性质和风化程度；断裂、滑坡、崩塌、岩堆等不良地质作用的发育情况及可能形成泥石流的固体物质的分布范围、储量。

⑤流通区的沟床纵横坡度、跌水、急弯等特征，沟床两侧山坡坡度、稳定程度，沟床的冲淤变化和泥石流的痕迹。

⑥堆积区的堆积扇分布范围、表面形态、纵坡、植被、沟道变迁和冲淤情况；堆积物的物质、层次、厚度、一般粒径和最大粒径；判定堆积区的形成历史、堆积速度，估算一次最大堆积量。

⑦泥石流沟谷的历史，包括历次泥石流的发生时间、频数、规模、形成过程、暴发前的降雨情况和暴发后产生的灾害情况。

⑧开矿弃渣、修路切坡、砍伐森林、陡坡开荒和过度放牧等人类活动情况。

⑨学习当地防治泥石流的经验。

（2）泥石流沟的识别

能否产生泥石流可从形成泥石流的条件分析判断。已经发生过泥石流的流域，可从下列几种现象来识别。

①中游沟身常不对称，参差不齐，往往凹岸发生冲刷坍塌，凸岸堆积成延伸不长的"石堤"，或凸岸被冲刷，凹岸堆积，有明显的截弯取直现象。

②沟槽经常大段地被大量松散固体物质堵塞，构成跌水。

③沟道两侧地形变化处、各种地物上、基岩裂缝中，往往有泥石流残留物、擦痕、泥痕等。

④由于多次不同规模泥石流的下切淤积，沟谷中下游常有多级阶地，在较宽阔地带常有垄岗状堆积物。

⑤下游堆积扇的轴部一般较凸起，稠度大的堆积物扇角小，呈丘状。

⑥堆积扇上沟槽不固定，扇体上杂乱分布着垄岗状、舌状、岛状堆积物。

⑦堆积的石块均具尖锐的棱角，粒径悬殊，无方向性，无明显的分选层次。

上述现象不是所有泥石流地区都具备的，调查时应多方面综合判定。

（3）勘探测试工作

当工程地质测绘不能满足设计要求或需要对泥石流采取防治措施时，应进行勘探测试，进一步查明泥石流堆积物的性质、结构、厚度、密度，固体物质含量、最大粒径，泥石流的流速、流量、冲出量和淤积量。这些指标是判定泥石流类型、规模、强度、频繁程度、危害程度的重要依据，也是工程设计的重要参数。

（4）泥石流地区工程建设适宜性评价

泥石流地区工程建设适宜性评价，一方面应考虑到泥石流的危害性，确保工程安全，不能轻率地将工程设在有泥石流影响的地段；另一方面也不能认为，凡属泥石流沟谷均不能兴建工程，而应根据泥石流的规模、危害程度等区别对待。

下面根据泥石流的工程分类分别考虑工程建设的适宜性，如表5-3所示。

**表5-3 泥石流的工程分类和特征**

| 类别 | 泥石流特征 | 流域特征 | 亚类 | 严重程度 | 流域面积/ km² | 固体物质一次冲出量/万 m³ | 流量/ (m³/s) | 堆积区面积/ km² |
|---|---|---|---|---|---|---|---|---|
| Ⅰ高频率泥石流沟谷 | 基本上每年均有泥石流发生。固体物质主要来源于沟谷的滑坡、崩塌。暴发雨强小于2~4 mm/10 min。除岩性因素外，滑坡、崩塌严重的沟谷多发生黏性泥石流，规模大，反之多发生稀性泥石流，规模小 | 多位于强烈抬升区，岩层破碎，风化强烈，山体稳定性差。泥石流堆积新鲜，无植被或仅有稀疏草丛。黏性泥石流沟中下游沟床坡度大于4% | Ⅰ₁ | 严重 | >5 | >5 | >100 | >1 |
| | | | Ⅰ₂ | 中等 | 1~5 | 1~5 | 30~100 | <1 |
| | | | Ⅰ₃ | 轻微 | <1 | <1 | <30 | — |
| Ⅱ低频率泥石流沟谷 | 暴发周期一般在10年以上。固体物质主要来源于沟床，泥石流发生时"揭床"现象明显。暴雨时坡面产生的浅层滑坡往往是激发泥石流形成的重要因素。暴发雨强一般，大于4 mm/10 min。规模一般较大，性质有黏有稀 | 山体稳定性相对较好，无大型活动性滑坡、崩塌。沟床和扇形地上巨砾遍布。植被较好，沟床内灌木丛密布，扇形地多已辟为农田。黏性泥石流沟中下游沟床坡度小于4% | Ⅱ₁ | 严重 | >10 | >5 | >100 | >1 |
| | | | Ⅱ₂ | 中等 | 1~10 | 1~5 | 30~100 | <1 |
| | | | Ⅱ₃ | 轻微 | <1 | <1 | <30 | — |

注：1. 表中流量对高频率泥石流沟指百年一遇流量；对低频率泥石流沟指历史最大流量。

2. 泥石流的工程分类宜采用野外特征与定量指标相结合的原则，定量指标满足其中一项即可。

①Ⅰ₁类和Ⅱ₁类泥石流沟谷规模大，危害性大，防治工作困难且不经济，故不能作为各类工程的建设场地，各类线路宜避开。

②Ⅰ₂类和Ⅱ₂类泥石流沟谷不宜作为工程场地，如果必须利用，应采取治理措施；线路应避免直穿堆积扇，可在沟口设桥（墩）通过。

③Ⅰ₃类和Ⅱ₃类泥石流沟谷可利用其堆积区作为工程场地，但应避开沟口；线路可在堆积扇通过，可分段设桥和采取排洪、导流措施，但不宜改沟、并沟。

④当上游大量弃渣或进行工程建设，改变了原有供排平衡条件时，应重新判定产生新的泥石流的可能性。

## 5.1.5 采空区

### 1. 采空区的基本概念和危害

人类在大面积采挖地下矿体或进行其他地下挖掘后所形成的地下矿坑或洞穴称为采空

区。采空区根据开采形成时间可分为老采空区、现采空区和未来采空区。老采空区是指历史上已经开采过、现已停止开采的采空区；现采空区是指正在开采的采空区；未来采空区是指计划开采而尚未开采的采空区。又根据采空程度可分为小型采空区和大面积采空区。

地下矿体的开发形成采空区，往往导致矿体顶板岩层失去支撑而产生平衡破坏，导致岩层位移和塌陷，严重危害地面建构筑物、道路、桥梁、市政工程、军用设施等工程的安全使用，在我国大部分煤矿开采区常发生采空区灾害现象。近几十年来，随着生产技术的进步和发展，采取了采矿保护措施和地面建筑保护措施，采空区灾害得到了有效的控制和治理。

2. 采空区的地表变形特征和影响因素

采空区的地表变形多为地表塌陷或开裂，地表塌陷逐步发展，最终会形成移动盆地。小型采空区主要是因为掏煤、淘沙、采金、采水、挖墓、采窑、建地窑等人类活动而形成的，其规模不大，多以坑道、巷道等形式出现，其采空范围狭窄，开采深度浅，不会形成移动盆地，但如果任其发展，则地表变化剧烈，地表裂缝分布常与开采工作面平行，随开采工作面的推进而不断向前发展；其裂缝宽度一般上宽下窄，无明显的位移。

大型采空区的变形主要是在地表形成移动盆地，即位于采空区上方，当地下采空后，随之产生地表变形形成凹地，随着采空区不断扩大，凹地不断发展成凹陷盆地，称为移动盆地。地表移动盆地的范围比采空区大得多，其位置和形状与矿层的倾角大小有关。矿层倾角平缓时，地表移动盆地位于采空区正上方，形状对称于采空区；矿层倾角较大时，盆地在沿矿层走向方向仍对称于采空区，而沿倾斜方向，移动盆地与采空区的关系是非对称的，随倾角的增大，盆地中心向倾斜方向偏移。

根据移动盆地变形情况，在水平面上划分，移动盆地自中心向两边缘可分为三个区，即盆地中间区（中间下沉区）、内边缘区（移动区或危险变形区）和外边缘区（轻微变形区），如图5-1所示。中间区为移动盆地中心平底部分；内边缘区则变形较大且不均匀，对地表建筑造成较大破坏；外边缘区变形较小，一般对建筑不会造成损坏，以地表下沉10 mm为标准，划分其外围边界。

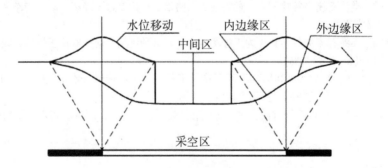

图5-1　地表移动盆地分区

从垂直方向看，大面积地下采空区上部变形总的过程是从上向下逐渐发展为漏斗状沉落，其变形区分为三个带。

①冒落带（崩落带）。

采空区顶板塌落形成，厚度 $h$ 一般为采空厚度的 3~4 倍，计算如式（5.1）所示。

$$h = \frac{m}{(k-1)\cos\alpha} \tag{5.1}$$

式中：$h$ 为冒落带厚度，m；$m$ 为采空区厚度，m；$k$ 为岩石松散系数，取 1.3；$\alpha$ 为岩层倾角，°。

②裂隙带（破裂弯曲带）。

处于冒落带之上，并产生较人的弯曲和变形，厚度一般为采矿厚度的 12~18 倍（矿层顶板向上的厚度）。

③弯曲带（不破裂弯曲带）。

裂隙带从顶面到地面的厚度。

### 3. 采空区勘察要点与场地适宜性评价

（1）勘察总则和要求

采空区勘察应查明老采空区上覆岩层的稳定性，预测现采空区和未来采空区的地表移动、变形的特征和规律性，判定其作为工程场地的适宜性。

采空区的勘察宜以收集资料、调查访问为主，并应查明下列内容。

①矿层的分布、层数、厚度、深度、埋藏特征和上覆岩层的岩性、构造等。

②矿层开采的范围、深度、厚度、时间、方法和顶板管理，采空区的塌落、密实程度、空隙和积水等。

③地表变形特征和分布，包括地表陷坑、台阶、裂缝的位置、形状、大小、深度、延伸方向及其与地质构造、开采边界、工作面推进方向等的关系。

④根据地表移动盆地的特征，划分中间区、内边缘区和外边缘区，确定地表移动和变形的特征值。

⑤采空区附近的抽水和排水情况及其对采空区稳定的影响。

⑥收集建筑物变形和防治措施的经验。

（2）采空区场地建筑适宜性评价

①不宜作为建筑场地的地段。

不宜作为建筑场地的地段：在开采过程中可能出现非连续变形地段（地表产生台阶、裂缝、塌陷坑等；处于地表移动活跃地段；特厚矿层和倾角大于 55°的厚矿层露头地段；由于地表移动和变形，可能引起边坡失稳和山崖崩塌的地段；地下水位深度小于建筑物可能下沉量与基础埋深之和的地段；地表倾斜大于 10 mm/m，地表水平变形大于 6 mm/m 或地表曲率大于 0.6 mm/m² 的地段。

②采空区场地建筑适宜性评价。

下列地段作为建筑场地时，其适宜性应专门研究。

a）采空区采深采厚比小于 30 的地段。

b）采深小（小于 50 m 地段），上覆岩层极坚硬，并采用非正规开采方法的采空地段。

c）地表倾斜为 3~10 mm/m，地表曲率为 0.2~0.6 mm/m² 或地表水平变形为 2~6 mm/m 的地段。

d）老采空区可能活化或有较大残余影响的地段。

## 5.2 地震稳定性分析评价

### 5.2.1 一般规定

**1. 基本地震加速度和特征周期表设计**

岩土工程勘察应对场地与地基的地震效应进行稳定性评价。各类建筑与市政工程的抗震设防烈度不应低于本地区的抗震设防烈度，并应按现行国家标准规定，确定其抗震设防类别及其抗震设防标准。各地区遭受的地震影响，应采用相应于抗震设防烈度的基本地震加速度和特征周期表，并应符合下列要求。

①各地区抗震设防烈度与设计基本地震加速度取值的对应关系应符合规定。

②特征周期应根据工程所在地的设计地震分组和场地类别按如表 5-4 所示的规定确定。

表 5-4　特征周期值　　　　　　　　　　　　　　　　　　单位：s

| 设计地震分组 | 场地类别 | | | | |
|---|---|---|---|---|---|
| | $I_0$ | $I_1$ | II | III | IV |
| 第一组 | 0.20 | 0.25 | 0.35 | 0.45 | 0.65 |
| 第二组 | 0.25 | 0.30 | 0.40 | 0.55 | 0.75 |
| 第三组 | 0.30 | 0.35 | 0.45 | 0.65 | 0.90 |

注：计算罕遇地震作用时，特征周期应增加 0.05 s。

③设计地震分组时，应根据现行国家标准《中国地震动参数区划图》（GB 18306—2015）中 II 类场地条件下的基本地震动加速度反应谱特征周期按规定确定。

④工程场地类别应按规定确定。

⑤标准设防类（丙类）应按本地区抗震设防烈度确定其抗震措施和地震作用；重点设防类（乙类）应按高于本地区抗震设防烈度一度的要求确定其抗震措施，同时按本地区抗震设防烈度确定其地震作用。

**2. 场地抗震地段综合评价**

进行岩土工程勘察时，应根据工程需要和地震活动情况、工程地质和地震地质等有关资料对场地抗震地段进行综合评价，如表 5-5 所示。对不利地段，应尽量避开，当无法避开时应采取有效的抗震措施。对危险地段，严禁建造甲、乙、丙类建筑。

**3. 活动断裂勘察内容**

当建筑场地出现活动断裂时，应进行活动断裂专项勘察。活动断裂勘察应包括下列内容。

表 5-5　建筑场地抗震地段综合评价

| 地段类别 | 地质、地形、地貌 |
|---|---|
| 有利地段 | 稳定基岩，坚硬土，开阔、平坦、密实、均匀的中硬土等 |
| 一般地段 | 不属于有利、不利和危险的地段 |
| 不利地段 | 软弱土，液化土，条状突出的山嘴，高耸孤立的山丘，陡坡，陡坎，河岸和边坡的边缘，平面分布上成因、岩性、状态明显不均匀的土层（如故河道、疏松的断层破碎带、暗埋的塘浜沟谷和半填半挖地基），高含水量的可塑黄土，地表存在结构性裂缝等 |
| 危险地段 | 地震时可能发生滑坡、崩塌、地陷、地裂、泥石流等及发震断裂带上可能发生地表错位的部位 |

①查明活动断裂的位置、类型、产状、规模、断裂带宽度、岩性、岩体破碎和胶结程度与富水性，以及与拟建工程的关系。

②查明活动断裂的活动年代、活动速率、错动方式。

③评价活动断裂对工程建设可能产生的危害和影响，提出避让或工程措施建议；

④提出防治措施和监测建议。

**4. 地基抗震承载力的验算**

天然地基应采用地震作用效应的标准组合和进行地基抗震承载力抗震验算。地基抗震承载力应取决于地基承载力特征值与地基抗震承载力调整系数的乘积。地基抗震承载力调整系数 $\xi_a$ 应根据地基土的性状按表 5-6 的规定取值，但不得超过 1.5。

表 5-6　地基抗震承载力调整系数

| 岩土名称和性状 | $\xi_a$ |
|---|---|
| 岩石，密实的碎石土，密实的砾、粗、中砂，$f_{ak} \geqslant 300$ kPa 的黏性土和粉土 | 1.5 |
| 中密、稍密的碎石土，中密和稍密的砾、粗、中砂，密实和中密的细、粉砂，150 kPa$\leqslant f_{ak}<$ 300 kPa 的黏性土和粉土，坚硬黄土 | 1.3 |
| 稍密的细、粉砂，100 kPa$\leqslant f_{ak}<$150 kPa 的黏性土和粉土，可塑黄土 | 1.1 |
| 淤泥，淤泥质土，松散的砂，杂填土，新近堆积黄土及流塑黄土 | 1.0 |

注：$f_{ak}$ 为由荷载试验等方法得到的地基承载力特征值，kPa。

**5. 采取抗液化措施**

岩土工程周围土体和地基存在液化土层时，应采取抗液化措施，并应符合下列要求。

①对液化土层采取振冲密实、注浆加固和换土等消除或减轻液化影响的措施。

②进行地下结构液化上浮验算，必要时采取增设抗拔桩、配置压重等相应的抗浮措施。

**6. 软土地带设置措施**

岩土工程穿越地震时可能滑移的古河道岸坡或可能发生明显不均匀沉降的软土地带

时，应采取置换软土或设置桩基础等措施。

## 5.2.2 场地类别划分

场地类别划分应根据岩石的剪切波速或土的等效剪切波速和场地覆盖层厚度按表 5-7 确定。

表 5-7 各类场地的覆盖层厚度 （单位：m）

| 岩石的剪切波速或土层等效剪切波速（m/s） | 场地类别 | | | | |
| --- | --- | --- | --- | --- | --- |
| | $I_0$ | $I_1$ | II | III | IV |
| $v_{se}>800$ | 0 | | | | |
| $800 \geqslant v_{se}>500$ | | 0 | | | |
| $500 \geqslant v_{se}>250$ | | <5 | ≥5 | | |
| $250 \geqslant v_{se}>150$ | | <3 | 3~50 | >50 | |
| $v_{se} \leqslant 150$ | | <3 | 3~15 | 15~80 | >80 |

注：表中 $v_s$ 为岩石的剪切波速。

土层等效剪切波速测试应符合下列规定。

①初步勘察阶段，当建设场地为同一地质单元时，测试土层剪切波速的钻孔数量不宜少于 3 个。

②详细勘察阶段，对单幢建筑，波速孔的数量不宜少于 2 个；对群体建（构）筑物，波速孔不应少于 3 个；处于同一地质单元的高层建筑群，每幢建筑物不应少于 1 个波速试验孔；当数据变化较大时，宜适度增加波速试验孔数。

③丁类建筑和丙类建筑，层数不超过 10 层、高度不超过 24 m 的多层建筑，当无实测剪切波速时，可根据岩土名称和性状，结合当地工程实践经验，按如表 5-8 所示的内容确定剪切波速度范围和土的类型。

表 5-8 土的类型划分和剪切波速范围

| 土的类型 | 岩土名称和性状 | 土层剪切波速度范围（m/s） |
| --- | --- | --- |
| 岩石 | 坚硬、较硬且完整的岩石 | $v_s>800$ |
| 坚硬土或软质岩石 | 破碎和较破碎的岩石或软和较软的岩石，密实的碎石土 | $800 \geqslant v_s>500$ |
| 中硬土 | 中密、稍密的碎石土，密实、中密的砾、粗、中砂，$f_{ak}>150$ 的黏性土和粉土 | $500 \geqslant v_s>250$ |
| 中软土 | 稍密的砾、粗、中砂，除松散外的细、粉砂，$f_{ak} \leqslant 150$ 的黏性土和粉土，$f_{ak}>130$ 的填土，可塑新黄土 | $250 \geqslant v_s>150$ |
| 软弱土 | 淤泥和淤泥质土，松散的砂，新近沉积的黏性土和粉土，$f_{ak} \leqslant 130$ 的填土，流塑黄土 | $v_s \leqslant 150$ |

④土层等效剪切波速应计算如式（5.2）、式（5.3）所示。

$$v_{se} = \frac{d_0}{t} \tag{5.2}$$

$$t = \sum_{i=1}^{n} \frac{d_i}{v_{si}} \tag{5.3}$$

式中：$v_{se}$ 为土层等效剪切波速，m/s；$d_0$ 为计算深度，m，取覆盖层厚度和20 m两者较小值；$t$ 为剪切波在地面至计算深度之间的传播时间，s；$d_i$ 为计算深度范围内第 $i$ 层的厚度，m；$v_{si}$ 为计算深度范围内第 $i$ 土层的剪切波速，m/s；$n$ 为计算深度范围内土层的分层数。

岩土工程场地覆盖层厚度确定应符合下列规定。

①应按地面至剪切波速大于500 m/s的土层顶面的距离确定，并满足该深度以下地层剪切波速均大于500 m/s。

②当地面5 m以下存在剪切波速大于相邻上层土剪切波速2.5倍的土层，且其下卧岩土的剪切波速均大于400 m/s时，可按地面至该土层顶面的距离确定。

③剪切波速大于500 m/s的孤石、透镜体，应视同周围土层。

④土层中的火山岩硬夹层应视为刚体，其厚度应从覆盖土层中扣除。

⑤当场地和附近无覆盖层厚度资料时，应进行勘探查明覆盖层厚度。

场地内存在发震断裂时，应评价发震断裂对工程的影响，评价工作应符合下列规定。

①当抗震设防烈度小于8度、非全新世活动断裂或抗震设防烈度为8度和9度，且前第四纪基岩隐伏断裂的土层覆盖厚度分别大于60 m和90 m时；可忽略发震断裂错动对地面建筑的影响。

②对不符合本条第①款规定的情况时，应避开主断裂带，其避让距离不宜小于如表5-9所示的发震断裂最小避让距离；在避让距离的范围内确有需要建造分散、低于三层的丙、丁类建筑时，应按抗震设防烈度提高一度采取抗震措施，并提高基础和上部结构的整体性，且不得跨越断层线。

表5-9　发震断裂的最小避让距离　　　　　　　单位：m

| 烈度 | 建筑抗震设防类别 | | | |
| --- | --- | --- | --- | --- |
| | 甲 | 乙 | 丙 | 丁 |
| 8 | 专门研究 | 200 | 100 | — |
| 9 | 专门研究 | 400 | 200 | — |

岩土工程地震作用计算时，设计地震动参数应根据设防烈度按规定确定，并应符合下列规定。

①当工程结构处于发震断裂两侧10 km以内时，应计入近场效应对设计地震动参数的影响。

②当工程结构处于条状突出的山嘴、高耸孤立的山丘、非岩石和强风化岩石的陡坡、

河岸与边坡边缘等不利地段时，应阐述边坡形态、相对高差、地层岩性、拟建工程至边坡的距离，应考虑不利地段对水平设计地震参数的放大作用；放大系数应根据不利地段的具体情况确定，其数值不得小于 1.1、最大不得大于 1.6。

### 5.2.3 液化判别

饱和砂土和饱和粉土的液化判别和地基处理，抗震设防烈度为 6 度时，一般可不进行液化判别和处理，但对液化沉陷敏感的乙类建筑可按 7 度的要求进行判别和处理，对甲类建筑应进行专门的液化勘察。抗震设防烈度 7 度~9 度时，乙类建筑可按本地区抗震设防烈度的要求进行判别和处理。

对抗震设防烈度不低于 7 度的岩土工程，当地面下 20 m 范围内存在饱和砂土和饱和粉土时，应进行液化判别。当液化程度差异较大时，应进行分区评价；存在液化土层的地基，应根据工程的抗震设防类别、地基的液化等级，结合具体情况采取相应的抗液化措施。

液化判别时应先进行初判，当饱和砂土或粉土（不含黄土）符合下列条件之一时，可初步判别为不液化或可不考虑液化影响。

①第四纪晚更新世 $Q_3$ 及其以前时，7、8 度时可判为不液化；

②当粉土的黏粒（粒径小于 0.005 mm 的颗粒）含量百分率在 7 度区大于或等于 10，8 度区大于或等于 13，9 度区大于或等于 16 时，可判为不液化土（黏粒含量测定应采用六偏磷酸钠作为分散剂测定，采用其他方法时应按规定换算）。

③浅埋天然地基的建筑，当上覆非液化土层厚度和地下水位深度符合如式（5.4）~式（5.6）所示的条件之一时，可不考虑液化影响。

$$d_u > d_0 + d_b - 2 \tag{5.4}$$

$$d_w > d_0 + d_b - 3 \tag{5.5}$$

$$d_u + d_w > 1.5d_0 + 2d_b - 4.5 \tag{5.6}$$

式中：$d_w$ 为地下水位深度，m，宜按设计基准期内年平均最高水位采用，也可按近期内年最高水位采用；$d_u$ 为上覆盖非液化土层厚度，m，计算时宜将淤泥和淤泥质土层扣除；$d_b$ 为基础埋置深度，m，不超过 2 m 应按 2 m 计；$d_0$ 为液化土特征深度，m。

饱和砂土或粉土液化判别应符合下列规定。

①当饱和砂土、粉土的初步判别需进一步进行液化判别时，应采用标准贯入试验判别方法判别地面下 20 m 范围内土的液化；符合现行国家标准规定可不进行天然地基及基础抗震承载力验算的各类建筑，可只判别 15 m 范围内土的液化。

②当采用标准贯入法进行液化判别时，每个场地标准贯入试验孔数量不应少于 3 个，每幢建筑应有不少于 1 个判别孔；在需作判别的土层中，标准贯入试验点的竖向间距宜为 1.0~1.5 m，每层土的试验总数不应少于 6 个。

③饱和土标准贯入锤击数（未经杆长修正）小于或等于液化判别标准贯入锤击数临界值时，如式（5.7）所示，应判为液化土，否则为不液化土。

$$N_{cr} = N_0 \beta \left[ \ln(0.6d_s + 1.5) - 0.1d_w \right] \sqrt{\frac{3}{\rho_c}} \tag{5.7}$$

式中：$N_{cr}$ 为液化判别标准贯入锤击数临界值；$N_0$ 为液化判别标准贯入锤击数基准值；$d_s$ 为饱和土标准贯入点深度，m；$d_w$ 为地下水位深度，m，宜按设计基准期内年平均最高水位或按近期内年最高水位采用；$\rho_c$ 为黏粒含量的百分率，当小于3或为砂土时应采用3；$\beta$ 为调整系数，设计地震第一组取0.80，第二组取0.95，第三组取1.05。

当有成熟的经验时，可采用静力触探或波速测试等对饱和砂土或粉土进行液化判别。

判别为可液化的砂土、粉土层，应根据各液化土层的深度和厚度，计算每个孔的液化指数，并按规定确定场地的液化等级。

液化等级评价应符合的要求：应逐点判别，如发现异常点须分析其原因，确保判别液化土层标准贯入试验锤击数的准确性；应按孔计算液化指数；应按照每个孔的计算结果，结合场地的地形地貌条件，综合确定场地液化等级。

一般情况下，不宜将未经处理的液化土层作为天然地基持力层。在故河道以及临近河岸、海岸和边坡等有液化横向扩展或流滑可能的地段内不宜修建永久性建筑，否则应进行抗滑动验算，采取防土体滑动措施或结构抗裂措施。当液化土层平坦且均匀时，可根据建筑抗震设防类别及地基液化等级按表5-10的要求选用地基抗液化措施。

表5-10　地基抗液化措施

| 建筑抗震设防类别 | 地基的液化等级 | | |
|---|---|---|---|
| | 轻微 | 中等 | 严重 |
| 乙类 | 部分消除液化沉陷，或对基础和上部结构处理 | 全部消除液化沉陷，或部分消除液化沉陷且对基础和上部结构处理 | 全部消除地基液化沉陷 |
| 丙类 | 基础和上部结构处理，亦可不采取措施 | 基础和上部结构处理，或更高要求的措施 | 全部消除液化沉陷，或部分消除液化沉陷且对基础和上部结构处理 |
| 丁类 | 可不采取措施 | 可不采取措施 | 基础和上部结构处理，或其他经济的措施 |

注：甲类建筑的地基抗液化措施应进行专门研究，但不宜低于乙类的相应要求。

地基抗液化沉陷措施应符合下列规定。

①全部消除地基液化沉陷措施，可采用桩基、深基础、地基加固或置换处理，处理深度均应超过可液化土层至稳定地层一定深度。

②部分消除地基液化沉陷措施，可采用地基加固、用非液化土置换可液化土、增加上覆非液化土层厚和改善周边排水条件，但经处理后的地基液化指数应小于4。

③对基础和上部结构处理措施，可采用调整基础的埋置深度和底面积，减少基础偏心，加强基础整体性和刚度，减轻荷载和增强上部结构的整体刚度，避免采用对不均匀沉降敏感的结构形式等。

### 5.2.4　软土震陷

当抗震设防烈度等于 7 度或 7 度以上地区，场地有较厚软土时，应评价和判定其产生震陷的可能性。

当软土层的等效剪切波速符合规定时，各类建筑可不考虑震陷影响，否则应在专门分析的基础上进行综合评价后采取有效的抗震措施。

软土震陷分析可采用波速测试、地基土承载力、上覆非软弱土层厚度，结合软土层厚度等综合分析；必要时尚可结合室内土的动力性质试验进行判别。

抗震设防烈度等于 7 度及 7 度以上地区，当采用天然地基或地基主要持力层范围内存在软土层时，应对其在地震力作用下可能产生的软土震陷进行分析和评价，并应符合下列要求。

①甲类建筑和对沉降有严格要求的乙类建筑应进行专门的震陷分析；

②对沉降无特殊要求的乙类建筑和对沉降敏感的丙类建筑，当无条件进行专门的震陷分析时，可按表 5-11 的规定确定软土的震陷估算值；

表 5-11　乙、丙类建筑地震震陷估算参考值

| 地基土条件 | 地基主要持力层深度内软土厚度 $h>3$ m | |
| --- | --- | --- |
| 地震烈度 | 7 | 8 |
| 震陷估算值/mm | ≤30 | ≤150 |

③当软土厚度和承载力特征值与规定的地基土条件不符合时，可按实际条件变化的大小、建筑性质和结构类型，适当减小震陷值，当条件都不相符时，可不考虑震陷对建筑的影响。

软土地基抗震措施应符合下列要求。

①采用桩基、挖除全部软土或其他地基加固方法。

②选择合适的基础埋置深度，可以减轻基础荷载，调整基础底面积，减少基础偏心，并加强基础的整体性和刚性。

③增加上部结构的整体刚度和对称性、合理设置沉降缝，预留结构净空，避免采用对不均匀沉降敏感的结构形式。

### 5.2.5　活动断裂

1. 概述

抗震设防烈度等于或大于 7 度的重大工程场地应进行活动断裂（以下简称断裂）勘察。断裂勘察应查明断裂的位置和类型，分析其活动性和地震效应。评价断裂对工程建设可能产生的影响，并提出相应的处理方案。

对核电厂的断裂勘察，应按核安全法规和导则进行专门研究。

2. 断裂的地震工程分类

（1）全新活动断裂

①定义。

在全新地质时期（一万年）内有过地震活动或近期正在活动，今后100年可能继续活动的断裂叫作全新活动断裂。

②全新活动断裂的分级。

根据全新活动断裂的活动时间、活动速率及地震强度等因素可按表5-12划分为强烈全新活动断裂、中等全新活动断裂和微弱全新活动断裂。

表5-12　全新活动断裂分级

| 断裂分级 | | 活动性 | 平均活动速率 $v$（mm/a） | 历史地震震级 $M$ |
|---|---|---|---|---|
| Ⅰ | 强烈全新活动断裂 | 中晚更新世以来有活动，全新世以来活动强烈 | $V>1$ | $M \geqslant 7$ |
| Ⅱ | 中等全新活动断裂 | 中晚更新世以来有活动，全新世以来活动较强烈 | $1 \geqslant v \geqslant 0.1$ | $7>M \geqslant 6$ |
| Ⅲ | 微弱全新活动断裂 | 全新世以来有微弱活动 | $v<0.1$ | $M<6$ |

（2）发震断裂

全新活动断裂中，近期（近500年来）发生过地震且震级 $M \geqslant 5$ 的断裂，或在今后100年内，可能发生震级 $M \geqslant 5$ 级的断裂，可定为发震断裂。

（3）非全新活动断裂

一万年以前活动过，一万年以来没有发生过活动的断裂称为非全新活动断裂。

（4）地裂

地裂可以分为构造性地裂和重力性（非构造性）地裂。

①构造性地裂。

强烈地震作用下，震中区地面可能出现以水平位错为主的构造性破裂。它是强烈地震动和断裂位错应力引起的，与发震断裂走向吻合，但不与其连通的地裂。

②重力性（非构造性）地裂。

地基土地震液化、滑移、地下水位下降造成地面沉降等在地面形成沿重力方向产生的无水平位错的张性地裂缝。

3. 断裂勘察与分析

断裂勘察应收集和分析有关文献档案资料，包括卫星、航空照片、区域构造地质、强震震中分布、地应力和地应变、历史和近期地震等。

断裂勘察的主要手段之一是工程地质测绘，断裂勘察工程地质测绘和调查，除符合一般要求外，还应包括下列内容。

（1）地形地貌特征

山区或高原不断上升剥蚀或有长距离的平滑分界线；非岩性影响的陡坡、峭壁，深切的直线形河谷，一系列滑坡、崩塌和山前叠置的洪积扇；定向断续线形分布的残丘、洼地、沼泽、芦苇地、盐碱地、湖泊、跌水、泉、温泉等；水系定向展布或同向扭曲错动等。

（2）地质特征

近期断裂活动留下的第四系错动，地下水和植被的特征；断层带的破碎和胶结特征等；深色物质宜用放射性碳14法，非深色物质宜采用热释光法或铀系法，测定已错断层和未错断层位的地质年龄，并确定断裂活动的最新时限。

（3）地震特征

与地震有关的断层、地裂缝、崩塌、滑坡、地震湖、河流改道和砂土液化等。

活动断裂的勘察和评价是重大工程在选址时应进行的一项重要工作。断裂勘察的主要研究问题是断裂的活动性和地震，断裂只有在地震作用下才会对场地稳定性产生影响。

在可行性研究勘察时，应建议避让全新活动断裂。避让距离应根据断裂的等级、规模、性质、覆盖层厚度、地震烈度等因素，综合确定。非全新活动断裂可不采取避让措施，但当浅埋且破碎带发育时，可按不均匀地基处理。

# 第6章 地基与基础工程设计

万丈高楼平地起，所有建筑物均以地球为依托，即无论建筑物的使用要求、荷载条件如何，其荷载最后总是由其下的地层来承担。凡是因建筑物荷载作用而产生应力与变形的岩土体，统称为地基；将建筑物荷载传递给地基的地下结构部分称为基础，如图6-1所示。基础埋藏于地面之下，支承上部结构自重以及作用于建筑物上的各种荷载，并将荷载扩散传递给持力层和下卧层，起到承上启下的作用。

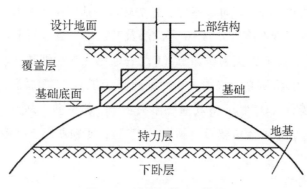

图6-1 地基与基础示意图

## 6.1 地基与基础方案论证分析

目前有很多学者做了大量的研究工作，进行地基与基础方案的分析和论证。屈伟等以岩溶地区某高层建筑物为例，通过计算论证了采用天然地基的可能性，并通过有限元程序对其进行了数值模拟分析，结果表明该项目各项测试指标均可以满足设计要求，采用天然地基是完全可行的。马记等以广西南宁一高层为例，详细介绍了基础方案分析和评价的基本方法，明确了天然地基土的评价方法，特别是在地基土条件不是太好时，应对采用天然地基的可能性，从其强度、均匀性、变形等各方面逐一进行评价。姜文富以位于济南黄河冲积平原区的某拟建高层住宅楼为研究对象，详细分析勘察取得的土层物理力学参数和建筑设计要求的基础上，通过规范公式计算和工程经验分析，评价各类地基与基础方案的适用性，确定CFG（cement fly-ash gravel，水泥粉煤灰碎石桩）桩复合地基和预应力混凝土空心管桩为较适宜的方案。刘长青通过石景山区鲁谷—八宝山一带的两个岩土工程勘察实例，针对具体的设计条件、工程地质条件及水文地质条件，分别采用局部人工换填褥垫层+天然地基方案和天然地基+复合地基方案对这两个工程进行地基处理，基槽开挖阶段，进一步确定了地基处理范围。这些研究人员提出的合理建议，使工程造价有所降低、施工

151

速度有所加快，带来了很大的效益。

下文结合济南市济阳区的地质条件，利用准确的现场地层记录、原位测试和室内土工试验，查明建筑场地各岩土层的成因、时代、地层结构和均匀性以及特殊性岩土的性质，尤其应查明基础下软弱和坚硬地层分布，以及各岩土层的物理力学性质，然后评价场地地基的稳定性和适宜性。最后，分析和论证地基基础形式的可能性，计算地基变形的参数，预测建筑物的变形特征，以及对基坑工程的设计、施工方案提出建议。

该工程位于济南市济阳区，同德街北侧，磊鑫路东侧。

### 6.1.1 岩土工程分析与评价

#### 1. 岩土层及场地地震效应评价

（1）岩土层

勘区第四系地貌单元属黄河冲积平原，地势较低，地形比较平坦。在钻探深度范围内地层按其沉积年代及工程性质可分为 10 个大层及其亚层，自上而下：①素填土（$Q_4^{2ml}$）；②黏土夹粉土（$Q_4^{al}$）；③粉土夹粉质黏土（$Q_4^{al}$）；④黏土夹粉细砂（$Q_4^{al}$）；⑤黏土夹粉质黏土、粉土（$Q_4^{al}$）；⑥粉质黏土夹粉土、粉细砂（$Q_4^{al+pl}$）；⑦粉质黏土夹粉土、粉细砂、黏土、粉质黏土混姜石（$Q_4^{al+pl}$）；⑧粉质黏土夹粉土、粉细砂、黏土（$Q_4^{al+pl}$）；⑨粉质黏土夹粉土、粉细砂、粉质黏土混姜石、黏土（$Q_3^{al+pl}$）；⑩粉质黏土夹粉土、粉细砂、黏土（$Q_3^{al+pl}$）。

（2）地基液化等级

拟建场地在 20m 深度范围内分布第②$_1$ 粉土、第③粉土、第④$_1$ 粉细砂、第⑤$_2$ 粉土、第⑥$_1$ 粉土、第⑥$_2$ 粉细砂、第⑦$_1$ 粉土以及第⑦$_2$ 粉细砂，需对地表下 20m 深度范围内饱和粉土进行液化判别。

根据《建筑抗震设计规范》（GB 50011—2010，2016 年版）规定，按式（6.1）综合划分地基的液化等级。

$$I_{IE} = \sum_i^n \left(1 - \frac{N_i}{N_{cri}}\right) d_i W_i \qquad (6.1)$$

式中：$I_{IE}$ 为液化指数；$n$、$i$ 为在判别深度范围内每一个钻孔标准贯入试验点的总数；$N_i$、$N_{cri}$ 分别为 $i$ 点标准贯入锤击数的实测值和临界值；当只需要判别 15 m 范围内的液化时，15 m 以下的实测值可按临界值采用；$d_i$ 为 $i$ 点所代表的土层厚度，m，可采用标准贯入试验点相邻的上、下两标准贯入试验点深度差的一半，但上界不高于地下水位深度，下界不深于液化深度；$W_i$ 为 $i$ 土层单位土层厚度的层位影响权函数值，$\mathrm{m}^{-1}$，当该层中点深度不大于 5 m 时应采用 10，等于 20 m 时应采用零值，5~20 m 时应按线性内插法取值。

计算得地基液化指数为 0.39~4.70，地基的液化等级为轻微。拟建物建筑抗震设防类别为乙类，建议采取基础和上部结构处理，或部分消除液化沉陷的措施。

（3）不良地质作用及场地的稳定性、适宜性

场地地形开阔平坦，不存在对设计地震动参数可能产生放大作用的特殊地形。场地内无崩塌、滑坡、泥石流、地下采空区等不良地质作用。饱和粉（砂）土地基的液化等级为轻微。场地内未发现影响场地稳定性的其他不良地质作用。本建筑场地为对建筑抗震不利的地段，场地稳定性差，工程建设适宜性差。

2. 岩土工程分析与评价

（1）场地工程地质条件评价

根据钻孔资料显示，场地内表层填土以下主要为粉土、黏性土及砂土。各岩土层工程地质特征如下。

上部的第②~⑤层为全新统（$Q_4$）冲积成因的粉土、黏性土、砂土，沉积年代较近，地基承载力相对较低，压缩性中等~较高，可作为一般建筑物的地基持力层。

中部的第⑥~⑧层为冲洪积成因的黏性土、粉土、砂土，黏性土为可塑~硬塑（第⑥层粉质黏土为可塑~软塑），粉土、砂土为中密~密实，土的性质较好，压缩性中等。第⑥$_2$层粉细砂、⑦$_2$粉细砂、⑧$_2$粉细砂局部呈层状分布，预制桩施工有一定困难。

下部的第⑨⑩层为冲洪积成因的黏性土、粉土、砂土，黏性土为可塑~硬塑，粉土、砂土为中密~密实，土的性质良好，压缩性中等~较低，可作为桩基持力层。

（2）特殊性土评价

场地内所揭露的特殊性土为素填土，素填土主要为种植土，厚度较薄，堆积时间 5~10 年。填土堆积时间较短，结构松散，属欠固结土，未经有效处理不宜直接作为地基持力层。

（3）地基稳定性与均匀性评价

各岩土层的地基承载力特征值、压缩模量及桩基参数主要根据室内土工试验及现场原位测试结果，依据有关规定并结合工程经验综合分析确定。

## 6.1.2 地基基础方案论证

1. 建筑物抗浮稳定性评价

本工程抗浮设防水位标高为 19.500 m。根据岩土工程勘察任务委托书及设计单位提供的信息，拟建地下车库基底标高 14.370~15.670 m。地下车库底板受到的地下水浮力 38~52 kPa，纯地下车库处建筑物荷重及上覆土重暂按 35 kPa 考虑；拟建 S1~S4 商业楼及配套公建处地下车库，建筑物荷重及上覆土重按 50 kPa 考虑；拟建 S5~S8 商业楼处地下车库，建筑物荷重及上覆土重按 60 kPa 考虑。根据基础抗浮的要求，经估算拟建 S5~S8 商业楼处地下车库满足抗浮稳定性要求，纯地下车库、S1~S4 商业楼及配套公建处地下车库不满足抗浮稳定性要求，可采用增加配重、抗浮锚杆或抗浮桩进行处理。

拟建高层住宅楼荷载远大于地下水浮力，满足抗浮稳定性要求。

拟建幼儿园基底位于抗浮设防水位之上，可不考虑地下水对建筑物的浮力。

## 2. 天然地基方案评价与论证

拟建地下车库基底标高 14.370~15.670 m，基底下土层主要为第③层粉土，局部为第④层黏土，建议采用天然地基、筏板基础，以基底以下的第③层粉土、局部以第④层黏土作为地基持力层；拟建商业楼及配套公建位于地下车库之上，其基础方案同地下车库。

拟建停车桥基底标高 17.800 m，基底下土层为第②层黏土和第②$_1$层粉土，建议采用天然地基、独立基础，以第②层黏土和第②$_1$层粉土作为地基持力层。

拟建幼儿园基底标高 20.000 m，需进行填方，建议采用换填垫层地基处理法，筏板基础，以处理后的土层作为地基持力层。换填垫层的承载力宜通过现场静荷载试验确定。处理地基上的建筑物在施工期间及使用期间应进行沉降观测，直至沉降达到稳定为止。

## 3. 桩基础方案论证

（1）泥浆护壁钻孔灌注桩方案

拟建高层住宅楼为地上 30~34 层高层建筑物，基础压力为 505~550 kPa。高层住宅楼其天然地基承载力难以满足上部荷载要求，结合地层结构及建筑物荷载情况，建议高层住宅楼采用钻孔灌注桩方案，以第⑨层粉质黏土、第⑨$_1$粉土作为桩端持力层。如上部荷载对单桩承载力要求较高，考虑方便布桩，减小钻孔灌注桩桩底沉渣引起的桩基沉降等因素，可采取后注浆灌注桩。建议采用桩端、桩侧全断面注浆工艺。

桩端全断面进入持力层的深度不宜小于两倍桩径，当存在软弱下卧层时，桩端以下硬持力层厚度不应小于三倍桩径。因场地存在液化土层（③，④$_1$，⑤$_2$），建议设计单位进行单桩竖向极限承载力标准值计算时根据规范要求对液化土层的侧阻力进行折减，第③层粉土折减系数取值为 0，第④$_1$层、第⑤$_2$层折减系数取值为 1/3。

根据工程地质剖面图及建筑物基础埋深情况，预计桩顶标高、桩底标高、桩长、桩端持力层、单桩竖向极限承载力标准值初步估算值如表 6-1 所示。

表 6-1 相关初步估算值

| 指标楼号 | 桩顶标高/m | 桩底标高/m | 桩长/m | 试算桩号 | 桩端持力层 | 单桩竖向极限承载力标准值 $Q_{uk}$/kN | |
|---|---|---|---|---|---|---|---|
| | | | | | | 钻孔灌注桩 | 后注浆灌注桩 |
| 1 号 | 14.87 | -35.130 | 50 | A23 | ⑨ | 5 862 | 8 207 |
| | | | | A28 | | 5 794 | 8 076 |
| 2 号 | 14.67 | -35.330 | 50 | A47 | ⑨ | 5 652 | 8 484 |
| | | | | A52 | ⑨ | 5 724 | 8 420 |
| 3 号 | 15.37 | -34.630 | 50 | A16 | ⑨ | 5 805 | 8 528 |
| | | | | A19 | ⑨ | 5 753 | 8 503 |
| 5 号 | 15.17 | -34.830 | 50 | A40 | ⑨ | 5 692 | 8 375 |
| | | | | A43 | ⑨ | 5 720 | 8 389 |

| 指标楼号 | 桩顶标高/m | 桩底标高/m | 桩长/m | 试算桩号 | 桩端持力层 | 单桩竖向极限承载力标准值 $Q_{uk}$/kN | |
|---|---|---|---|---|---|---|---|
| | | | | | | 钻孔灌注桩 | 后注浆灌注桩 |
| 6 号 | 14.87 | -35.130 | 50 | A104 | ⑨ | 5 817 | 8 329 |
| | | | | A108 | ⑨ | 5 476 | 8 330 |
| 7 号 | 14.37 | -35.630 | 50 | A154 | ⑨ | 5 888 | 8 338 |
| | | | | A157 | ⑨ | 5 753 | 8 377 |
| 8 号 | 15.67 | -34.330 | 50 | A3 | ⑨ | 5 632 | 8 041 |
| | | | | A9 | ⑨ | 5 523 | 8 180 |
| 9 号 | 15.37 | -34.630 | 50 | A32 | ⑨₁ | 5 752 | 8 496 |
| | | | | A36 | ⑨ | 5 763 | 8 088 |
| 10 号 | 15.17 | -34.83 | 50 | A97 | ⑨₁ | 5 514 | 8 326 |
| | | | | A103 | ⑨ | 5 567 | 8 178 |
| 11 号 | 14.87 | -35.130 | 50 | A148 | ⑨₁ | 5 670 | 8 650 |
| | | | | A151 | ⑨ | 5 536 | 8 376 |

（2）成桩可行性及其对环境的影响

由于场地内分布的各层粉土、砂土等的自稳能力差，易发生孔壁坍塌现象，所以应采取可靠的成孔成桩工艺、施工措施和护壁方法，保证成孔与成桩的质量。拟建场地邻近学校和小区，施工时应注意控制噪声及泥浆的排放和清运，减少对学校和居民生活的影响，以及对环境的污染。

（3）地下水对桩基设计和施工的影响

场地内地下水类型为第四系孔隙潜水，对桩基的设计与施工影响较小；地下水对桩基混凝土具微腐蚀性，对桩基钢筋混凝土结构中的钢筋在干湿交替和长期浸水时具微腐蚀性。

（4）对桩基设计与施工的建议

根据其工程地质剖面图所揭示的地层结构，进一步合理选择桩型、桩端持力层及桩的入土深度，根据上部荷载进一步确定实际桩长及桩截面尺寸，进一步对其单桩竖向极限承载力标准值及桩基变形进行验算。

单桩竖向极限承载力标准值应通过桩基静荷载试验检验确定，并进行桩身质量检验。

（5）建筑物变形特征预测

拟建高层住宅楼采用桩基础方案，桩端持力层为中低压缩性土，其沉降较小。

地基基础设计等级为甲级的建筑物在施工期间及使用期间应进行沉降变形观测。

### 6.1.3 基坑边坡支护方案及地下水控制

#### 1. 基坑工程安全等级

本工程基坑开挖深度在现地表下 2.2~5.6 m，地下水埋藏较浅，最大降深约 4 m，基坑西侧距大寺河约 45 m，基坑南侧距离现状同德路约 15.0 m，基坑东侧及北侧为农田及大棚等，场地周边环境简单，场地工程水文地质条件较复杂，拟建基坑工程安全等级为二至三级。

#### 2. 基坑边坡支护方案及地下水控制

本工程基坑最大开挖深度在现地表下约 5.6 m，基坑范围内土层力学性质较差，地下水埋藏较浅，存在基坑坍塌和涌水的风险。

开挖深度超过 3 m 的基坑的土方开挖、支护属危险性较大的分部分项工程，施工单位应在危大工程施工前编制专项施工方案；当挖深较大时，应进行专项支护设计及专家评审，以保证工程安全。

## 6.2 地基处理设计

地基处理是指为提高地基强度，改善其变形性质或渗透性质而采取的技术措施。在土木工程建设领域中，与上部结构比较，地基领域中不确定性因素多，问题复杂，难度大。地基问题处理不好，后果严重。据相关调查统计，在世界各国发生的岩土工程建设中的工程事故，源自地基问题的占多数。因此，处理好地基问题，关系所建工程的可靠。

### 6.2.1 人工地基处理方法

#### 1. 换填垫层法

（1）适用情况

换填垫层适用于浅层软弱土层或不均匀土层的地基处理。所谓浅层一般指处理深度不超过地面以下 5 m 范围内，换填垫层一般换填厚度在 3 m 以内；所谓软弱地基主要是指由淤泥、淤泥质土、冲填土、杂填土或其他高压缩性土层构成的地基。

利用基坑开挖、分层换土回填并夯实，也可处理较深的软弱土层，但常因地下水位高而需要采用降水措施，或因开挖深度大而需要坑壁放坡占地面积大，施工土方量大，弃土多，或需要基坑支护等，使处理费用增加、工期延长。因而换填垫层法一般只用于处理深度不大的各类软弱土层。

当软弱土地基承载力的稳定性和变形不能满足建筑物（或构筑物）的要求，而软弱土层的厚度又不是很大时，采用换填垫层法能取得较好的效果。对于轻型建筑，采用换填垫层处理局部软弱土时，由于建筑物基础底面的基底压力不大，通过垫层传递到下卧层的附加压力很小，一般也可取得较好的经济效益。但对于上部结构刚度较差，体型复杂，荷载较大的建筑，在软弱土层较厚的情况下，采用换填垫层仅进行局部软弱土层处理时，虽然可提高持力层的承载力，但是由于传递下卧层的附加压力较大，下卧软弱土层在荷载作用下的长期变形可能依然很大，地基仍可能产生较大的变形及不均匀变形，因此一般不可采用该方法进行地基处理。

（2）设计内容

换填垫层法设计内容包括垫层材料的选用、垫层范围设计、垫层厚度的确定等内容。

①垫层材料的选用。

a）砂石。宜选用碎石、卵石、角砾、圆砾、砾砂、粗砂、中砂或石屑，应级配良好，不含植物残体、垃圾等杂质。当使用粉细砂或石粉时，应掺入不少于总重30%的碎石或卵石。砂石的最大粒径不宜大于50 mm。对湿陷性黄土地基，不得选用砂石等透水材料。

b）粉质黏土。土料中有机质含量不得超过5%，亦不得含有冻土或膨胀土。当含有碎石时，其粒径不宜大于50 mm。用于湿陷性黄土或膨胀土地基的粉质黏土垫层，土料中不得夹有砖、瓦和石块。

c）灰土。体积配合比宜为2：8或3：7。土料宜用粉质黏土，不宜使用块状黏土和砂质粉土，不得含有松软杂质，并应过筛，其颗粒不得大于15 mm。石灰宜用新鲜的消石灰，其颗粒不得大于5 mm。

d）粉煤灰。可用于道路、堆场和小型建筑等的换填垫层。粉煤灰垫层上宜覆土0.3~0.5 m，粉煤灰垫层中采用掺加剂时，应通过试验确定其性能及适用条件。作为建筑物地基垫层的粉煤灰应符合有关建筑材料标准要求。粉煤灰垫层中的金属构件、管网宜采取适当防腐措施。大量填筑粉煤灰时应考虑对地下水和土壤的环境影响。

e）矿渣。垫层使用的矿渣是指高炉重矿渣，可分为分级矿渣、混合矿渣及原状矿渣。矿渣垫层主要用于堆场、道路和地坪，也可用于小型建筑地基。选用矿渣的松散重度不小于11 kN/m³，有机质及含泥总量不超过5%。设计、施工前必须对选用的矿渣进行试验，在确认其性能稳定并符合安全规定后方可使用。作为建筑物垫层的矿渣应符合对放射性安全标准的要求。易受酸、碱影响的基础或地下管网不得采用矿渣垫层。大量填筑矿渣时，应考虑对地下水和土壤的环境影响。

f）其他工业废渣。在有充分依据或成功经验时，也可采用质地坚硬、性能稳定、透水性强、无腐蚀性的其他工业废渣材料，但必须经过现场试验证明其经济效果良好及施工措施完善方能应用。

g）土工合成材料。加筋垫层所用土工合成材料的品种与性能及填料的土类应根据工程特性和地基土条件，按照现行国家标准《土工合成材料应用技术规范》（GB/T 50290—2014）的要求，通过现场试验后确定其适用性。作为加筋的土工合成材料应采用抗拉强度较高，受力时伸长率为4%~5%，耐久性好、抗腐蚀的土工格栅、土工格室、土工垫或土工织物等土工合成材料；垫层填料宜用碎石、角砾、砾砂、粗砂、中砂或粉质黏土等材料。当工程要求垫层具有排水功能时，垫层材料应具有良好的透水性。在软土地基上使用加筋垫层时，应满足建筑物稳定性和变形的要求。

②垫层范围设计

垫层铺设范围应满足基础底面压力扩散的要求。垫层铺设宽度 $B$ 可根据当地经验确定。对于条形基础，相关计算如式（6.2）所示。

$$b' \geq b + 2z\tan\theta \tag{6.2}$$

式中：$b'$ 为垫层底面宽度，m；$b$ 为基础底面宽度，m；$z$ 为基础底面下垫层的厚度；$\theta$ 为压力扩散角。

整片垫层的铺设宽度可根据施工的要求适当加宽。垫层顶面每边宜超出基础底边不小于 300 mm，或从垫层底面两侧向上，按当地开挖基坑经验放坡。

③垫层厚度的确定

垫层的厚度应根据须置换软弱土的深度或下卧土层的承载力确定，相关要求如式（6.3）所示。

$$p_x + p_{cx} \leq f_{ax} \tag{6.3}$$

式中：$p_x$ 为相应于荷载效应标准组合时，垫层底面处的附加压力值，kPa；$p_{cx}$ 为垫层底面处土的自重应力值，kPa；$f_{ax}$ 为垫层底面处经深度修正后的地基承载力特征值，kPa。

条形基础和矩形基础的垫层底面处的附加压力值 $p_x$ 计算分别如式（6.4）、式（6.5）所示。

$$p_x = \frac{b(p_k - p_c)}{b + 2z\tan\theta} \tag{6.4}$$

$$p_x = \frac{b(p_k - p_c)}{(b + 2z\tan\theta)(l + 2z\tan\theta)} \tag{6.5}$$

式中：$l$ 为矩形基础底面的长度，m；$p_k$ 为相应于荷载效应标准组合时，基础底面处的平均压力值，kPa；$p_c$ 为基础底面处土的自重压力值，kPa；其余符号意义同前。

**2. 排水固结法**

（1）排水固结法要解决的问题

排水固结法是处理软黏土地基的有效方法之一，是一种或先在地基中设置砂井、塑料排水带等竖向排水体，然后利用建筑物本身重量分级逐渐加载；或是在建筑建造以前，在场地先行加载预压，使土体中的孔隙水排出，逐渐固结，地基发生沉降，同时强度逐步提高的方法。排水固结法要解决的问题如下。

①沉降问题。

地基的沉降在加载预压期间大部分或基本完成，建筑物在使用期间不致产生不利的沉降和沉降差。

②稳定问题。

加速地基土的抗剪强度的增长，从而提高地基的承载力和稳定性。

（2）排水固结法的种类

根据排水系统和加压系统的不同，排水固结法可分为堆载预压法、砂井（包括袋装砂井、塑料排水板等）堆载预压法、真空预压法、降低地下水位法和电渗排水法。

堆载预压法的排水系统以天然地基土层本身为主，而砂井堆载预压法在天然地基中还人为地增设了诸如砂井等排水系统。堆载预压法主要用于处理淤泥质土、淤泥和冲填土等饱和黏性土地基，而砂井堆载预压法特别适用于存在连续薄砂层的地基。真空预压法适用于能在加固区形成稳定负压边界条件的软土地基。真空预压法、降低地下水位法和电渗排水法都适用于加固很软弱的软土地基。下文以堆载预压法为例，对排水固结法设计计算进行阐述。

（3）堆载预压法设计计算

堆载预压法主要是使地基产生变形，地基土强度提高，卸去预压荷载后再建造建筑，完工后沉降小，地基承载力也得到提高。加载预压有时也利用建筑物自重进行。当天然地基土体渗透性较小时，为了缩短土体排水固结排水距离，加速土体固结，在地基中设置竖向排水通道，常用形式有普通砂井、袋装砂井、塑料排水带等。当采用竖向排水通道时，也有人将其分别称为砂井法、袋装砂井法、塑料排水带法等。适用于软黏土、粉土、杂填土、充填土、泥炭土地基等。

堆载预压处理地基的设计计算内容应包括排水砂井、排水砂垫层、固结度计算和总沉降量计算。

①排水砂井。

a）砂井直径。

普通砂井直径可取 300~500 mm。直径越小，越经济，但要防止颈缩；袋装砂井直径可取 70~120 mm；塑料排水带的当量换算直径 $d_p$ 计算如式（6.6）所示。

$$d_p = \frac{2(b + \delta)}{\pi} \tag{6.6}$$

式中：$b$ 为塑料排水带宽度，mm；$\delta$ 为塑料排水带厚度，mm。

b）砂井的平面布置。

可采用等边三角形或正方形排列，当为等边三角形布置时 $d_e = 1.05l$；当为正方形布置时 $d_e = 1.13l$。其中，$d_e$ 为一口砂井的有效排水圆柱体的直径，mm；$l$ 为砂井的间距，mm。

c）砂井的间距、砂井直径。

根据地基土的固结特性和预定时间内所要求达到的固结度确定。通常按井径比 $n = d_e/d_w$ 确定（$d_w$ 为竖井直径，对塑料排水带可取 $d_w = d_p$）。普通砂井的间距，按 $n = 6~8$ 选用；袋装砂井或塑料排水带的间距，按 $n = 15~22$ 选用。

d）砂井的深度。

根据建筑物对地基的稳定性，变形要求和工期确定；对以地基抗滑稳定性控制的工程，竖井深度至少应超过最危险滑动面 2.0 m；对以变形控制的建筑，竖井深度应根据在限定的预压时间内需完成的变形量来确定。竖井宜穿透受压土层。

e）砂井的材料。

宜用中粗砂，含泥量应小于 3%。

f）灌砂量。

砂井施工时，砂井的灌砂量按中密状态干密度计算砂井体积，实际灌砂量不得小于计算值的 95%。袋装砂井应用干砂灌实，袋口扎紧；底部置于设计深度，顶面高出孔口 200 mm，以便埋入砂垫层中。袋装砂井施工用钢管内径宜略大于砂井直径，以减小施工过程中对地基土的扰动。

②排水砂垫层。

预压法处理地基必须在地表铺设排水砂垫层，厚度宜大于 400 mm，并设置相连的排水盲沟，把地基中排出的水引出预压区。砂垫层砂料宜用中粗砂，含泥量应小于 5%，砂垫层的干密度为 1 500 kg/m³。堆载预压法是以事先完成的沉降和由于固结使地基强度增加两个要素为目标的，这种加固方法成立的背景，是以具有饱和黏性土地基由于固结而增加强度，以及所谓一旦地基固结沉降，即使卸掉荷载实际上也不恢复原来状态这两种条件构成的。

③固结度计算。

一级或多级等速加载条件下，当固结时间为 $t$ 时，对应总荷载的地基平均固结度计算如式（6.7）所示。

$$\overline{U}_t = \sum_{i=1}^{n} \frac{\dot{q}_i}{\sum \Delta p}\left[\,(T_i - T_{i-1}) - \frac{\alpha}{\beta}e^{-\beta t}\,(e^{\beta T_i} - e^{\beta T_{i-1}})\,\right] \tag{6.7}$$

式中：$\overline{U}_t$ 为 $t$ 时间地基的平均固结度；$\dot{q}_i$ 为第 $i$ 级荷载的加载速率，kPa/d；$\Delta p$ 为各级荷载的累加值，kPa；$T_i$、$T_{i-1}$ 分别为第 $i$ 级荷载加载的起始和终止时间（从零点起算），d；$\alpha$、$\beta$ 为参数；$n$、$t$ 为时间，d；$i$ 为荷载级别。

④总沉降量计算。

总沉降量 $S$ 的计算如式（6.8）所示。

$$S = S_d + S_e + S_s \tag{6.8}$$

式中：$S_d$、$S_e$、$S_s$ 分别为瞬时沉降、主固结沉降和次固结沉降。

若忽略次固结沉降，则 $S$ 的计算如式（6.9）所示。

$$S = \xi \sum_{i=1}^{n} \frac{e_{0i} - e_{1i}}{1 + e_{0i}}h_i \tag{6.9}$$

式中：$\xi$ 为经验系数，堆载预压时正常固结饱和黏性土取 1.1~1.4，荷载大地基土较软弱时取最大值，否则取最小值；真空预压法取 1.0~1.3，真空堆载联合预压法时取 1.0~1.3；$e_{0i}$ 为第 $i$ 层中点土自重应力所对应的空隙比；$e_{1i}$ 为第 $i$ 层中点土自重应力与附加应力之和所对应的空隙比；$h_i$ 为第 $i$ 层土层厚度，m；其余符号意义同前。

预压期间沉降量 $S$ 的计算如式（6.10）所示。

$$S = U_t S_t \tag{6.10}$$

式中：$S_t$ 为压缩固结沉降量，m；$U_t$ 为地基平均固结度，在竖向排水情况下，采用太沙基固结理论计算，对于布置竖向排水体的地基，采用砂井固结理论计算。

### 3. 强夯法

强夯法（强夯置换法）又称动力固结法。用强夯法处理的地基即为夯实地基，即反复将夯锤提到高处使其自由落下，给地基以冲击和振动能量，将地基土层夯实的处理方法。

强夯法适用于处理碎石土、砂土、低饱和度的粉土与黏性土、湿陷性黄土、素填土和杂填土等地基。强夯法适用于高饱和度的粉土与软塑至流塑的黏性土等地基上对变形控制要求不严的工程。

（1）加固作用

夯锤自由下落产生巨大的强夯冲击能量，使土中产生很大的应力和冲击波，致使土中孔隙压缩，土体局部液化，夯击点周围一定深度内产生裂隙，形成良好的排水通道，使土中的孔隙水（气）溢出、土体固结，从而降低土的压缩性，提高地基的承载力。据资料显示，经过强夯的土黏性大，其承载力可增加 100%~300%，粉砂可增加 40%，砂土可增加 200%~400%。强夯法加固土体的主要作用如下。

①密实作用。

强夯产生的冲击波作用破坏了土体的原有结构，改变了土体中各类孔隙的分布状态及相对含量，使土体得到密实。另外，土体中多含有以微气泡形式出现的气体，其含量为1%~4%，实测资料表明，夯击使孔隙水和气体的体积减小，土体得到密实。

②局部液化作用。

在夯锤反复作用下，饱和土中将引起很大的超孔隙水压力，随着夯击次数的增加，超孔隙水压也不断提高，致使土中有效应力减小。当土中某点的超孔隙水压力等于上覆的土压力，土中的有效应力完全消失，土的抗剪强度降为零，土体达到局部液化。

③固结作用。

强夯时在地基中产生的超孔隙水压力大于土粒间的侧向压力时，土粒间便会出现裂隙，形成排水通道，增大了土的渗透性，孔隙水得以顺利排出，加速了土的固结。

④触变恢复作用。

经过一定时间后，由于土颗粒重新紧密接触，自由水又重新被土颗粒吸附而变成结合水，土体又恢复并达到更高的强度，即饱和软土的触变恢复作用。

⑤置换作用。

利用强夯的冲击力，强行将碎石、石块等挤填到饱和软土层中，置换原饱和软土，形成桩柱或密实砂石层，与此同时，该密实砂石还可作为下卧软弱土的良好排水通道，加速下卧层土的排水固结，从而使地基承载力提高，沉降减小。

（2）设计要点

强夯法设计的主要参数：有效加固深度、单击夯击能、夯击次数、夯击遍数、间隔时间、夯击点布置及处理范围等。

①有效加固深度。

强夯法的有效加固深度影响因素很多，有锤重、锤底面积和落距、地基土层性质分布、地下水位以及其他有关设计参数等。强夯法的有效加固深度应根据现场试夯或当地经验确定。估算如式（6.11）所示。

$$H = K\sqrt{\frac{Wh}{10}} \tag{6.11}$$

式中：$H$ 为有效加固深度，m；$K$ 为修正系数，与土质条件、地下水位、夯击能大小、夯锤底面积等因素有关，其范围值一般为 0.34~0.8，应根据现场试夯结果确定；$W$ 为锤重，kN；$h$ 为落距，m。

②单击夯击能。

单击夯击能是表示每击能量大小的参数，其值等于锤重和落距的乘积。我国采用的最大单击夯击能为 800 kN·m，国际上曾经用过的最大单击夯击能为 5 000 kN·m，加固深度达 40 m。单位夯击能指单位面积上所施加的总夯击能。根据我国的工程实践，一般情况下，对于粗颗粒土单位夯击能可取 1 000~3 000 kN·m/m²，细颗粒土为 1 500~4 000 kN·m/m²。

③夯击次数。

不同地基土夯击次数也应不同，一般应通过现场试夯确定。以夯坑的压缩量最大、夯坑周围隆起量最小为原则，可由现场试夯得到的锤击数和夯沉量关系曲线确定。但要满足最后夯击的平均夯沉量不大于 50 mm，当单击夯击能较大时不大于 100 mm，且夯坑周围地面不发生过大的隆起。此外还要考虑施工方便，不能因夯坑过深而发生起锤困难的情况。

④夯击遍数与间隔时间。

夯击遍数应根据地基土的性质来确定。一般来说，由粗颗粒土组成的渗透性强的地基，夯击遍数可少些；由细颗粒土组成的渗透性低的地基，夯击遍数要求多些。根据我国工程实践，一般情况下，采用夯击遍数 2~3 遍，最后再以低能量满夯一遍。两遍夯击之间有一定的时间间隔，以利于土中超静水压力的消散，所以间隔时间取决于超静孔隙水压力的消散时间。当缺少实测资料时，可按 3~7 d 考虑（适应条件：饱和软黏土地基中夹有多层粉砂或采用在夯坑中回填块石、碎砾石、卵石等粒料进行强夯置换时）。对于渗透性较差的黏性土，地基的间隔时间应为 3~4 周；对于渗透性好的地基则可连续夯击。

⑤夯击点布置及处理范围。

夯击点布置可根据建筑结构类型，采用等边三角形或正方形布点，间距以 5~7 m 为宜。对于某些基础面积较大的建筑，可按等边三角形或正方形布置夯点；对于办公楼、住宅建筑来说，则承重墙及纵墙和横墙交接处墙基下均有夯击点；对于工业厂房来说也可按柱网设置夯击点。夯击点间距一般根据地基土的性质和要求加固的深度而定。根据国内经验，第一遍夯击时夯击点间距为 5~7 m，以后各遍夯击点间距可与第一遍相同，也可适当减小。对要求加固深度较深或单击夯击能较大的过程，第一遍时夯击点间距宜适当增大。强夯法处理范围应大于建筑物基础范围，具体放大范围可根据建筑结构类型和重要性等因素综合考虑确定。对于一般建筑物，每边超出基础外缘宽度宜为设计处理深度的 1/2～2/3，并不宜小于 3 m。

### 6.2.2　复合地基处理设计

#### 1. 复合地基的基本特点

复合地基是指天然地基在地基处理工程中部分土体得到增强，或被置换，或在天然地基中设置加筋材料，加固区是由基体（天然地基土体）和增强体两部分组成的人工地基。根据增强体的性质和布置方向，又可将复合地基进一步分为竖向增强体和水平向增强体。竖向增强体包括柔性桩（散体材料桩）复合地基以及半刚性桩（水泥搅拌桩）复合地基。水平向增强体即加筋体复合地基。复合地基的基本特点如下。

①复合地基是由基体（天然地基土体）和增强体（桩体）两部分组成的。复合地基一般可认为由两种刚度（或模量）不同的材料（桩体和桩间土）所组成，因而复合地基是非均质且各向异性的。

②复合地基在荷载作用下，由基体和增强体共同承担荷载。复合地基的理论基础是假定在相对刚性基础下，桩和桩间土共同分担上部荷载并协调变形（包括剪切变形）。

#### 2. 复合地基与天然地基及桩基的不同点

复合地基与天然地基同属地基范畴，两者有内在联系，又有本质区别。复合地基的主要受力层在加固体内；复合地基与桩基都是采用桩的形式处理地基，而复合地基中桩与基础都不是直接相连的，它们之间通过垫层（碎石或砂石垫层）来过渡；而桩基中桩体是与基础直接相连，两者形成一个整体，桩基的主要受力层是在桩尖以下一定范围内。由于复合地基理论的最基本假定为桩与桩周土的协调变形。因此，理论上复合地基中也不存在类似桩基中的群桩效应。复合地基的本质就是考虑桩、土的共同作用，这无疑较之仅仅认为荷载由桩体来承担的"桩基"更为经济与合理。

#### 3. 复合地基的分类

复合地基是由桩和桩间土所组成，其中桩的作用是主要的，同时，地基处理中桩的类型较多，其桩体的性能变化较大。

复合地基按成桩材料分类，可分为散体土类桩，如砂（砂石）桩、碎石桩等；水泥土类桩，如水泥土搅拌桩、旋喷桩等；混凝土类桩，如 CFG 桩（水泥粉煤灰碎石桩的简称；C 为 cement，水泥；F 为 fly-ash，粉煤灰；G 为 gravel，碎石）、树根桩、锚杆静压桩等。

复合地基按成桩后桩体的强度分类，可分为柔性桩，如散体土类桩；半刚性桩，如水泥土类桩；刚性桩，如混凝土类桩。半刚性桩中水泥掺入量的大小将直接影响桩体的强度。当掺入量较小时，桩体的特性类似柔性桩；而当掺入量较大时，又类似刚性桩。

复合地基按成桩的方向分类，可分为纵向增强体复合地基，如柔性桩、半刚性桩和刚性桩复合地基；横向增强体复合地基，比如土工合成材料、金属材料格栅等形成的复合地基。

### 4. 复合地基的作用与破坏模式

（1）复合地基的作用

不论何种复合地基，都具有以下一种或多种作用。

①桩体作用。

由于复合地基中桩体的刚度较周围土体大，在刚性基础下等量变形时，地基中应力按材料的模量进行分配。因此，桩体上产生应力集中现象，大部分荷载将由桩体承担，桩间土上应力相应减小，这样就使得复合地基承载力较原地基有所提高，沉降量有所减少，随着桩体刚度增加，其桩体作用发挥得更为明显。

②垫层作用。

桩与桩间土复合形成的复合地基，在加固深度范围内形成复合层，它可起到类似垫层的换土、均匀地基应力和增大应力扩散角等作用，在桩体没有贯穿整个软弱土层的地基中，垫层的作用尤其明显。

③挤密作用。

对砂桩、砂石桩、土桩、灰土桩、二灰桩和石灰桩等，在施工过程中由于振动、沉管、挤密或振冲挤密、排土等原因，可对桩间土起到一定的密实作用。

④加速固结作用。

除砂（砂石）桩、碎石桩等桩本身具有良好的透水特性外，水泥土类桩和混凝土类桩在某种程度上也可加速地基固结。因为地基固结不但与地基土的排水性能有关，还与地基土的变形特性有关。虽然水泥土类桩会降低土的渗透系数，但它同样会减小地基土的压缩系数，而且通常后者的减小幅度要较前者为大。因此使加固后水泥土的固结系数大于加固前原地基土的固结系数，所以同样可起到加速固结的作用。因此，增大桩与桩间土的模量比对加速地基固结是有利的。

⑤加筋作用。

复合地基除了可提高地基的承载力外，还可用来提高土体的抗剪强度，因此可提高土坡的抗滑能力。国外将砂桩和碎石桩用于高速公路的路基或路堤加固，都归属于"土的加筋"，这种人工复合的土体可增加地基的稳定性。

（2）破坏模式

在复合地基中，桩体可能存在四种破坏模式：刺入破坏、鼓胀破坏、整体剪切破坏和滑动破坏，如图 6-2 所示。

①刺入破坏。

桩体刚度较大，地基土强度较低的情况下较易发生桩体刺入破坏。桩体发生刺入破坏后，不能承担荷载，进而引起桩间土发生破坏，导致复合地基全面破坏。刚性桩复合地基较易发生此类破坏。

②鼓胀破坏。

在荷载作用下，桩间土不能提供足够的围压来阻止桩体发生过大的侧向变形，从而产生桩体鼓胀破坏，并引起复合地基全面破坏。散体材料桩复合地基往往发生鼓胀破坏，在

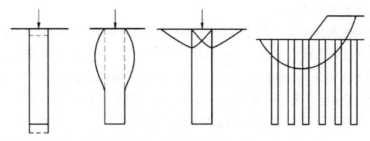

（a）刺入破坏 （b）鼓胀破坏 （c）整体剪切破坏 （d）滑动破坏

图6-2 复合地基的破坏模式

一定的条件下，柔性桩复合地基也可能产生此类型式的破坏。

③整体剪切破坏。

在荷载作用下，复合地基将出现塑性区，在滑动面上桩和土体均发生剪切破坏。散体材料桩复合地基较易发生整体剪切破坏，柔性桩复合地基在一定条件下也可能发生此类破坏。

④滑动破坏。

在荷载作用下复合地基沿某一滑动面产生滑动破坏。在滑动面上，桩体和桩间土均发生剪切破坏。各种复合地基都可能发生这类型式的破坏。

对不同的桩型，有不同的破坏模式。如对碎石桩可能的破坏模式是鼓胀破坏；而对CFG桩的短桩可能的破坏模式是刺入破坏。

对同一桩型，随桩身强度的不同，也存在不同的破坏模式。从水泥土搅拌桩荷载试验中多点位移测试资料分析，以及现场开挖的桩身破坏状态证明，当水泥掺入量（水泥掺入比 $a_w = 7\%$）较小时，水泥土轴向应变很大（4%~9%），应力才达到峰值并产生塑性破坏，此后在较大应变范围内缓慢下降，这就表现出桩体鼓胀破坏。桩体破坏主要发生在（3~5）$D$（$D$ 为桩径）范围内。当水泥掺入量（水泥掺入比 $a_w = 25\%$）很高时，水泥土轴向变形较小。为此，桩体对软弱下卧土层就会产生刺入破坏。但当水泥掺入比 $a_w = 15\%$时，水泥土在较小应变的情况下，才使应力达到峰值，随即发生脆性破坏，这又类似于桩体整体剪切破坏的特性，通过室内模型试验得出类似的结论。当 $a_w \leqslant 10\%$ 时，桩的承载力基本上与桩长无关。水泥掺入量较大（$a_w \geqslant 20\%$）时，桩的承载力随桩长的增加而提高。

对同一桩型，当土层条件不同时，会发生不同的破坏模式。以碎石桩为例，当浅层存在非常软弱的软土情况时，碎石桩将在浅层发生剪切或鼓胀破坏；当较深层存在有局部非常软弱的黏土情况时，碎石桩将在较深层发生局部鼓胀；同样，当较深层存在有较厚非常软弱的黏土情况时，碎石桩将在较深层发生鼓胀破坏，而其上的碎石桩将发生刺入破坏。

综上所述，复合地基的破坏模式是比较复杂的，一般可认为取决于桩与桩间土的破坏特性。

对散体土类桩的复合地基，由于桩和桩间土的模量和破坏时应变值一般相差不大，所以几乎同时进入破坏状态。

对水泥土类桩复合地基，由于水泥土的模量较大，破坏应变较小，在相等应变条件下，水泥土桩率先进入破坏状态。在荷载试验的实践中，发现搅拌桩破坏时存在着二次屈服现象（如图 6-3 所示），即在荷载施加的前一阶段，桩承担了较大的荷载并首先进入屈服状态，$p\text{-}s$ 曲线中出现了第一次屈服，其后再施加的荷载将主要由桩间土承担，直至桩间土进入第二次屈服现象，此时复合地基进入极限状态。

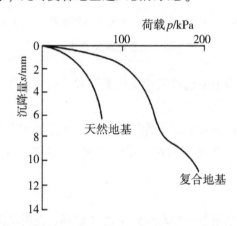

**图 6-3　搅拌桩荷载试验中复合地基的二次屈服现象**

### 5. 复合地基承载力设计计算和相关问题

复合地基设计应满足建筑物承载力和变形要求。地基土为欠固结土、膨胀土、湿陷性黄土、可液化土等特殊土时，设计时应综合考虑土体的特殊性质，选用适当的增强体和施工工艺。应在有代表性的场地上进行现场试验或试验性施工，并进行必要的测试，以确定设计参数和处理效果，取得地区经验后方可推广使用。复合地基增强体应进行桩身完整性和承载力检验。复合地基承载力特征值应通过现场复合地基荷载试验确定，或采用增强体的荷载试验结果和周边土的承载力特征值根据经验确定。

（1）复合地基承载力设计计算

①散体材料增强体复合地基承载力设计计算。

散体材料增强体复合地基承载力计算如式（6.12）所示。

$$f_{\text{spk}} = [1 + m(n - 1)]\alpha f_{\text{ak}} \tag{6.12}$$

式中：$f_{\text{spk}}$ 为复合地基承载力特征值，kPa；$f_{\text{ak}}$ 为天然地基承载力特征值，kPa；$\alpha$ 为桩间土承载力提高系数，应按静荷载试验确定；$n$ 为复合地基桩土应力比，在无实测资料时，可取 $1.5 \sim 2.5$，原土强度低取大值，原土强度高取小值；$m$ 为复合地基置换率。

②有黏结强度增强体复合地基承载力设计计算。

有黏结强度增强体复合地基承载力计算如式（6.13）所示。

$$f_{\text{spk}} = \lambda m \frac{R_{\text{a}}}{A_{\text{p}}} + \beta(1 - m)f_{\text{sk}} \tag{6.13}$$

式中：$\lambda$ 为单桩承载力发挥系数，宜按当地经验取值，无经验时可取 0.70~0.90；$R_a$ 为单桩承载力特征值，kN；$A_p$ 为桩的截面积，$m^2$；$\beta$ 为桩间土承载力发挥系数，按当地经验取值，无经验时可取 0.90~1.00；$f_{sk}$ 为处理后桩间土承载力特征值，kPa，应按静荷载试验确定，无试验资料时可取天然地基承载力特征值；其余符号意义同前。

单桩竖向承载力特征值应通过现场荷载试验确定，初步设计时的估算如式（6.14）所示。

$$R_a = u_p \sum_{i=1}^{n} q_{si} l_i + \alpha q_p A_p \qquad (6.14)$$

式中：$u_p$ 为桩的周长，m；$n$ 为桩长范围内所划分的土层数；$i$ 为土的层数；$q_{si}$ 为桩周第 $i$ 层土的侧阻力特征值，应按地区经验确定；$l_i$ 为桩长范围内第 $i$ 层土的厚度，m；$q_p$ 为桩端土端阻力特征值，kPa；其余符号意义同前。

有黏结强度复合地基增强体桩身强度应满足的规定如式（6.15）所示。

$$f_{cu} \geq 3 \times \frac{R_a}{A_p} \qquad (6.15)$$

式中：$f_{cu}$ 为桩体试块（边长为 150 mm 立方体）标准养护 28d 的立方体抗压强度平均值，kPa；其余符号意义同前。

当承载力验算考虑基础埋深的深度修正时增强体桩身强度还应满足的规定如式（6.16）所示。

$$f_{cu} \geq 3 \frac{R_a}{A_p} + \gamma_m (d - 0.5) \qquad (6.16)$$

式中：$\gamma_m$ 为基础底面以上土的加权平均重度，地下水位以下取浮重度；$d$ 为基础埋置深度，m；其余符号意义同前。

（2）复合地基承载力设计的相关问题

以下对确定复合地基承载力值时几个有关问题进行阐述。

①桩土应力比。

桩土应力比 $n$ 是复合地基中的一个重要参数，它关系到复合地基承载力和变形的计算，它与荷载水平、桩土模量比、桩土面积置换率、原地基土强度、桩长、固结时间和垫层情况等因素有关。

a）荷载水平 $p$ 对 $n$ 的影响。不同类型复合地基的荷载水平 $p$ 与桩土应力比 $n$ 的关系如图 6-4 所示。可见 $n$ 值的变化范围随复合地基的桩类别不同而有不同，如树根桩复合地基的 $n$ 值远远大于碎石桩复合地基的 $n$ 值，这可理解为树根桩的刚度远远大于碎石桩的刚度。

复合地基与基础间通常铺有碎石等垫层，在荷载作用初期，荷载将通过垫层比较均匀地传递到桩和桩间土，然后随着桩和桩间土变形的发展，桩间土应力逐渐向桩上集中，随着荷载的逐渐增大，复合地基变形也随之增大，桩上应力加剧，桩土应力比也随之增大。

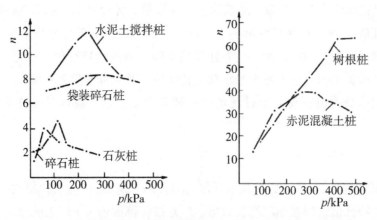

图6-4　不同类型复合地基的荷载水平 $p$ 与桩土应力比 $n$ 的关系

但随着荷载的继续增大，往往桩体首先进入塑性状态，桩体变形加大，桩上应力就会逐渐向桩间土上转移，桩土应力比反而减小，直至桩和桩间土共同进入塑性状态，复合地基就趋向破坏。

b）桩土模量比对 $n$ 的影响。桩土模量比是对桩土应力比大小影响比较明显的另一个参数。随着桩土模量比的增大，桩土应力比近于呈线性的增长。

c）面积置换率对 $n$ 的影响。国外学者经研究得出桩土应力比 $n$ 随面积置换率 $m$ 的减小而增大的结论。

d）原地基土强度对 $n$ 的影响。由于原地基土的强度大小直接影响桩体的强度与刚度，因此即使对同一类桩，不同的地基土也将会有不同的桩土应力比。原地基土的强度低，其桩土应力比就大，而原地基土强度高，则其桩土应力比就小。

由于碎石桩的承载力主要来自桩侧土的约束，而袋装碎石桩实际上是采用土工合成材料来增强对桩体的约束能力。其桩土应力比大于一般碎石桩复合地基的 $n$ 值。

e）桩长对 $n$ 的影响。如图6-5所示为桩的长径比（$L/d$；$L$ 为长度；$d$ 为直径）与桩土应力比 $n$ 的关系曲线，$n$ 随 $L$ 的增加而增大，但当桩长达到某一值时，$n$ 值几乎不再增大。为此，存在一个"有效桩长 $L_e$"的概念，即 $L>L_e$ 后，$n$ 值不再增大。另外，有效桩长 $L_e$ 与桩土模量比有关，即桩土模量比值越小，则 $L_e$ 也越小。

f）时间对 $n$ 的影响。桩土应力比是随时间变化的，目前所谓的桩土应力比是指稳定历时的桩土应力比，即每级荷载作用下达到稳定时的桩土应力比。韩杰、叶书麟、曾志贤通过荷载试验所得碎石桩复合地基桩土应力比 $n$ 与时间 $t$ 的关系曲线如图6-6所示，由此可知，在整个 $n$ 随着时间的增长而增大。

②基底反力。

众所周知，在天然地基（黏性土）的刚性基础下，基底反力呈马鞍形分布。然而，对复合地基通过现场荷载试验，获得了在荷载板下碎石桩和水泥土搅拌桩复合地基的反力分布图，如图6-7所示，可见，桩顶范围内应力 $\sigma$ 明显集中，并随着荷载 $p$ 的增大而加剧，但桩间土上反力仍保持着类似天然地基时的马鞍形分布。

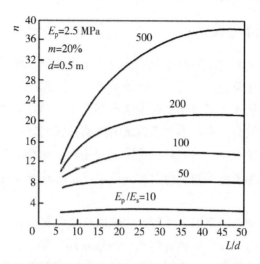

$E_p/E_s$ 为桩土模量比；$E_p$、$E_s$ 分别为桩身和桩间土的压缩模量；$d$—基础埋置深度；$m$—面积置换率。

**图 6-5  桩的长径比（$L/d$）与桩土应力比 $n$ 的关系**

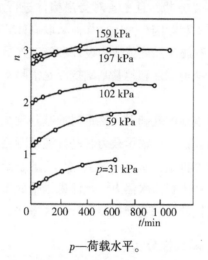

$p$—荷载水平。

**图 6-6  碎石桩复合地基桩土应力比 $n$ 与时间 $t$ 的关系曲线**

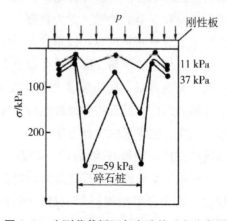

**图 6-7  实测荷载板下复合地基反力分布图**

## 6.3 抗浮分析评价与设计

近年来，随着我国城市建设的高速发展，地下空间的充分利用越来越得到重视，随之而来带有地下室的高层建筑物与其周边相邻的裙房、下沉式广场、地下车库、地下商场等辅助建筑物所形成的广场式大底盘建筑群大量出现。由于这些辅助建筑物结构自重较轻，埋置较深，当地下水位较高，水浮力大于建筑物自重及压重时，会产生与压缩沉降方向相反的竖向变形，当变形较大时，将会对建筑物的安全和正常使用产生不利影响。鉴于此，建筑物地下室抗浮问题越来越受到工程设计人员关注，地基基础抗浮设计是地基基础设计的重要内容之一。

经对以往辅助建筑物地下室因上浮所产生破损事故案例分析，大致归纳为两种破坏类型：轻者仅使实际标高与设计标高稍有偏离，一般采用加载、抽水等简单措施即可恢复；严重时造成辅助建筑物地下室底板隆起、开裂渗水，地下室梁柱节点处开裂、错位、局部混凝土压碎，直接影响结构安全和正常使用，需要采用加载、抽水、解压、洗砂等综合方法才能使结构上浮稳定或恢复原状，且还要对受损构件进行加固处理，造成人力物力浪费，致使原有建筑功能受到不利影响。因此，如何采取有效方法防止辅助建筑物上浮事故发生，其抗浮设计计算方法和施工措施就成为设计和施工人员共同关注的热点课题。工程设计实践表明：施工措施、结构抗浮和地基基础抗浮是消除水浮力对建筑物产生不利影响的三种主要方法。

下文在简要论述前两项措施的基础上，着重对地基基础抗浮进行探讨分析。而地基基础抗浮设计主要面临水浮力、抗浮桩锚承载力和基础底板刚度和强度的分析计算。下文在对具有代表性的水浮力、抗浮桩锚杆研究成果梳理分析的基础上，结合抗浮桩锚与梁板式筏形基础的变形协调分析，初步提出水浮力、抗浮桩锚平面布置和承载力取值、耐久性及抗浮桩锚与基础底板锚固连接的地基基础抗浮设计计算方法，以便设计人员参考。

### 6.3.1 抗浮桩锚承载力、耐久性分析

就抗浮桩锚承载力和耐久性比较而言，工程界普遍认为抗浮桩锚的耐久性设计计算是保障辅助建筑物在设计使用期稳定和安全的关键，尤为重要。

普通抗浮桩受拉后，受拉区混凝土开裂较早，过早的开裂使得抗浮桩一直处于带裂缝状态下工作，为控制裂缝，通常增加受拉钢筋，即使这样也难免有裂缝出现，这种做法既没有充分发挥受拉钢筋的特点，又没有完全根治裂缝产生，极易使钢筋受到地下水侵蚀，直接影响其耐久性。根据桩身轴力沿桩长的分布规律和预应力技术，提出了同时满足承载力和耐久性要求的拉力分散型预应力抗浮桩的设计方法。

抗浮锚杆分为全长粘结抗浮锚杆（简称普通锚杆）、普通预应力抗浮锚杆和压力分散型锚杆三种结构形式。普通锚杆抗裂耐久性设计采用加大钢筋截面及钢筋表面做防腐涂层处理；与普通拉力型锚杆相比，压力分散型锚杆是通过在锚杆的不同位置设置多个承载体，并采用无粘结预应力钢绞线将总的锚杆力分散传递到各个承载体上，将集中拉力转化

为几个较小的压力，分散地作用于几个较短的锚固段上，分别自下而上传递岩土阻力，从而大幅降低锚杆锚固段的应力峰值，使粘结应力较均匀地分布于整个锚固长度上，可提高锚杆的承载力，由于锚杆杆体采用无粘结预应力钢绞线，有油脂、聚乙烯护套保护，加之锚杆浆体受压，不易开裂，可形成多层防腐保护，提高了锚杆的耐久性。

### 6.3.2 建筑物抗浮措施适用性分析

在抵抗由水浮力引起的向上垂直位移中，结构重量和抗浮桩锚共同发挥作用，因此辅助建筑物地下室结构抗浮稳定验算，应满足式（6.17）要求。

$$\frac{G}{K} + nR \geqslant S \tag{6.17}$$

式中：$G$ 为结构自重及其上作用的永久荷载标准值的总和，不包括可变荷载；$K$ 为辅助建筑物地下室结构抗浮安全系数，一般取 $1.05 \sim 1.2$；$R$ 为单根抗浮桩或单根抗浮锚杆所提供的抗力特征值；$n$ 为抗浮桩或抗浮锚杆的数量；$S$ 为地下水对辅助建筑物地下室的水浮力效应标准值。

由上述地下水浮力分析计算可知：建筑物的抗浮技术措施可分为"抗、躲、放"三种方式，即通过提供抗力，调整基底标高和阻排降地下水，以平衡、降低和消除水浮力。

基于建筑使用功能要求、地质条件限制、后期维护及长期实施的综合性价比考虑，工程设计实践中较为常用的抗浮措施有增加建筑物配重和通过基底下的锚固体提供抗力平衡水浮力两种方法。在结构竖向设计初步完成后，并结合上述辅助建筑物水浮力分析计算方法分别计算出 $G$ 和 $S$。当 $G/K<S$，且 $G/K$ 与 $S$ 相差不大时，在不影响建筑功能的情况下，抗浮措施可通过增加配重方法实施，该方法简称为结构抗浮法；而当 $G/K<S$，且 $G/K$ 与 $S$ 相差较大时，抗浮措施考虑采用抗浮桩或抗浮锚杆方法，该方法简称为地基基础抗浮法。

水浮力造成建筑物地下室结构构件产生不同程度的破损原因主要有设计和施工两方面，因此在辅助建筑物施工期间，应对雨水、地下水及地下管线漏水采取可靠的排、降和止水措施，以杜绝地下水位急剧上升。

### 6.3.3 地基基础抗浮设计方法

当地下水位较深地下水浮力不大时，上述所提及的增加配重方法和独基或条基加防水板基础的抗浮措施均属结构抗浮设计范畴，结构抗浮设计计算理论和方法较为成熟。

当地下水位较浅地下水浮力较大时，通常采用抗浮桩锚将建筑物底板锚固于土层，以抵抗水浮力作用所产生的垂直位移，下文将采用抗浮桩锚平衡水浮力的方法简称为地基基础抗浮法。地基基础抗浮设计包括基础设计与抗浮桩锚两部分内容。梁板式筏形基础随着水浮力作用的不断增大，板格区域首先产生局部弯曲，同时还要随辅助建筑物地下室底板不断隆起而产生整体弯曲。而局部弯曲和整体弯曲产生的变形和内力，正是导致底板隆起出现裂缝和梁柱节点处开裂、错位、局部混凝土压碎及底板、顶板破坏等特征的主要原因。为保证辅助建筑物整体稳定和整个底板范围的受力分布趋于平缓，避免产生整体弯曲，抗浮桩锚数量既要满足 $n \geqslant (S-G/K)/R$ 的整体稳定要求，又要使抗浮桩锚提供的抗力同基底压力分布协调，因此在抗浮桩或抗浮锚杆、基础底板、上部结构的共同受力分析中，由于抗浮桩或抗浮锚杆的拉力根据基础底板刚度和抗浮桩或抗浮锚杆自身刚度进行分配，故基础底板结构设计应尽量满足抗浮桩或抗浮锚杆均匀受力，并均匀布置，如图 6-8 所示。

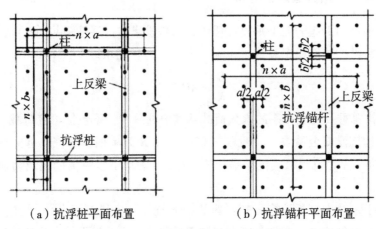

（a）抗浮桩平面布置　　　　　　（b）抗浮锚杆平面布置

$a$ 和 $b$ 分别为抗浮桩或抗浮锚杆横向和纵向间距；$n$ 为抗浮桩或抗浮锚杆的数量

**图 6-8　抗浮桩和抗浮锚杆平面布置**

当实际地下水位可能大大低于设防水位时，对锚固体采用抗浮桩和抗浮锚杆的筏板基础还应分别按桩筏基础和普通地基基础进行基础底板结构内力和配筋计算，取和上述抗浮计算相比较后的最不利结果进行基础底板结构设计。

### 6.3.4　工程分析

下文结合某典型工程案例对基础抗浮设计中的水浮力和抗浮桩锚计算取值及抗浮桩锚方案选用进行工程分析。

1. 水浮力计算

某辅助建筑物室外地坪基底、各土层底及抗浮设防潜水位和承压水位标高如图 6-9 所示，其中③④层不同类型地下水的水浮力标准值如表 6-2 所示。

2. 抗浮桩锚方案选用和抗力取值

某结构形式为柱网 8 m×8 m、地下 1、2 层分别为层高 4.8 m 和 5.4 m 的框架结构，梁板式筏形基础上反梁截面和筏板厚分别为 700 mm×1 340 mm 和 400 mm，顶板覆土厚 0.9 m，按板格区域分别配置填土和架空室内地坪两种做法，计算结构自重及其上作用的永久荷载标准值的总和，其值分别为 71 kN/m² 和 54.1 kN/m²。根据 $G/K$ 和之间相对大小判断，序号 2 无须采取抗浮措施，序号 3 采取通过增加配重的结构抗浮法即可，以下针对序号 1 进行地基基础抗浮设计。

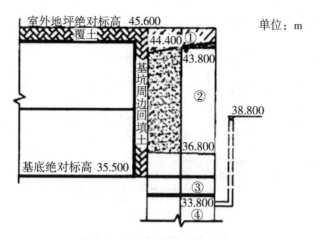

①②③④表示不同类型地层

**图6-9 地基基础抗浮设计计算示意**

**表6-2 水浮力标准值**

| 序号 | 水浮力标准值/ kPa | 备注 |
|------|------|------|
| 1 | 83 | 第③④层为透水层，④层中无承压水 |
| 2 | 39.7 | 第③层和第④层分别为隔水层和透水层，④层为潜水层 |
| 3 | 61.3 | 第③层和第④层分别为隔水层和透水层，④层为承压水层 |

当结构竖向设计和水浮力大小确定后，根据"整个结构永久荷载+可变荷载"和"水浮力+筏板自重+筏板上覆土重+0.5倍平均永久荷载标准值"两种组合，进行地基基础抗浮设计。经统计分析所采撷的典型板格区域位移图，板格区域位移在1.1~4.62 mm之间，平均2.54 mm。

为保证辅助建筑物整体稳定和满足梁板式筏形基础板格区域局部弯曲要求，抗浮桩锚数量除满足相应规定外，抗浮桩锚提供的抗力所对应的变形应与板格区域位移相互协调，即在确定抗浮桩锚承载力时，取板格区域平均位移所对应的拉力值。

如图6-10所示为北京地区某卵石层（抗浮锚杆直径150 mm，设计长度8.2 m）和黏土层（抗浮锚杆直径200 mm，设计长度11.25 m）场地中两根普通抗浮锚杆抗浮试验$Q$-$S$曲线图。可以看出，两种不同地层中的普通抗浮锚杆在变形为2.54 mm时，所提供的锚固力分别为240 kN和50 kN。经计算得出，在83 kPa水浮力作用下每个柱网单元板格区域的锚杆数量分别为8根和37根。显然普通抗浮锚杆仅适用于基底下较坚硬卵石或岩石地层；而对于基底下较软弱黏土地层，采用主动抗力形式的压力分散型锚杆或普通预应力抗浮锚杆较为可行。

### 3. 小结

对于隐形水位的抗浮水位取值争议较大。北方地区抗浮设计采用的地下水位通常为建筑物设计使用期内可能遇到的最高水位值，即设计依据勘察报告中提供的抗浮设防水位。

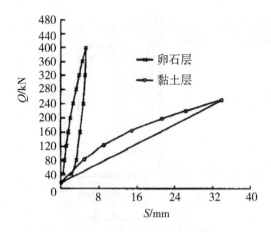

**图 6-10　锚杆试验 $Q$-$S$ 曲线**

抗浮水位是一个相当复杂的问题，取值大小对工程安全稳定和造价影响很大，需要政府主管部门组织相关领域专家学者编制规范设计工程行为的主导设计技术细则。

对荷载差异较大的主-辅建筑体系，在进行地基基础抗浮设计前，首先应验算抗浮区基础与非抗浮区基础的变形协调，并通过上部结构设计、地基变刚度调平设计和施工措施，实现主辅建筑物变形相互协调。对于显性水位地基基础抗浮设计，满足辅助建筑物整体稳定的抗浮桩锚数，以柱网轴线为对称轴均匀布置在各个梁板式筏形基础板格区域范围内。对于隐形水位地基基础抗浮设计，如采用抗浮桩平衡水浮力，抗浮桩布置在满足每根柱下有一抗浮桩外，其余抗浮桩均匀布置在梁板式筏形基础梁的中心线下，设计计算应进行低水位工况下桩与基础的抗压受力及设防水位工况下基础板格区域的位移及两种情况下基础梁板强度验算；隐形水位采用抗浮锚杆平衡水浮力，其设计计算和布置与显性水位采用抗浮锚杆平衡水浮力一致。

对于基底下较坚硬的卵石或岩石地层，可采用普通抗浮桩锚平衡水浮力，抗浮桩锚提供的抗力所对应的变形应与板格区域受水浮力作用位移相互协调；对于基底下较软弱黏性土地层，建议采用主动抗力形式的压力分散型锚杆、普通预应力抗浮锚杆和预应力抗浮桩，在承受水浮力作用前，对板格区域内每根压力分散型锚杆、普通预应力抗浮锚杆和预应力抗浮桩预加大小等于其承载力特征值的应力。

## 6.4　基础变形控制设计

地基变形在其表面形成的垂直变形量称为建筑物的沉降量。在外荷载作用下地基土层被压缩，达到稳定时基础底面的沉降量称为地基最终沉降量。计算最终沉降量可以判断建筑物建成后将产生的地基变形，判断是否超出允许的范围，以便在建筑物设计、施工时，为采取相应的工程措施提供科学的依据，保证建筑物的安全。计算地基最终沉降量的方法有多种，下文进行具体分析。

### 6.4.1　分层总和法

分层总和法是指将地基沉降计算深度内的土层按土质和应力变化情况划分为若干分层，分别计算各分层的压缩量，然后求其总和得出地基最终沉降量。

**1. 基本假定**

（1）一般取基底中心点下地基附加应力来计算各分层土的竖向压缩量。

（2）地基是均质、各向同性的半无限线性变形体，可按弹性理论计算土中附加应力。

（3）在压力作用下、地基土不产生侧向变形，可采用侧限条件下的压缩性指标。

（4）只计算固结沉降，不计瞬时沉降和次固结沉降。

**2. 计算步骤**

（1）地基土分层。成层土的层面（不同土层的压缩性及重度不同）及地下水面（水面上、下土的有效重度不同）是通常的分层界面，分层厚度一般不宜大于 $0.4b$（$b$ 为基底宽度）。

（2）计算各分层界面处土自重应力。土自重应力应从天然然地面起算。

（3）计算各分层界面处基底中心下竖向附加应力。

（4）确定地基沉降计算深度（或压缩层厚度）。一般取地基附加应力等于自重应力的 20%，深度处作为沉降计算深度的限值；若在该深度以下为高压缩性土，则应取地基附加应力等于自重应力的 10% 深度处作为沉降计算深度的限位。

（5）计算各分层土的压缩量 $\Delta s_i$，如式（6.18）所示。

$$\Delta s_i = \frac{e_{1i} - e_{2i}}{1 + e_{1i}} h_i \tag{6.18}$$

式中：$e_{1i}$ 为第 $i$ 层土在建筑物建造前，土的压缩曲线上第 $i$ 分层土顶面、底面自重应力平均值对应的孔隙比；$e_{2i}$ 为第 $i$ 层土在建筑物建造后，土的压缩曲线上第 $i$ 分层土自重应力平均值与第 $i$ 分层土附加应力平均值之和对应的孔隙比；$h_i$ 为第 $i$ 分层土的厚度。

（6）叠加计算基础的平均沉降量 $s_i$，如式（6.19）所示。

$$s_i = \sum_{i=1}^{n} \Delta s_i \tag{6.19}$$

式中：$i$、$n$ 为沉降计算深度范围内的分层数；其余符号意义同前。

### 6.4.2　规范法

规范法是指《公路桥涵地基与基础设计规范》（JTG 3363—2019）规定的计算方法，沉降计算的规范法是一种简化了的分层总和法。

计算地基变形时，地基内的应力分布，可采用各向同性均质线性变形体理论。最终变形量按式（6.20）、式（6.21）进行计算。

$$s = \psi_s s_0 = \psi_s \sum_{i=1}^{n} \frac{p_0}{E_{si}} (z_i \overline{\alpha}_i - z_{i-1} \overline{\alpha}_{i-1}) \tag{6.20}$$

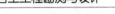

$$p_0 = p - \gamma h \qquad (6.21)$$

式中：$s$ 为地基最终沉降量，mm；$s_0$ 为按分层总和法计算的地基沉降量，mm；$\psi_s$ 为沉降计算经验系数；$n$ 为地基沉降计算深度范围内所划分的土层数；$p_0$ 为对应于作用的准永久组合时基础底面处附加压应力，kPa；$E_{si}$ 为基础底面下第 $i$ 层土的压缩模量，MPa；$z_i$、$z_{i-1}$ 为基础底面至第 $i$ 层土、第 $i-1$ 层土底面的距离，m；$\overline{\alpha}_i$、$\overline{\alpha}_{i-1}$ 为基础底面计算点至第 $i$ 层土、第 $i-1$ 层土底面范围内平均附加压应力系数；$p$ 为基底压应力，kPa；$h$ 为基底埋置深度，m，当基础受水流冲刷时，从一般冲刷线算起，当不受水流冲刷时，从天然地面算起，如位于挖方内，则由开挖后地面算起；$\gamma$ 为 $h$ 内土的重度，kN/m³，基底为透水地基时水位以下取浮重度。

# 第 7 章　深基坑工程设计

基坑工程是土木工程建设中一个古老的课题,早期基坑较浅,基坑开挖过程中一般不需要进行专门的支护或根据情况进行一些简单支护即可。我国从 20 世纪 70 年代起,特别是 80 年代以后,由于城市超高层建筑、地铁、地下管道等工程建设规模日趋增大,而且工程多位于繁华闹市区,工程场地紧邻建筑物、道路和地下管线,同时交叉施工引起相互干扰,对基坑开挖提出了越来越苛刻的要求,基坑工程成为城市建设中的一项重要工作,基坑工程学也就应运而生。

深基坑是指开挖深度超过 5 m(含 5 m),或深度虽未超过 5 m 但地质条件和周围环境及地下管线特别复杂的工程。下面主要从支护设计、地下水控制设计和监测这三个方面对深基坑工程进行分析。

## 7.1　深基坑支护设计

深基坑支护体系一般包括两部分:挡土体系和止水降水体系。深基坑支护结构一般要承受土压力和水压力,起到挡土和挡水的作用。一般情况下支护结构和止水帷幕共同形成止水系。但尚有两种情况:一种是止水帷幕自成止水体系;另一种是支护结构本身也起止水帷幕的作用,如水泥土重力式挡墙和地下连续墙等。

目前在深基坑工程实践中已形成了多种成熟的支护结构类型,每种类型在适用条件、工程经济性等方面各有特点,因此需综合考虑每个工程规模、周边环境、工程水文地质条件等要素合理选用周边支护结构形式。

### 7.1.1　土钉墙支护设计

1. 土钉墙概述

(1) 土钉墙概念

土钉墙(soil nail wall)是一种原位土体加筋技术。它是利用细长的金属构件(如钢筋或钢管等杆件或管件)置于地层之中,并通过全长注浆的方式使之与土体结合成为整体,并在表面铺设一道钢筋网后再喷射一层混凝土面层和土体边坡相结合的加固型支护施工方法,以起到约束土体变形、加固边坡的作用。

(2) 土钉墙的优点

与其他支护类型相比,土钉墙具有以下优点。

①利用土体的自稳能力,与土体形成复合体,将土体作为支护结构的一部分,能显著提高边坡整体稳定性。当深基坑边坡的高度达到临界高度,或者受外界因素的作用时,都

会影响深基坑边坡的安全，这是因为土体自身的抗剪强度较低、抗拉强度较小，而土钉墙相当于在土体中增加了一定长度及分布密度的锚固体，起到了"约束骨架"和"群体效应"的作用，弥补了土体自身强度的不足，大大提高了坡体的整体刚度和稳定性。

②轻型结构，柔性大，能增强土体破坏时的延性，这一点与桩墙等支挡结构明显不同。桩墙等支护体系属于被动制约机制的支挡结构，这类支挡结构可承受侧压力并限制土体的变形发展，但当位移增加到一定程度后可能产生脆性破坏，所以一旦桩体倾斜破坏，很难及时采取有效措施，对工程安全产生很大的影响。而土钉墙属于主动制约机制的支挡体系，变形特性主要表现为渐进性的柔性破坏，即使土体内已出现局部剪切面和张拉裂缝，它仍可持续很长时间而不发生整体塌滑，仍具有一定的强度。这使得它具有良好的抗震性。

③设备简单，施工所需的场地较小，移动灵活，工艺成熟。土钉墙施工一般采用的钻孔机械、注浆机械及喷射混凝土设备都属于可移动的小型机械，振动小、噪声低，在城市地区施工具有明显的优越性。钻孔、注浆及喷射混凝土都是成熟的施工工艺，易于掌握，普及性较好。

④施工速度快，效率高，及时性强，避免了开挖面的长期暴露。由于土钉墙与土方开挖同步施工，分层分段进行，且由于孔径较小，穿透土层能力强，单根土钉从成孔到注浆完成所需时间较短，基本能做到与土方开挖同步跟进，不需要单独占用施工工期。

⑤工程造价较低，经济性强。根据资料分析，土钉墙的造价一般比其他类型支挡结构低 $1/3 \sim 1/5$。

（3）土钉墙的缺点

土钉墙的缺点主要有以下几点。

①对开挖深度有一定的要求。土钉墙一般适用于开挖深度在 12 m 范围内的基坑（即适用于深基坑），当基坑深度较深时，需要采用其他的支护形式与土钉墙相结合，形成复合土钉墙以保证基坑的安全。部分区域规定当深度超过一定范围时不得采用土钉墙支护的形式。

②变形较大。土钉墙属柔性支护，其变形大于预应力锚撑支护，当对基坑变形要求严格时，不宜采用土钉墙支护。

③土钉墙支护一般作为临时性工程，如果作为永久性结构，需要专门考虑锈蚀等耐久性问题。

（4）土钉墙的适用条件

土钉墙支护适用于地下水位以上或人工降水后的黏性土、粉土、杂填土及非松散砂土、卵石土等，不宜用于淤泥质土、饱和软土及未经降水处理地下水位以下的土层。对变形有严格要求的基坑工程，土钉墙支护应进行变形预测分析，符合要求后方可采用。土钉墙适用于安全等级为二、三级且开挖深度不大于 12 m 的深基坑，由于土钉墙支护一般会超过用地红线，如若当地对用地红线有严格要求，土钉墙支护不适宜使用。

对于地质条件，土钉墙适用于地下水位以上或经人工降水后的下列土层：①稍密至中密状的粉性土、砂土；②有一定胶结能力和密实的碎石土层；③坚硬状态的含砾黏性土及风化岩层；④可塑至硬塑状态的一般黏性土；⑤含少量砖瓦屑的素填土和稍密状态以上的人工杂填土。

**2. 土钉墙的类型及构造要求**

（1）土钉墙的类型

①按服务年限分类。

按服务年限，土钉墙可分为小于 2 年的临时性土钉墙和大于 2 年的永久性土钉墙。

②按施工工艺分类。

按施工工艺，土钉墙可分为钻孔注浆型、直接打入型、打入注浆型和水平旋喷法土钉型等。

钻孔注浆型：先用钻机在土体中成孔，后置入杆体，然后沿全长注入纯水泥浆或水泥砂浆等浆体。该类型的土钉墙几乎适用于所有土层，其抗拉承载力较高，施工质量安全可靠，造价较低，是目前最常用的土钉墙类型。

直接打入型：在土体中直接打入杆体，不用注浆。直接打入型土钉的杆体直径小，承载力低，土钉长度受限，布置较密，当采用金属杆体时造价偏高。该类型的土墙钉不需要预先成孔，对原位土体扰动较小，施工速度快，但在坚硬的土层中难以施工，不适应于永久性支护。

打入注浆型：杆体选用钢管，在端部及中部设置注浆孔，直接打入土层后通过杆体注浆，形成土钉。该类型的土钉墙集合了直接打入型土钉墙的优点，且具有钻孔注浆型土钉墙承载力高的特点，特别适用于淤泥及淤泥质土等软弱土层，在沿海等软土地区应用广泛。与直接打入型土钉墙一样，不适用于永久性支护。

水平旋喷法土钉型：将钻孔、插入土钉及注浆三个工艺一次完成。利用水平高压旋喷成孔并将钻杆留在土层中，此时的杆体既是钻杆，又是喷浆和注浆的通道，一般将端部做成尖扁形并封闭，螺旋头采用钢片加工而成。该施工方法得到的钻孔直径较大，承载力相对提高很大，在淤泥及淤泥质土层中使用较多。

③按构造分类。

按构造，土钉墙可分为垂直土钉墙、倾斜土钉墙、阶梯土钉墙。

④按杆体材料分类。

按杆体材料，可分为钢筋土钉墙、钢管土钉墙。特殊情况下，可使用毛竹、圆木等作为土钉杆体。

（2）土钉墙的构造要求

土钉墙由土钉、面层及必要的降排水系统组成，其构造参数与土层特性、地下水状况、支护面倾角、周边环境、使用年限、使用要求等有关。

①土钉墙墙面宜适当放坡且坡度不宜大于 1∶0.2，条件允许时可分级放坡，土体抗剪强度越差，坡度越缓。

②对易塌孔的松散或稍密的砂土和稍密的粉土、填土，或易缩径的软土宜采用打入式

钢管土钉。对钢管土钉打入困难的土层，宜采用机械成孔的钢筋土钉。

③土钉水平间距和竖向间距宜为 1~2 m；当基坑较深、土的抗剪强度较低时，土钉间距应取小值。土钉倾角宜为 5°~20°，其夹角应根据土性和施工条件确定。竖向布置时宜采用中部长上下短或上长下短的布置形式。

④钻孔注浆型钢筋土钉的构造应符合的要求：成孔直径宜取 70~120 mm；土钉杆体宜采用 HRB400、HRB335 级钢筋，钢筋直径应根据土钉抗拔承载力设计要求确定，且宜取 16~32 mm；应沿土钉全长设置对中定位支架，其间距宜取 1.5~2.5 m，土钉钢筋保护层厚度不宜小于 20 mm；土钉孔注浆材料强度不宜低于 20 MPa。

⑤钢管土钉的构造应符合的要求：钢管的外径不宜小于 48 mm，壁厚不宜小于 3 mm；钢管的注浆孔应设置在钢管端部 $l/2~2l/3$ 范围内（$l$ 为钢管土钉的长度）；每个注浆截面的注浆孔宜取 2 个，且应对称布置，注浆孔的孔径宜取 5~8 mm，注浆孔外应设置保护倒刺；钢管土钉的连接采用焊接时，接头强度不应低于钢管强度；可采用数量不少于 3 根、直径不小于 16 mm 的钢筋沿截面均匀分布拼焊，双面焊接时钢筋长度不应小于钢管直径的 2 倍。

⑥土钉墙支护需设置喷射混凝土面层，喷射混凝土面层的构造要求应符合的规定：喷射混凝土面层厚度宜取 80~100 mm；喷射混凝土设计强度等级不宜低于 C20；喷射混凝土面层中应配置钢筋网和通长的加强钢筋，钢筋网宜采用 HPB235 级钢筋，钢筋直径宜取 6~10 mm，钢筋网间距宜取 150~250 mm；钢筋网间的搭接长度应大于 300 mm；加强钢筋的直径宜取 14~20 mm；当充分利用土钉杆体的抗拉强度时，加强钢筋的截面面积不应小于土钉杆体截面面积的 1/2；面层应沿坡顶向外延伸形成不少于 0.5 m 的护肩，在不设置截水帷幕或微型桩时，面层宜在坡脚处向坑内延伸 0.3~0.5 m 形成护脚。

⑦土钉与加强钢筋宜采用焊接连接，其连接应满足承受土钉拉力的要求；当在土钉拉力作用下喷射混凝土面层的局部受冲切承载力不足时，应采用设置承压钢板等加强措施。

⑧当土钉墙后存在滞水时，应在含水土层部位的墙面设置泄水孔或其他疏水措施。

⑨土钉排数不宜少于 2 排，基坑平面布置时应减少阳角，阳角处土钉在相邻两个侧面宜上下错开或角度错开布置。

### 3. 土钉墙的设计计算

（1）土钉墙的设计计算要求与内容

设计计算要求：设计计算前应查明场地周围已有建筑物、埋设物、道路交通、工程范围内的土层分布、土性指标及地下水变化等情况，判断土钉墙支护护坡的适用性。

设计计算内容：包括尺寸及参数初选；土钉抗拔、受拉承载力验算；土钉墙整体稳定性验算。

（2）尺寸及参数初选

①直径。

孔径越大，土钉的抗拔力越大，结构的稳定性越强，但造价也相应增加。目前土钉孔径基本在 80~150 mm 之间。

②长度。

土钉越长，抗拔力越高。但当长度超过临界值时，再增加长度对承载力的提高并不明显。另外，土钉长度越长，施工难度越大，施工效率越低。所以，土钉长度的选择应综合考虑安全、经济和施工难度等多方面的影响。国内的工程实践中，当土质不是很差时，土钉长度一般为基坑挖深的 0.6~1.5 倍，在淤泥、淤泥质土等软弱土层中，长度可达到基坑挖深的 2 倍以上。土钉过长时，应考虑与预应力锚杆等其他构件联合支护或改为其他支护形式如复合土钉墙等。土钉长度一般选择为 6 m、9 m 或 12 m 等，在软弱土层中适当加长。

③间距。

土钉间距越小，密度越大，基坑的稳定性越好。土钉间距包括水平间距和竖向间距。水平间距简称为间距，竖向间距简称为排距。土钉通常等间距布置。土钉间距与长度密切相关，一般土钉越长，土钉密度越小，即间距越大。但土钉间距过小可能会因群钉效应降低单根土钉的功效，故纵横间距要适合，一般取 0.8~1.8 m，即每 0.6~3 m² 设置 1 根。

④倾角。

国内外的研究成果表明，土钉倾角在 5°~25° 时对支护体系的稳定性影响的差别并不大，10°~20° 时效果最佳，利用重力向孔中注浆时倾角不宜小于 15°。钢管注浆土钉因采用压力注浆，倾角可以缓平一些，但倾角过小与过大一样存在打入困难问题，故钢管土钉的最佳倾角为 10°~15°。且为了后续施工方便，每排宜采用统一的倾角。

⑤空间布置。

a）第一排土钉与地面间距。由于第一排土钉以上的边坡处于悬臂状态，为防止压力过大导致墙顶破坏，第一排土钉距地表要近一些；若太近，注浆易造成浆液从地表冒出，也是不妥当的，故建议一般第一排土钉距地表的垂直距离为 0.5~1.5 m。上部土钉长度不能太短，如果上部土钉长度过短，则土钉墙顶部水平位移会较大，尾部附近的上方地表也会产生较大裂缝。

b）最下一排土钉与基底间距。由于实际施工情况，可能会导致下部尤其是最下一排土钉内力加大，临近极限稳定状态时内力增加尤为明显，故其长度不能太短，且高度不应距离坡脚太远。故建议最下一道土钉距坡脚的距离不低于 0.5 m 且不大于 2/3 排距。

c）同一排土钉一般在同一标高上布置，上下排土钉在立面上可错开布置，即梅花状布置；也可铅直布置，即上下对齐。

d）在深度方向上，土钉的布置形式有上下等长、上长下短、中部长上下短、长短相间 4 种。

上下等长：一般在开挖深度较浅、坡度较缓、土钉较短、土质较为均匀的基坑中采用。

上长下短：假定土钉墙的破裂面为直线或弧线，上排土钉要穿过破裂面后才能提供足够的抗滑力矩，长度越长所能提供的抗滑力矩就越大，而下排土钉只需很短的长度就能穿过破裂面。

中部长上下短：当因基坑外建筑物基础及地下管线、窨井、涵洞、沟渠等管线的限制将第一排土钉长度减短、倾角增大时，可加长中部土钉；但由于第一土钉对减少土钉墙位移很有帮助，所以也不宜太短。目前这种布置形式应用最多。

长短相间：长短相间有两种布置形式，一种是在沿基坑侧壁走向（纵向）上，同排土钉一长一短间隔布置；另一种是在深度方向上，同一断面的土钉上下排长短间隔布置。

⑥杆体材料。

根据地区经验和设计抗拔力，钻孔注浆土钉一般选用直径 16～32 mm 的 HRB335 或 HRB400 带肋钢筋，打入式土钉一般选用外径 40～48 mm、壁厚 2.5～4.0 mm 的热轧或热处理焊接钢管。

⑦注浆体设计。

注浆材料一般采用纯水泥浆或水泥砂浆。当使用纯水泥浆时，水灰比一般为 0.4～0.5；使用水泥砂浆时，配合比宜为 1∶1～1∶1.8、水灰比宜为 0.38～0.5。土钉一般采用一次注浆，当采用二次注浆时，土钉承载力明显提高，但工程造价也相应提高。注浆压力宜采用低压力注浆法，打入式土钉注浆压力相应提高。土钉注浆必须饱满，使土体与注浆体充分黏结，产生足够的抗拔力。

⑧面层设计。

面层的压力较小，一般按构造设计。混凝土面层的设计强度一般为 C15～C25。面层厚度：临时性工程宜为 50～150 mm；永久性工程宜为 120～300 mm。

⑨连接件。

面层必须与土钉可靠地连成整体，早期采用垫板连接，造价较高，施工不便，国内工程实践中广泛采用钉头筋连接。钉头筋在土钉端头焊接短钢筋或其他构件，简单、方便、可靠、经济。

（3）土钉抗拔、受拉承载力验算

①抗拔承载力。

单根土钉的抗拔承载力应符合的规定如式（7.1）所示。

$$\frac{R_{k,j}}{N_{k,j}} \geq K_t \tag{7.1}$$

式中：$K_t$ 为土钉抗拔安全系数，安全等级为二级、三级的土钉墙，$K_t$ 分别不应小于 1.6、1.4；$N_{k,j}$ 为第 $j$ 层土钉的轴向拉力标准值，kN；$R_{k,j}$ 为第 $j$ 层土钉的极限抗拔承载力标准值，kN。

单根土钉的轴向拉力标准值计算如式（7.2）所示。

$$N_{k,j} = \frac{1}{\cos\alpha_j} \times \zeta\eta_j P_{ak,j} S_{xj} S_{zj} \tag{7.2}$$

式中：$N_{k,j}$ 为第 $j$ 层土钉的轴向拉力标准值，kN；$\alpha_j$ 为第 $j$ 层土钉的倾角，（°）；$\zeta$ 为墙面倾斜时的主动土压力折减系数，计算如式（7.3）所示；$\eta_j$ 为第 $j$ 层土钉轴向拉力调整系数，计算如式（7.4）所示；$P_{ak,j}$ 为第 $j$ 层土钉处的主动土压力强度标准值，kPa；$S_{xj}$ 为土钉的水平间距，m；$S_{zj}$ 为土钉的垂直间距，m。

$$\zeta = \tan\frac{\beta - \varphi_{m}}{2}\left(\frac{1}{\tan\dfrac{\beta + \varphi_{m}}{2}} - \frac{1}{\tan\beta}\right) \div \tan^{2}\left(45° - \frac{\varphi_{m}}{2}\right) \tag{7.3}$$

式中：$\beta$ 为土钉墙坡面与水平面的夹角，(°)；$\varphi_{m}$ 为基坑底面以上各土层按土层厚度加权的内摩擦角平均值，(°)。

$$\eta_{j} = \eta_{a} - (\eta_{a} - \eta_{b}) \times \frac{z_{i}}{h} \tag{7.4}$$

式中：$z_{j}$ 为第 $j$ 层土钉至基坑顶面的垂直距离，m；$h$ 为基坑深度，m；$\eta_{a}$ 为计算系数；$\eta_{b}$ 为经验系数，可取 $0.6 \sim 1.0$。

②极限抗拔承载力。

单根土钉的极限抗拔承载力应通过抗拔试验确定。单根土钉的极限抗拔承载力标准值估算如式（7.5）所示，但应通过土钉抗拔试验进行验证。

$$R_{k, j} = \pi d_{j} \sum q_{sik} l_{i} \tag{7.5}$$

式中：$R_{k, j}$ 为第 $j$ 层土钉的极限抗拔承载力标准值，kN；$d_{j}$ 为第 $j$ 层土钉的锚固体直径，m，对成孔注浆土钉，按成孔直径计算，对打入钢管土钉，按钢管直径计算；$q_{sik}$ 为第 $j$ 层土钉在第 $i$ 黏层土的极限黏结强度标准值，kPa，应由土钉抗拔试验确定，无试验数据时，可根据工程经验取值；$l_{i}$ 为第 $j$ 层土钉在滑动面外第 $i$ 土层中的长度，m。

③受拉承载力。

土钉杆体的受拉承载力计算如式（7.6）所示。

$$N_{j} \leqslant f_{y} A_{s} \tag{7.6}$$

式中：$N_{j}$ 为第 $j$ 层土钉的轴向拉力设计值，kN；$f_{y}$ 为土钉杆体的抗拉强度设计值，kPa；$A_{s}$ 为土钉杆体的截面面积，$m^{2}$。

（4）土钉墙整体稳定性验算

整体滑动稳定性可采用圆弧滑动条分法进行验算。当基坑面以下存在软弱下卧土层时，整体稳定性验算滑动面中应包括由圆弧与软弱土层层面组成的复合滑动面。

对基坑底面下有软土层的土钉墙结构应进行坑底隆起稳定性验算，如式（7.7）~式（7.11）所示。

$$\frac{\gamma_{m2}DN_{q} + cN_{c}}{(q_{1}b_{1} + q_{2}b_{2})/(b_{1} + b_{2})} \geqslant K_{he} \tag{7.7}$$

$$N_{q} = \tan^{2}\left(45° + \frac{\varphi}{2}\right) e^{\pi\tan\varphi} \tag{7.8}$$

$$N_{c} = \frac{(N_{q} - 1)}{\tan\varphi} \tag{7.9}$$

$$q_{1} = 0.5\gamma_{m1}h + \gamma_{m2}D \tag{7.10}$$

$$q_{2} = \gamma_{m1}h + \gamma_{m2}h + q_{0} \tag{7.11}$$

式中：$q_0$ 为地面均布荷载，kPa；$q_1$ 为坡面均布荷载标准值，kPa；$q_2$ 为地面均布荷载标准值，kPa；$\gamma_{m1}$ 为基坑底面以上土的重度，$kN/m^3$，对多层土取各层土按厚度加权的平均重度；$h$ 为基坑深度，m；$\gamma_{m2}$ 为基坑底面至抗隆起计算平面之间土层的重度，$kN/m^3$，对多层土取各层土按厚度加权的平均重度；$D$ 为基坑底面至抗隆起计算平面之间土层的厚度，m，当抗隆起计算平面为基坑底平面时，$D=0$；$N_q$、$N_c$ 为承载力系数；$c$ 为抗隆起计算平面以下土的黏聚力，kPa；$\varphi$ 为内摩擦角，°；$b_1$ 为土钉墙坡面的宽度，m，当土钉墙坡面垂直时，$b_1=0$；$b_2$ 为地面均布荷载的计算宽度，m，可取 $b_2=h$；$K_{he}$ 为抗隆起安全系数，安全等级为二级、三级的土钉墙，$K_{he}$ 分别不应小于 1.6、1.4。

### 7.1.2　水泥土重力式挡墙支护设计

#### 1. 水泥土重力式挡墙概述

（1）概念

水泥土重力式挡墙是以水泥系材料为固化剂，通过高压旋喷或搅拌机械将固化剂和地基土强行搅拌，形成连续搭接的水泥土柱状加固体挡墙，靠挡墙自身的强度抵抗水土压力。

水泥土搅拌桩是指利用一种特殊的搅拌头或钻头，在地基中钻进至一定深度后，喷出固化剂，使其沿着钻孔深度与地基土强行拌和而形成的加固土桩体。

高压旋喷桩是指将固化剂形成高压喷射流，借助高压喷射流的切削和混合，使固化剂和土体混合，而形成的加固土桩体。

水泥土重力式挡墙是通过固化剂对土体进行加固后形成有一定厚度和嵌固深度的重力墙体，以承受墙后水、土压力的一种挡墙结构。水泥土重力式挡墙是无支撑自立式挡墙，依靠墙体自重、墙底摩阻力和墙前基坑开挖面以下土体的被动土压力稳定墙体，以满足围护墙的整体稳定、抗倾稳定、抗滑稳定和控制墙体变形等要求。

（2）适用条件

①基坑开挖深度。

基坑的开挖深度越深，墙体的侧向位移就越大，墙体宽度就越宽，造价越高。根据经验，当基坑挖深不超过 7 m 时，可考虑采用水泥土重力式挡墙支护，当周边环境要求较高时，基坑开挖深度宜控制在 5 m 以内。

②地质条件。

水泥土搅拌桩和高压旋喷桩在淤泥质土、含水量较高而地基承载力小于 120 kPa 的黏土、粉土、砂土等软土地基中施工效果较好；对于地基承载力较高、黏性较大或较密实的黏土或砂土，可采用先行钻孔套打、添加外加剂或其他辅助方法施工；当土中含高岭石、多水高岭石、蒙脱石等矿物时，加固效果较好；土中含伊利石、氯化物和水铝英石等矿物时，加固效果较差；土的原始抗剪强度小于 20~30 kPa 时，加固效果也较差；水泥土搅拌桩当用于泥炭土或土中有机质含量较高，pH 较小（pH<7）及地下水有侵蚀性时，宜

通过试验确定其适用性；当地表杂填土层厚度大或土层中含直径大于100 mm的石块时，宜慎重采用搅拌桩。

③环境条件。

水泥土重力式挡墙在施工过程中周边土体会产生一定的隆起或侧移，且在基坑开挖阶段墙体的侧向位移较大，会使坑外一定范围的土体产生沉降和变位，因此，在基坑周边距离1~2倍开挖深度范围内存在对沉降和变形较敏感的建（构）筑物时，应慎重选用水泥土重力式挡墙。

（3）结构特点

①施工方便。水泥土搅拌桩一般采用搅拌桩、高压旋喷注浆等施工方法，工艺成熟，操作方便，成桩工期较短，而且施工过程中无噪声、无振动、无污染，可以在城区内及密集建筑群中施工。

②工程造价低。水泥土重力式挡墙采用搅拌桩或高压旋喷桩形成挡土结构，悬臂式支护，不需要支锚等其他支护结构，造价相对经济。

③施工进度快。重力式挡墙依靠自身刚度来抵抗周围的水土压力，采用悬臂式支护，不需支撑、拉锚等其他支护结构，极大方便了土方开挖和主体结构施工，施工进度较快。

④防渗性能好。水泥渗透系数小，当进行坑内降水时不会对坑外地下水位产生影响，既挡土又截水，有利于周边环境的保护。

⑤加固后的土体重度基本不变，对软弱下卧层不致产生附加沉降。

⑥适用范围有限，搅拌桩对土层地质条件要求较高，对于土质条件较差的土层，水泥土重力式挡墙应慎重采用。

⑦与有支撑支护结构相比，重力式围护基坑周围地基变形较大，对邻近建筑物或地下设施影响较大。

## 2. 水泥土重力式挡墙的类型及构造要求

（1）类型

按搅拌机械的不同，水泥土重力式挡墙可分为高压旋喷桩墙和搅拌墙。高压旋喷桩墙由高压旋喷桩机施工。搅拌墙由搅拌机施工。按搅拌机轴数的不同，可分为单轴、双轴及三轴搅拌桩墙，分别由单轴、双轴和三轴搅拌机施工。

按墙体是否插筋，水泥土重力式挡墙可分为加筋和非加筋（加劲和非加劲）。插筋材料可为钢筋、钢管、型钢或毛竹等材料。

（2）构造要求

①挡墙的平面布置。

按平面布置的不同，水泥土重力式挡墙可分为满膛布置、格栅布置和宽窄结合的锯齿形布置。其中，最常见的布置形式为格栅布置。水泥土重力式挡墙的墙体宽度可按经验确定，一般墙宽可取开挖深度的0.7~1.0倍。

②挡墙的竖向布置。

竖向布置有等断面布置、台阶形布置等，常见的布置形式为台阶形布置（如图7-1

所示）。水泥土重力式挡墙坑底以下的插入深度一般可取开挖深度的 0.7~1.5 倍。

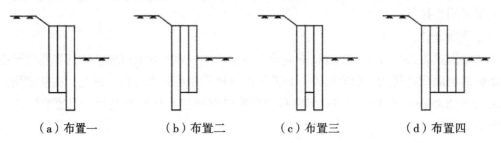

（a）布置一 　　（b）布置二 　　（c）布置三 　　（d）布置四

**图 7-1　台阶形布置**

③挡墙压顶板及连接的构造。

水泥土重力式挡墙结构顶部需设置 150~200 mm 厚的钢筋混凝土压顶板，混凝土强度等级不宜低于 C15。压顶板应设置双向配筋，钢筋直径不小于 $\phi$8 mm，间距不大于 200 mm。

水泥土重力式挡墙内、外排加固体中宜插入钢筋、钢管、毛竹等加强构件。加强构件上端应锚入压顶板，下端宜进入开挖面以下。目前常用的方法是内排或内外排搅拌体内插钢管，深度至开挖面以下，对挖深较浅的基坑，可以插毛竹，毛竹直径不小于 50 mm。

水泥土加固体与压顶板之间应设置连接钢筋。连接钢筋上端应锚入压顶板，下端应插入水泥土加固体中 1~2 m，间隔梅花形布置。典型布置如图 7-2 所示。

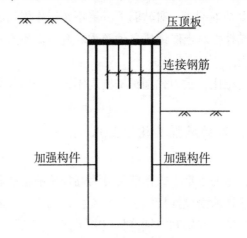

压顶板

连接钢筋

加强构件　　　　加强构件

**图 7-2　水泥土重力式挡墙的典型构造**

### 3. 水泥土重力式挡墙的设计计算

（1）设计计算内容

设计前应先确定水泥土重力式挡墙支护的适用性。水泥土重力式挡墙的设计计算内容包括稳定性验算、墙体应力验算、格栅面积验算和墙体变形计算。

（2）稳定性验算

①抗滑移稳定性验算。

抗滑移稳定性应符合的规定如式（7.12）所示。

$$\frac{E_{pk} + (G - u_m B)\tan\varphi + cB}{E_{ak}} \geqslant K_{s1} \qquad (7.12)$$

式中：$K_{s1}$ 为抗滑移稳定安全系数，其值不应小于 1.2；$E_{ak}$、$E_{pk}$ 为作用在水泥土墙上的主动土压力、被动土压力标准值，kN/m，按朗金土压力计算公式确定；$G$ 为水泥土墙的自重，kN/m；$u_m$ 为水泥土墙底面上的水压力，kPa；$c$ 为水泥土墙底面下土层的黏聚力，kPa；$\varphi$ 为内摩擦角，（°）；$B$ 为水泥土墙的底面宽度，m。

②抗倾覆稳定性验算。

抗倾覆稳定性应符合的规定如式（7.13）所示。

$$\frac{E_{pk} a_p + (G - u_m B) a_G}{E_{ak} a_a} \geqslant K_{ov} \qquad (7.13)$$

式中：$K_{ov}$ 为抗倾覆稳定安全系数，其值不应小于 1.3；$a_a$ 为水泥土墙外侧主动土压力合力作用点至墙趾的竖向距离，m；$a_p$ 为水泥土墙内侧被动土压力合力作用点至墙趾的竖向距离，m；$a_G$ 为水泥土墙自重与墙底水压力合力作用点至墙趾的水平距离，m；其余符号意义同前。

③圆弧滑动稳定性验算。

水泥土重力式挡墙可采用圆弧滑动条分法进行稳定性验算。采用圆弧滑动条分法时，其稳定性应符合的规定如式（7.14）所示。

$$\frac{\sum \{c_j l_j + [(q_j b_j + \Delta G_j)\cos\theta_j - u_j l_j]\tan\varphi_j\}}{\sum (q_j b_j + \Delta G_j)\sin\theta_j} \geqslant K_s \qquad (7.14)$$

式中：$K_s$ 为圆弧滑动稳定安全系数，其值不应小于 1.3；$c_j$ 为第 $j$ 土条滑弧面处土的黏聚力，kPa；$\varphi_j$ 为内摩擦角，（°）；$b_j$ 为第 $j$ 土条的宽度，m；$q_j$ 为作用在第 $j$ 土条上的附加分布荷载标准值，kPa；$\Delta G_j$ 为第 $j$ 土条的自重，kN，按天然重度计算；$u_j$ 为第 $j$ 土条在滑弧面上的孔隙水压力，kPa；$\theta_j$ 为第 $j$ 土条滑弧面中点处的法线与垂直面的夹角，（°）；$l_j$ 为第 $j$ 土条滑弧面的长度，m。

当墙底以下存在软弱下卧土层时，稳定性验算的滑动面中应包括由圆弧与软弱土层层面组成的复合滑动面。

④坑底隆起稳定性验算。

水泥土重力式挡墙，其嵌固深度应符合的坑底隆起稳定性验算如式（7.15）~ 式（7.17）所示。

$$\frac{\gamma_{m2} D N_q + c N_c}{\gamma_{m1}(h + D) + q_0} \geqslant K_{he} \qquad (7.15)$$

$$N_q = \tan^2\left(45° + \frac{\varphi}{2}\right) e^{\pi\tan\varphi} \qquad (7.16)$$

$$N_c = \frac{(N_q - 1)}{\tan\varphi} \qquad (7.17)$$

式中：$K_{he}$ 为抗隆起安全系数，安全等级为一级、二级、三级的支护结构，$K_{he}$ 分别不应小于 1.8、1.6、1.4；$\gamma_{m1}$ 为基坑外墙底面以上土的重度，$kN/m^3$，对地下水位以下的砂土、碎石土、粉土取浮重度，对多层土取各层土按厚度加权的平均重度；$\gamma_{m2}$ 为基坑内墙底面以上土的重度，$kN/m^3$，对地下水位以下的砂土、碎石土、粉土取浮重度，对多层土取各层土按厚度加权的平均重度；$D$ 为水泥土墙的嵌固深度，m；$h$ 为基坑深度，m；$q_0$ 为地面均布荷载，kPa；$N_c$、$N_q$ 为承载力系数；$c$ 为水泥土墙底面以下土的黏聚力，kPa；$\varphi$ 为内摩擦角，°。

当挡土构件底面以下有软弱下卧层时，挡土构件底面土的抗隆起稳定性验算的部位尚应包括软弱下卧层，$\gamma_{m1}$、$\gamma_{m2}$ 应取软弱下卧层顶面以上土的重度（如图 7-3 所示），$D$ 应取基坑底面至软弱下卧层顶面的土层厚度。悬臂式支挡结构可不进行抗隆起稳定性验算。

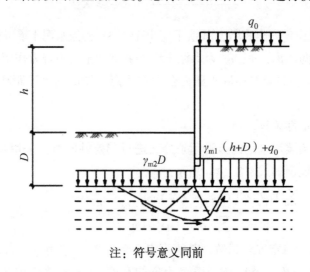

注：符号意义同前

**图 7-3  软弱下卧层的抗隆起稳定性验算**

（3）墙体应力验算

水泥土重力式挡墙的正截面应力验算部位包括：基坑面以下主动、被动土压力强度相等处；基坑底面处；水泥土墙的截面突变处。

水泥土重力式挡墙墙体的正截面应力验算内容包括拉应力验算，如式（7.18）所示，压应力验算，如式（7.19）所示，剪应力验算，如式（7.20）所示。

$$\frac{6M_i}{B^2} - \gamma_{cs}z \leqslant 0.15f_{cs} \tag{7.18}$$

$$\gamma_0\gamma_F\gamma_{cs}z + \frac{6M_i}{B^2} \leqslant f_{cs} \tag{7.19}$$

$$\frac{E_{aki} - \mu G_i - E_{pki}}{B} \leqslant \frac{1}{6}f_{cs} \tag{7.20}$$

式中：$M_i$ 为水泥土墙验算截面的弯矩设计值，$kN \cdot m/m$；$B$ 为验算截面处水泥土墙的宽度，m；$\gamma_{cs}$ 为水泥土墙的重度，$kN/m^3$；$z$ 为验算截面至水泥土墙顶的垂直距离，m；$f_{cs}$ 为水泥土的轴心抗压强度设计值，kPa，应根据现场试验或工程经验确定；$\gamma_F$ 为荷载综合分项系数；$E_{\mathrm{aki}}$、$E_{\mathrm{pki}}$分别为验算截面以上的主动土压力标准值、被动土压力标准值，$\mathrm{kN/m}$；$G_i$为验算截面以上的墙体自重，$\mathrm{kN/m}$；$\mu$为墙体材料的抗剪断系数，取$0.4\sim0.5$；$\gamma_0$为支护结构重要系数。

（4）格栅面积验算

水泥土重力式挡墙采用格栅形式时，格栅的面积置换率：对淤泥质土，不宜小于0.7；对淤泥，不宜小于0.8；对一般黏性土、砂土，不宜小于0.6；格栅内侧的长宽比不宜大于2。

每个格栅的土体面积应符合的要求如式（7.21）所示。

$$A \le \delta \times \frac{cu}{\gamma_{\mathrm{m}}} \tag{7.21}$$

式中：$A$为格栅内土体的截面面积，$\mathrm{m}^2$；$\delta$为计算系数，对黏性土，取$\delta = 0.5$，对砂土、粉土，取$\delta = 0.7$；$c$为格栅内土的黏聚力，$\mathrm{kPa}$；$u$为计算周长，$\mathrm{m}$，$\gamma_{\mathrm{m}}$为格栅内土的天然重度，$\mathrm{kN/m}^3$，对成层土，取水泥土墙深度范围内各层土按厚度加权的平均天然重度。

（5）墙体变形计算

当水泥土重力式挡墙墙宽$B = （0.7\sim1.0）h_0$（$h_0$为基坑开挖深度）、坑底以下插入深度$D = （0.8\sim1.4）h_0$时，墙顶的水平位移量估算如式（7.22）所示。

$$\delta_{\mathrm{OH}} = \frac{0.18\xi K_{\mathrm{a}} L h_0^2}{DB} \tag{7.22}$$

式中：$\delta_{\mathrm{OH}}$为墙顶估算水平位移，$\mathrm{cm}$；$L$为开挖基坑最大边长，$\mathrm{m}$，超过$100\,\mathrm{m}$时，按$100\,\mathrm{m}$计算；$\xi$为施工质量影响系数，取$0.8\sim1.5$；$K_{\mathrm{a}}$为主动土压力系数；其余符号意义同前。

## 7.1.3　双排桩悬臂式支护设计

### 1．双排桩悬臂式支护概述

（1）概念

双排桩悬臂式支护是由两排平行的钢筋混凝土桩以桩间的连系梁形成的空间门架式结构体系。它利用超静定钢架结构随支撑条件及荷载条件的变化而自动调整结构内力的特性，解决支护问题，具有适应性强、安全度高、施工方便等多种优点。

双排桩悬臂式支护近年来在深基坑工程中得到了广泛运用。

（2）优点

双排桩悬臂式支护具有较大的侧向刚度，可有效地限制基坑的变形，与单排悬臂桩支护结构相比，双排桩悬臂式支护有很多优点，具体如下。

①双排桩支护结构因刚性冠梁与前后排桩组成门式超静定结构，整体刚度大，在受力时结构能产生与主动土压力反向作用的力偶，使双排桩的位移和变形明显减小，同时桩身的内力也有所下降，可以支护比单排桩更深的基坑而不需要设置内支撑，可以用较小直径的桩代替单排桩中较大直径的桩，降低成本。

②双排桩支护结构作为空间超静定结构，整体性能优越，使围护结构纵向和横向的整

体性都大大提高；作为超静定结构，在复杂多变的外荷载作用下能自动调整结构本身的内力，使之适应复杂而又往往难以预计的荷载条件，而单排悬臂桩作为静定结构则不具备此种功能。

③双排桩支护结构与拉锚结构相比，它占据场地少，对环境的要求比较低，在密集建筑区更具优势，且在相同基坑深度下，双排桩式围护结构是代替桩-锚围护结构的一种较好的支护形式。其施工过程简便、速度快、节省造价。

④如果加入支撑，双排桩结构的结构性质和受力性能都能发生巨大改变，其优势反而会被大大削弱。因此，双排桩式围护结构不需要支撑系统，而且，它的受力和抗变形优势能和具有锚杆（支撑）系统的单排桩围护结构相媲美。另外，由于其受力性能较好、内力较小、桩身直径较小，大大节省工程造价；同时，其施工方便，还可缩短工期。

## 2. 双排桩悬臂式支护的类型及布置形式

（1）类型

双排桩悬臂式支护主要根据桩的类型分类。目前应用较多的主要为钻孔灌注双排桩、SMW（soil mixing wall，加劲水泥土搅拌墙）工法双排桩、预应力管双排桩，其中钻孔灌注双排桩应用最广。

（2）布置形式

①平面布置。

双排桩悬臂式支护结构可以理解为将密集的单排桩中的部分桩向后移，并在桩顶由刚性连梁将前后排桩刚接起来，沿基坑长度方向形成空间支护结构体系。双排桩悬臂式支护结构的平面布置常见的形式有：并列式（矩形格构式）、梅花式等，如图7-4所示，其中前后排桩的桩间距可根据计算适当调整。

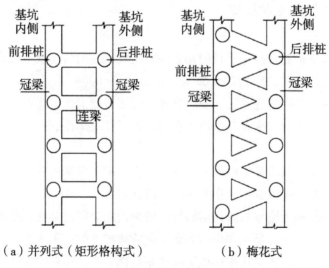

（a）并列式（矩形格构式）　　（b）梅花式

**图7-4　双排桩悬臂式支护平面布置形式**

②竖向布置。

双排桩悬臂式支护在竖向布置时，一般前后排桩桩长一致，但当桩底距离土质较好的土层较浅时，应尽量将前排桩插入土质较好的土层中 1.0~2.0 m，常见竖向布置形式如图 7-5 所示。

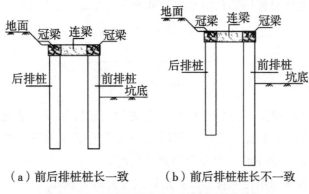

（a）前后排桩桩长一致　　　（b）前后排桩桩长不一致

**图 7-5　双排桩悬臂式支护竖向布置形式**

**3. 双排桩的一般规定**

（1）双排桩排距宜取 $2d$~$5d$（$d$ 为单根桩体直径），钢架梁的宽度不应小于 $d$，高度不宜小于 $0.8d$，钢架梁高度与双排桩排距的比值宜取 $1/6$~$1/3$。

（2）双排桩结构的嵌固深度：对淤泥质土，不宜小于 $1.0h$（$h$ 为基坑深度）；对淤泥，不宜小于 $1.2h$；对一般黏性土、砂土，不宜小于 $0.6h$。当桩底土质较差时，前排桩桩端宜处于桩端阻力较高的土层。采用泥浆护壁灌注桩时，施工时的孔底沉渣厚度不应大于 50 mm，或采用桩底后注浆加固处理。

（3）双排桩应按偏心受压、偏心受拉构件进行截面承载力计算，钢架梁应根据其跨高比按普通受弯构件或深受弯构件进行截面承载力计算。双排桩结构的截面承载力和构造应符合现行国家标准的有关规定。

（4）双排桩与桩钢架梁节点处，桩与钢架梁受拉钢筋的搭接长度不应小于 $1.5l_a$，此处，$l_a$ 为受拉钢筋的锚固长度。其节点构造尚应符合现行国家标准对框架顶端节点的有关规定。

**4. 双排桩悬臂式支护设计计算**

前、后排桩的桩间土体对桩侧的压力计算如式（7.23）所示。

$$p'_s = k'_s \Delta v + p'_{s0} \qquad (7.23)$$

式中：$p'_s$ 为前、后排桩的桩间土体对桩侧的压力，kPa，可按作用在前、后排桩上的压力相等考虑；$k'_s$ 为桩间土的水平刚度系数，kN/m³；$\Delta v$ 为前、后排桩水平位移的差值，m，当其相对位移减小时为正值，当其相对位移增加时，取 $\Delta v = 0$；$p'_{s0}$ 为前、后排桩间土体对桩侧的初始压力，kPa。

双排桩悬臂式支护桩间土水平刚度系数 $k_c$ 计算如式（7.24）所示。

$$k_c = \frac{E_s}{S_y - d} \tag{7.24}$$

式中：$E_s$ 为计算深度处，前、后排桩间土体的压缩模量，kPa，当为成层土时，应按计算点的深度分别取相应土层的压缩模量；$S_y$ 为双排桩的排距，m；$d$ 为桩的直径，m。

前、后排桩间土体对桩侧的初始压力计算如式（7.25）、式（7.26）所示。

$$p'_{s0} = (2\alpha - \alpha^2)P_{ak} \tag{7.25}$$

$$\alpha = \frac{S_y - d}{h\tan\left(45° - \dfrac{\varphi_m}{2}\right)} \tag{7.26}$$

式中：$P_{ak}$ 为支护结构外侧，第 $i$ 层土中计算点主动土压力强度标准值，kPa；$h$ 为基坑深度，m；$\varphi_m$ 为基坑底面以上各土层按土层厚度加权的内摩擦角平均值，°；$\alpha$ 为计算系数，当计算的 $\alpha$ 大于1时，取 $\alpha = 1$；其余符号意义同前。

双排桩结构的嵌固稳定性应符合的规定如式（7.27）所示。

$$\frac{E_{pk}Z_p + GZ_G}{E_{ak}Z_a} \geqslant K_{em} \tag{7.27}$$

式中：$K_{em}$ 为嵌固稳定安全系数，安全等级为一级、二级、三级的支挡式结构，$K_{em}$ 分别不应小于1.25、1.2、1.15；$E_{ak}$、$E_{pk}$ 分别为基坑外侧主动土压力、基坑内侧被动土压力的标准值，kN；$Z_a$、$Z_p$ 分别为基坑外侧主动土压力、基坑内侧被动土压力的合力作用点至挡土构件底端的距离，m；$G$ 为排桩、桩顶连梁和桩间土的自重之和，kN；$Z_G$ 为双排桩、桩顶连梁和桩间土的重心至前排桩边缘的水平距离，m。

## 7.2 深基坑地下水控制设计

在影响深基坑稳定性的诸多因素中，地下水的作用占有突出位置。历数各地曾发生的深基坑工程事故，多数都和地下水的作用有关。地下水对深基坑工程的危害，除了水土压力中水压力对支护结构的作用之外，更重要的是基坑涌水、渗流破坏（流砂、管涌、坑底突涌）引起地面沉陷和抽（排）水引起地层不均匀固结沉降。

因此，妥善解决深基坑工程的地下水控制设计工作就格外重要。深基坑地下水控制设计主要包括止水和降水两大方面，具体内容如下。

### 7.2.1 止水帷幕与止水方法

#### 1. 止水帷幕的基本介绍

当深基坑底面深度大于地下水位埋深时，如果采用没有止水防渗功能的支护结构，则需要考虑设置止水帷幕。例如，设置竖向止水帷幕，防止地下水通过渗水层向坑内渗流；当坑内降水时，由于止水帷幕的隔水作用，坑外的地下水位在短时间内不致受过大的影响，从而防止因降水而引起的深基坑周围地面的沉降。

根据深基坑开挖深度、周边环境条件及场地水文地质条件，合理选择止水帷幕类型及深度，预估止水帷幕内外的水压力差和坑底浮托力，以此作为止水帷幕厚度及隔渗体强度的验算依据。

一般而言，止水帷幕要求插入坑底以下渗透性相对较低的土层中，起到真正隔水封闭作用，满足坑内降水后的渗流稳定，并防止坑外地下水位出现有害性下降；当含水层厚度较厚，完全阻断渗流路径时，从施工难度和造价费用两方面考虑，可采用悬挂式止水帷幕，但需要进行渗流稳定性验算。当坑底下土体中存在承压水时，竖向止水帷幕应切断承压水层，也可在坑底设置水平向的止水帷幕，既可阻止地下水绕墙底向坑内渗流，又防止承压水向上作用的水压力使基坑底面以下的土层发生突涌破坏。但一般可在承压水层中设置减压井以降低承压水头。当承压水水头高、水量大时，也可以设置水平向止水帷幕，并配合设置一定量的减压井，如此比较经济。

国内常规单轴和双轴搅拌机施工的水泥土搅拌桩止水帷幕的深度为 15~20 m，三轴搅拌机施工止水帷幕深度为 35 m 左右。

### 2. 止水方法

常用的止水方法（止水帷幕的形成方法）有地下连续墙、SMW 工法、水泥土搅拌桩法和高压喷射注浆法等。

（1）地下连续墙法

地下连续墙可将隔渗和基坑支护功能合为一体，整体性和止水效果好，适用面广，但工程造价高。

（2）SMW 工法

SMW 工法亦称新型水泥土搅拌桩墙，将承受荷载与防渗挡水结合起来，使之成为同时具有受力与抗渗两种功能的支护结构的围护墙。SMW 工法施工工期短，对环境影响小，隔渗效果好，造价相对较低。

（3）水泥土搅拌桩法

水泥土搅拌桩（或称深层搅拌水泥桩）法是采用水泥作固化剂，通过层搅拌机在地基土中就地将原状土和水泥强制拌和，形成具有一定强度和整体结构的深层搅拌水泥土挡墙。水泥土搅拌桩法既可以构成具有基坑止水和支护两种功能的水泥土挡墙，也可以构成以隔渗功能为主的独立止水帷幕，还可以与支护桩或土钉墙结合，共同发挥隔渗和支挡功能。它将原状土与水泥混合，形成渗透系数远比天然原状土小的水泥土。该方法包括干法和湿法两种施工工艺，施工工期短，对施工条件要求低。

（4）高压喷射注浆法

高压喷射注浆是利用钻机将旋喷注浆管及喷头钻置于桩底设计高程，将预先配制好的浆液通过高压发生装置使液流获得巨大能量后，从注浆管边的喷嘴中高速喷射出来，形成一股能量高度集中的液流，直接破坏土体，喷射过程中，钻杆边旋转边提升，使浆液与土体充分搅拌混合，在土中形成一定直径的柱状固结体，从而使地基得到加固。施工中一般分为两个工作流程，即先钻后喷，再下钻喷射，然后提升搅拌，保证每米浆土比例和质量。根据高压喷射喷头的运动形式，分为旋喷、摆喷和定喷。旋喷形成的结石体是柱状，摆喷和定喷形成的结石体为壁状。

与水泥土搅拌法类似，高压喷射注浆法既可以形成水泥土挡墙，也可以构成以止水功能为主的隔渗帷幕，还可以与支护排桩或土钉墙结合，共同发挥隔渗和支挡功能。其通过喷嘴喷出的水泥浆切割土体，使原状土与浆液搅拌混合。水泥凝结后，水泥土结石体渗透系数大为降低，形成隔水帷幕。

以上常见的止水法在基坑工程中既可以用作支护结构挡土，也可以用作隔水帷幕止水。当基坑采用排桩等本身不具有止水功能的支护结构时，往往与水泥土搅拌法和高压喷射注浆法等止水措施进行组合，作为基坑施工期间的止水帷幕。

### 7.2.2 止水设计

按止水帷幕所在的位置不同，分成竖向隔渗帷幕和水平隔渗封底两种。前者沿基坑周边竖直形成连续封闭帷幕体，阻止地下水沿基坑坑壁或坑底附近渗入坑内，是广泛采用的一种方式；后者是当基坑坑底存在突涌、管涌破坏可能性时，采用水泥土搅拌桩法等在坑底或离坑底一定距离的土体深度范围内形成一定厚度的水平隔渗封底，防止发生渗透破坏。

隔渗帷幕将隔渗和支护挡土两种功能合二为一，其设计方案首先应满足基坑变形、支护结构强度、稳定等要求，然后验算其抗渗性，最后在综合考虑这两方面因素的基础上确定帷幕体深度、宽度等几何尺寸。对以发挥隔渗功能为主的止水帷幕，土压力由支护结构承担，帷幕体假设不承受外部荷载，其布设、厚度等只需满足止水隔渗要求。

#### 1. 落底式帷幕

落底式帷幕将止水帷幕直接嵌入相对不透水土（岩）层，切断了基坑内外的地下水的水力联系。当坑底以下存在连续分布、埋深较浅的隔水层时，应采用落底式帷幕。落底式竖向帷幕进入下卧隔水层的深度应满足式（7.28）要求，且不宜小于 1.5 m。

$$l \geqslant 0.2\Delta h_w - 0.5b \tag{7.28}$$

式中：$l$ 为帷幕进入隔水层的深度，m；$\Delta h_w$ 为基坑内外的水头差值，m；$b$ 为帷幕的厚度，m。

#### 2. 悬挂式帷幕

当相对不透水层位置较深，采用落底式帷幕投资过大时，可采用悬挂式帷幕，通过延长地下水渗流路径降低水力坡降的方法控制地下水。悬挂式帷幕体进入基坑坑底以下的深度（$D$）由基坑底部不发生渗透破坏的条件确定，即 $i < i_允$（其中，$i$ 为坑底处水力坡降，根据流网分析获得；$i_允$ 为允许临界渗透坡度，可根据理论分析和工程经验确定）。

悬挂式帷幕底端位于碎石土、砂土或粉土含水层时，对均质含水层，地下水渗流的流土稳定性应符合式（7.29）的要求。

$$\frac{(2l_d + 0.8D_1)\gamma'}{\Delta h \gamma_w} \geqslant K_f \tag{7.29}$$

式中：$K_f$ 为流土稳定性安全系数，安全等级为一、二、三级的支护结构，$K_f$ 分别不应小于 1.6、1.5、1.4；$l_d$ 为帷幕底面至坑底的土层厚度，m；$D_1$ 为潜水水面或承压水含水层顶面至基坑底面的土层厚度，m；$\gamma'$ 为土的浮重度，$kN/m^3$；$\Delta h$ 为基坑内外的水头差，m；$\gamma_w$ 为水的重度，$kN/m^3$。

对渗透系数不同的非均质含水层，宜采用数值方法进行渗流稳定性分析。由水泥土搅拌法等方法形成的隔渗帷幕，其厚度由施工机械、成桩直径和桩排列方式决定，多为 0.45~0.8 m，也可大于 0.8 m。水泥土混合物固化后，强度要求大于 1MPa，渗透系数 $k<10^{-6}$ cm/s。施工过程中，成桩垂直偏差要求不超过 1%，桩位偏差不得大于 50 mm。当帷幕体深度超过 10 m 时，相邻桩底端部错位可能大于 10 cm，从而形成水泥无法与土层混合的盲区，容易产生渗漏通道。对这些部位可采用高压灌浆方法填补泄漏点。设计中，对于单排搅拌桩，当搅拌深度不大于 10 m 时，搅拌的搭接宽度不应小于 150 mm；当搅拌深度为 10~15 m 时，不应小于 200 mm；当搅拌深度大于 15 m 时，不应小于 250 mm。搅拌深度加大，搭接宽度也加大。对地下水位较高、渗透性较强的地层，宜采用双排搅拌止水帷幕。

### 3. 水平隔渗层

水平隔渗层是在深基坑开挖前，通过水泥土搅拌桩法等方法在坑底或距坑底某一深度形成的一定厚度的水泥土混合体，水泥凝固后因其渗透系数远比原状土小，因此可以获得隔渗的效果。水平隔渗层宜沿整个基坑开挖范围内布置，并与竖向帷幕（落底式帷幕和悬挂式帷幕）结合，形成五面隔水层面。水平隔渗层不宜单独布置，需与竖向帷幕接触紧密，注意不能出现渗漏通道。

隔渗层底水压力需小于隔渗层及上覆土的重量，以防止突涌。通过突涌稳定性验算来确定水平隔渗层厚度。

坑底以下有水头高于坑底的承压水含水层，且未用止水帷幕隔断其基坑内外的水力联系时，承压水作用下的坑底突涌稳定性应符合式（7.30）的要求。

$$\frac{D\gamma}{(\Delta h + D)\gamma_w} \geq K_{ty} \tag{7.30}$$

式中：$K_{ty}$ 为突涌稳定性安全系数，不应小于 1.1；$D$ 为承压含水层顶面至坑底的土层厚度，当设置了水平隔渗层时，其为隔渗帷幕体厚度和其上覆土层厚度的和，m；$\gamma$ 为承压含水层顶面至坑底土层的天然重度，对成层土，取按土层厚度加权的平均天然重度，设置了水平隔渗层时，其为隔渗帷幕体和其上覆土层的加权平均值，$kN/m^3$；$\Delta h$ 为基坑内外的水头差，m；$\gamma_w$ 为水的重度，$kN/m^3$。

设计方案中可适当增加隔渗层在支护结构、工程等处的厚度，增强结合能力。水平隔渗层能否奏效，关键在于它是否连续和封闭、不出现渗漏。另外，在坑内可均匀布设减压孔（井），隔渗与降水减压相结合，减小上浮力。

### 7.2.3 降水方法

#### 1. 降水方法

（1）集水明排

集水明排是用排水沟、集水井、水泵等组成的排水系统将地表水、渗漏水排泄至基坑外的方法。通常在基坑或沟槽开挖时，在坑底设置集水井，并沿坑底的周围或中央开挖排水沟，也可布置在分级斜坡的平台上，使水自流进入集水井内，然后用水泵抽出坑外。

基坑坑底四周的排水沟及集水井一般设置在基础范围以外地下水流的上游。基坑面积较大时，可在基坑范围内设置盲沟排水。根据地下水量、基坑平面形状及水泵能力，集水井每隔 20~40 m 设置 1 个。在基坑四周一定距离以外的地面上也应设置排水沟，将抽出的地下水排走，这些排水沟应做好防渗，以免水再回渗基坑中。

（2）轻型井点

轻型井点系在基坑的四周或一侧埋设井点管深入含水层内，井点管的上端通过连接弯管与集水管连接，集水总管再与真空泵和离心水泵相连，启动抽水设备，地下水便在真空泵吸力的作用下，经滤水管进入井点管和集水总管，排除空气后，由离心水泵的排水管排出，使地下水位降到基坑底以下。

该方法具有机具简单，使用灵活，装拆方便，降水效果好，可防止流砂现象发生，提高边坡稳定且费用较低等优点；但需配置一套井点设备。轻型井点降水方法适于渗透系数为 0.1~50 m/d 的土以及土层中含有大量的细砂和粉砂的土或明沟排水易引起流砂、坍方等情况使用。该方法降低水位深度一般在 3~6 m。轻型井点设备主要由井点管（包括过滤器）、集水总管、抽水泵、真空泵等组成。

（3）喷射井点

喷射井点降水也是真空降水，是在井点管内部装设特制的喷射器，用高压水泵或空气压缩机通过井点管中的内管向喷射器输入高压水（喷水井点）或压缩空气（喷气井点）形成水汽射流，将地下水经井点外管与内管之间的缝隙抽出排走的降水方法。

喷射井点的抽水系统和喷射井管件比较复杂，运行时故障率相对较高，能量损耗很大，相对于其他井点法降水而言具有降水深度大、运行费用高的特点。喷射井点系统能在井点底部产生 250 mmHg（1 mmHg=133.322 Pa）的真空度，其降低水位深度一般在 8~20 m。它适用的土层渗透系数与轻型井点一样，一般为 0.1~50 m/d。

（4）管井（深井）井点

管井井点就是沿基坑每隔一定间距设置一个抽水井，每个管井单独用一台水泵（潜水泵、离心泵）不断抽水来降低地下水位。

管井井点适用于渗透系数大的砂砾层，地下水丰富的地层，以及轻型井点不易解决的工程。它具有施工简单、出水量大等特点，每口管井出水流量可达到 50~100 m³/h，可降低地下水位深度约 6~10 m。这种方法一般用于潜水层降水，通常土的渗透系数在 20~200 m/d 范围内时效果最好。

管井降水系统一般由管井、抽水泵（一般采用潜水泵、深井泵、深井潜水泵或真空深井泵等）、泵管、排水总管、排水设施等组成。管井由井孔、井管、过滤管、沉淀管、填砾层、止水封闭层等组成。当降水深度超过 15 m 时，可在管井井点中采用深井泵。这种采用深井泵的井点称为深井井点。深井井点一般可降低水位 30~40 m。深井井点是基坑支护中应用较多的降水方法，它的优点是排水量大、降水深度大、降水范围大。

**2. 降水方法选择**

降水方法应根据场地地质条件、降水目的、降水技术要求、降水工程可能涉及的工程环境保护等因素选用，并符合相关规定：地下水控制水位应满足基础施工要求，基坑范围内地下水水位应降至基础垫层以下不小于 0.5 m，对基底以下承压水应降至不产生坑底突涌的水位以下，对局部加深部位（电梯井、集水坑、泵房等）宜采取局部控制措施；降水过程中应采取防止土的细小颗粒流失的措施；应减少对地下水资源的影响；对工程环境的影响应在可控范围之内；应能充分利用抽排的地下水资源。

## 7.2.4　降水设计

**1. 降水系统的平面布置**

降水系统平面布置应根据深基坑工程的平面形状、场地条件及建筑条件确定，并应符合下列规定：

①面状降水工程降水井点宜沿降水区域周边呈封闭状均匀布置，距开挖上口边线不宜小于 1 m；

②线状、条状降水工程降水井宜采用单排或双排布置，两端应外延条状或线状降水井点围合区域宽度的 1~2 倍布置降水井；

③降水井点围合区域宽度大于单井降水影响半径或采用隔水帷幕的工程，应在围合区域内增设降水井或疏干井；

④在运土通道出口两侧应增设降水井；

⑤当降水区域远离补给边界，地下水流速较小时，降水井点宜等间距布置，当临近补给边界，地下水流速较大时，在地下水补给方向降水井点间距可适当减小；

⑥对于多层含水层降水宜分层布置降水井点，当确定上层含水层地下水不会造成下层含水层地下水污染时，可利用一个井点降低多层地下水水位；

⑦降水井点、排水系统布设应考虑与场地工程施工的相互影响。

**2. 降水观测孔布置**

地下水水位观测孔布置应符合下列规定：

①地下水控制区域外侧应布设水位观测孔，单项工程水位观测孔总数不宜少于 3 个观测孔间距宜为 20~50 m。降水工程水位观测孔宜沿降水井点外轮廓线、被保护对象周边或降水井点与被保护对象之间布置，相邻建筑、重要的管线或管线密集区应布置水位观测点；隔水帷幕水位观测孔宜布置在隔水帷幕的外侧约 2 m 处；回灌工程水位观测孔宜布置

在回灌井点与被保护对象之间。

②地下水控制区域内可设置水位观测孔；当采用管井、渗井降水时，水位观测孔应布置在控制区域中央和两相邻降水井点中间部位；当采用真空井点、喷射井点降水时，水位观测孔应布置在控制区域中央和周边拐角处。

③有地表水补给的一侧，可适当减小观测孔间距。

④分层降水时应分层布置观测孔。

**3. 主要降排水方法的设计要点**

（1）集水明排

集水明排应符合下列规定：

①对地表汇水、降水井抽出的地下水可采用明沟或管道排水；

②对坑底汇水可采用明沟或盲沟排水；

③对坡面渗水宜采用在渗水部位插打导水管引至排水沟的方式排水；

④必要时可设置临时明沟和集水井，临时明沟和集水井随土方开挖过程适时调整。

排水沟、集水井的截面应根据设计流量确定，设计排水流量应符合式（7.31）的规定。

$$Q \leqslant \frac{V}{1.5} \tag{7.31}$$

式中：$Q$ 为基坑涌水量，$m^3/d$；$V$ 为排水沟、集水井的排水量，$m^3/d$。

沿排水沟宜每隔 30~50 m 设置一口集水井。排水沟深度和宽度应根据基坑排水量确定，坡度宜为 0.1%~0.5%；集水井尺寸和数量应根据汇水量确定，深度应大于排水沟深度 1.0 m；排水管道的直径应根据排水量确定，排水管的坡度不宜小于 0.5%。

（2）轻型井点

轻型井点布设除应符合降水系统平面布置的原则外，尚应符合下列规定：

①当轻型井点孔口至设计降水水位的深度不超过 6.0 m 时，宜采用单级轻型井点；当大于 6.0 m 且场地条件允许时，可采用多级轻型井点降水，多级井点上下级高差宜取 4.0~5.0 m。

②井点系统的平面布置应根据降水区域平面形状、降水深度、地下水的流向以及土的性质确定，可布置成环形、U 形和线形（单排、双排）。

③井点间距宜为 0.8~2.0 m，距开挖上口边线的距离不应小于 1.0 m；集水总管宜沿抽水水流方向布设，坡度宜为 0.25%~0.5%。

④降水区域四角位置井点宜加密

⑤降水区域场地狭小或在涵洞、地下暗挖工程、水下降水工程，可布设水平、倾斜井点。

轻型井点的构造应符合下列规定：

①井点管宜采用金属管或塑料管，直径应根据单井设计出水量确定，宜为 38~110 mm。

②过滤器管径应与井点管直径一致，滤水段管长度应大于 1.0 m；管壁上应布置渗水孔，直径宜为 12~18 mm；渗水孔宜呈梅花形布置，孔隙率应大于 15%；滤水段之下应设置沉淀管，沉淀管长度不宜小于 0.5 m。

③管壁外应根据地层土粒径设置滤水网，滤水网宜设置两层，内层滤网宜采用 60~80 目尼龙网或金属网，外层滤网宜采用 3~10 目尼龙网或金属网，管壁与滤网间应采用金属丝绕成螺旋形隔开，滤网外应再绕一层粗金属丝。

④孔壁与井管之间的滤料宜采用中粗砂，滤料上方应用黏土封堵，封堵至地面的厚度应大于 1.0 m。

⑤集水总管宜采用 $\varphi 89~127$ mm 的钢管，每节长度宜为 4 m，其上应安装与井管相连接的接头。

⑥井点泵应用密封胶管或金属管连接各井，每个泵可带动 30~50 个轻型井点。

（3）喷射井点

喷射井点布设除应符合降水系统平面布置的原则外，尚应符合下列规定：

①当降水区域宽度小于 10 m 时宜单排布置，当降水区域宽度大于 10 m 时宜双排布置，面状降水工程宜环形布置；

②喷射井点间距宜为 1.5~3.0 m，井点深度应比设计开挖深度大 0.3~0.5 m；

③每组喷射井点系统的井点数不宜超过 30 个，总管直径不宜小于 150 mm，总长不宜超过 60 m，每组井点应自成系统。

喷射井点的构造应符合下列规定：

①井点的外管直径宜为 73~108 mm，内管直径宜为 50~73 mm。

②过滤器管径应与井点管径一致，滤水段管长度应大于 1.0 m；管壁上应布置渗水孔，直径宜为 12~18 mm；渗水孔宜呈梅花形布置，孔隙率应大于 15%；滤水段之下应设置沉淀管，沉淀管长度不宜小于 0.5 m。

③管壁外应根据地层土粒径设置滤水网；滤水网宜设置两层，内层滤网宜采用 60~80 目尼龙网或金属网，外层滤网宜采用 3~10 目尼龙网或金属网，管壁与滤网间应采用金属丝绕成螺旋形隔开，滤网外应再绕一层粗金属丝。

④井孔成孔直径不宜大于 600 mm，成孔深度应比滤管底深 1 m 以上。

⑤喷射井点的喷射器应由喷嘴、联管、混合室、负压室组成，喷射器应连接在井管的下端；喷射器混合室直径宜为 14 mm，喷嘴直径宜为 6.5 mm，工作水箱不应小于 10 m。

⑥工作水泵可采用多级泵，水泵压力应大于 2 MPa。

（4）管井（深井）井点

管井的布设除应符合降水系统平面布置的原则外，尚应符合下列规定：

①管井位置应避开支护结构、工程桩、立柱、加固区及坑内布设的监测点；

②临时设置的降水管井和观测孔孔口高度可随工程开挖进行调整；

③工程采用逆作法施工时应考虑各层楼板预留管井洞口；

④当管井间地下分水岭的水位未达到设计降水深度时，应根据抽水试验的浸润曲线反

算管井间距和数量并进行调整。

管井的构造和设备应符合下列规定：

①管井井管直径应根据含水层的富水性及水泵性能选取，并管外径不宜小于 200 mm，井管内径应大于水泵外径 50 mm；

②管井成孔直径宜为 400~800 mm；

③沉砂管长度宜为 1.0~3.0 m；

④抽水设备出水量应大于单井设计出水量的 30%。

管井过滤器有缠丝过滤器、包网过滤器和填砾过滤器等种类，抽水孔过滤器骨架管有钢筋混凝土穿孔管、无砂混凝土管、金属管、钢筋骨架塑料管等，抽水孔过滤器骨架管的孔隙率不宜小于 15%。

### 4. 设计计算

降水设计计算的主要内容有：基坑涌水量计算、单井出水量设计、降水井的数量与深度、滤水管长度和形式、承压水降水基坑开挖底板稳定性计算、降水区内地下水位的预测计算、降水引起的周边地面沉降计算等，具体内容如下。

（1）基坑涌水量估算

对于矩形基坑，布置于基坑周边的降水井点同时抽水，在影响半径范围内相互干扰，形成大致以基坑中心为降落漏斗中心的大降落漏斗，等效为一口井壁由各个降水井进水组成、井半径为 $r_0$、井内水位降深为 $S$ 的大直径井抽水。

①大井法估算公式

按均质含水层潜水完整井简化的基坑降水总涌水量计算如式（7.32）所示。

$$Q = \pi k \frac{(2H_0 - s_0)s_0}{\ln\left(1 + \dfrac{R}{r_0}\right)} \tag{7.32}$$

式中：$Q$ 为基坑降水总涌水量，$\mathrm{m^3/d}$；$k$ 为渗透系数，$\mathrm{m/d}$；$H_0$ 为潜水含水层厚度，$\mathrm{m}$；$s_0$ 为基坑水位降深，$\mathrm{m}$；$R$ 为降水影响半径，$\mathrm{m}$；$r_0$ 为沿基坑周边均匀布置的降水井群所围面积等效圆的半径，$\mathrm{m}$。

按均质含水层潜水非完整井简化的基坑降水总涌水量计算计算如式（7.33）所示。

$$Q = \pi k \frac{H_0^2 - \left(\dfrac{H_0 + h}{2}\right)^2}{\ln\left(1 + \dfrac{R}{r_0}\right) + \dfrac{\dfrac{H_0 + h}{2} - l}{l}\ln\left(1 + 0.2\dfrac{H_0 + h}{2r_0}\right)} \tag{7.33}$$

式中：$h$ 为基坑动水位至含水层底面的深度，$\mathrm{m}$；$l$ 为滤管有效工作部分的长度，$\mathrm{m}$；其余符号意义同前。

按均质含水层承压水完整井简化的基坑降水总涌水量计算如式（7.34）所示。

$$Q = 2\pi k \frac{Ms_0}{\ln\left(1 + \dfrac{R}{r_0}\right)} \tag{7.34}$$

式中：$M$ 为承压含水层厚度，m；其余符号意义同前。

按均质含水层承压水非完整井简化的基坑降水总涌水量计算如式（7.35）所示。

$$Q = 2\pi k \frac{Ms_0}{\ln\left(1 + \dfrac{R}{r_0}\right) + \dfrac{M - l}{l}\ln\left(1 + 0.2\dfrac{M}{r_0}\right)} \tag{7.35}$$

式中：符号意义同前。

按均质含水层承压~潜水非完整井简化的基坑降水总涌水量计算如式（7.36）所示。

$$Q = \pi k \frac{(2H_0 - M)M - h^2}{\ln\left(1 + \dfrac{R}{r_0}\right)} \tag{7.36}$$

式中：符号意义同前。

对于窄条形或线形（长宽比>10）基坑，例如长条形的地铁车站或区间隧道基坑。不宜强行概化为大口径井，当地下水类型为潜水时，按照式（7.37）计算；当地下水类型为承压水时，按照式（7.38）计算。

$$Q = \frac{kL(H^2 - h^2)}{R} + \frac{1.366k(H^2 - h^2)}{\lg R - \lg\left(\dfrac{B}{2}\right)} \tag{7.37}$$

$$Q = \frac{2kLMS}{R} + \frac{2.73kMS}{\lg R - \lg\left(\dfrac{B}{2}\right)} \tag{7.38}$$

式中：$Q$ 为基坑涌水量，$m^3/d$；$L$ 为基坑长度，m；$k$ 为含水层渗透系数，m/d；$B$ 为基坑宽度，m；$h$ 为动水位至含水层底板深度，m；$S$ 为基坑地下水降深，m；$H$ 为潜水含水层厚度，m；$R$ 为降水影响半径，m；$M$ 为承压含水层厚度，m。

②含水层影响半径

含水层的影响半径宜通过试验确定。缺少试验时，可接式（7.39）（7.40）计算并结合当地经验取值。

潜水含水层： $$R = 2S_w\sqrt{kH} \tag{7.39}$$

承压水含水层： $$R = 10S_w\sqrt{k} \tag{7.40}$$

式中：$R$ 为影响半径，m；$S_w$ 为井水位降深，m，当井水位降深小于 10m 时，取 $S_w = 10$ m；$k$ 为含水层的渗透系数，m/d；$H$ 为潜水含水层厚度，m。

（2）单井出水量计算

单井出水量又名单井流量，它指一口地下水井在某一降深条件下的流量。各类井的单井出水能力可按下列规定取值，当单井出水能力小于设计单井流量时应增加井的数量、井的直径或深度。

轻型井点出水能力可取 $36 \sim 60$ m$^3$/d。喷射井点出水能力可按表7.1取值。

表7.1 喷射井点的出水能力

| 外管直径/mm | 喷射管 | | 工作水压力/MPa | 工作水流量/(m$^3$/d) | 设计单井出水流量/(m$^3$/d) | 适用含水层渗透系数/(m/d) |
| --- | --- | --- | --- | --- | --- | --- |
| | 喷嘴直径/mm | 混合室直径/mm | | | | |
| 38 | 7 | 14 | $0.6 \sim 0.8$ | $112.8 \sim 163.2$ | $100.8 \sim 138.2$ | $0.1 \sim 5.0$ |
| 68 | 7 | 14 | $0.6 \sim 0.8$ | $110.4 \sim 148.8$ | $103.2 \sim 138.2$ | $0.1 \sim 5.0$ |
| 100 | 10 | 20 | $0.6 \sim 0.8$ | 230.4 | $259.2 \sim 388.8$ | $5.0 \sim 10.0$ |
| 162 | 19 | 40 | $0.6 \sim 0.8$ | 720 | $600 \sim 720$ | $10.0 \sim 20.0$ |

管井的单井出水量可按式（7.41）计算。

$$q_0 = 120\pi r_s l^3 \sqrt{k} \tag{7.41}$$

式中：$q_0$ 为单井出水量，m$^3$/d；$r_s$ 为过滤器半径，m；$l$ 为过滤器进水部分长度，m；$k$ 为含水层渗透系数，m/d。

大井法估算时等效半径 $r_0$ 可根据基坑形状计算。当基坑为圆形或近似圆形时，计算如式（7.42）所示；当基坑为矩形时，计算如式（7.43）所示；当基坑为不规则的多边形时，计算如式（7.44）所示。

$$r_0 = \sqrt{\frac{A}{\pi}} \tag{7.42}$$

$$r_0 = \frac{\zeta(l + b)}{4} \tag{7.43}$$

$$r_0 = \sqrt[n]{r_1 r_2 r_3 \cdots r_n} \tag{7.44}$$

式中：$A$ 为基坑面积，m$^2$；$l$ 为基坑长度，m；$b$ 为基坑宽度，m；$\zeta$ 为基坑形状修正系数；$r_1$、$r_2$、$r_3$、$\cdots$、$r_n$ 为多边形基坑各顶点到多边形中心的距离，m。

（3）降水井深度

降水井的深度可根据基底深度、降水深度、含水层的埋藏分布、地下水类型、降水井的设备条件以及降水期间的地下水位动态等因素按式（7.45）确定。

$$H_W = H_{W1} + H_{W2} + H_{W3} + H_{W4} + H_{W5} + H_{W6} \tag{7.45}$$

式中：$H_W$ 为降水井点深度，m；$H_{W1}$ 为基底深度，m；$H_{W2}$ 为降水水位距离基坑底要求的深度，m；$H_{W3}$ 为水力坡度与降水井分布范围的等效半径或降水井排间距的1/2的乘积；$H_{W4}$ 为降水期间的地下水位变幅，m；$H_{W5}$ 为降水井过滤器工作长度，m；$H_{W6}$ 为沉砂管长度，m。

（4）过滤器（管）的长度

过滤器（管）长度应符合下列规定：

①对轻型井点和喷射井点，过滤器的长度不宜小于含水层厚度的1/3。

②管井过滤器长度宜与含水层厚度一致。当含水层较厚时，过滤器的长度 $l$ 可按式（7.46）计算确定。

$$l = \frac{q}{\pi \times d \times n_e \times v} \qquad (7.46)$$

式中：$q$ 为单井出水量，$m^3/s$；$n_e$ 为滤水管的有效孔隙率，宜为滤水管进水表面孔隙率的 50%；$d$ 为滤水管的外径，m；$v$ 为滤水管进水流速，m/s。

（5）降水井数量和间距

降水井的数量可根据基坑涌水量和设计单井出水量按式（7.47）计算。

$$n = \frac{\lambda Q}{q} \qquad (7.47)$$

式中：$n$ 为降水井数量，个；$Q$ 为基坑涌水量，$m^3/d$；$q$ 为单井出水量，$m^3/d$；$\lambda$ 为调整系数，一级安全等级取 1.2，二级安全等级取 1.1，三级安全等级取 1.0。

承压水降水应设置备用井，备用井数量应为计算降水井数量的 20%。

根据降水井围合区域周长即可计算降水井的间距，如式（7.48）所示。

$$s = \frac{c}{n} \qquad (7.48)$$

式中：$s$ 为降水井间距，m；$c$ 为降水井轴线围合区域周长，m；$n$ 为降水井数量，个。

按照计算的间距布设降水井，在基坑的拐角部位或来水方向上可适当加密布设。

## 7.3 深基坑监测

### 7.3.1 监测的原则、对象与一般规定

1．监测的原则

基坑工程监测是一项涉及多门学科的工作，其技术要求较高，基本原则如下。

①监测数据必须是可靠真实的，数据的可靠性由测试元件安装或埋设的可靠性、监测仪器的精度以及监测人员的素质来保证。监测数据真实性要求所有数据必须以原始记录为依据，任何人不得篡改、删除原始记录。

②监测数据必须是及时的，监测数据需在现场及时计算处理，发现有问题可及时复测，做到当天测、当天反馈。

③埋设于土层或结构中的监测元件应尽量减少对结构正常受力的影响，埋设监测元件时应注意与岩土介质的匹配。

④对所有监测项目，应按照工程具体情况预先设定预警值和报警制度，预警体系包括变形或内力累积值及其变化速率。

⑤监测应整理完整监测记录表、数据报表、形象的图表和曲线，监测结束后整理出监测报告。

### 2. 监测的对象

深基坑工程监测的对象包括：支护结构、相关的自然环境、施工工况、地下水状况、基坑底部及周围土体、周围建筑、周围地下管线及地下设施、周围重要的道路、其他应监测的对象。

### 3. 监测的一般规定

①基坑工程监测点的布置应最大程度地反映监测对象的实际状态及其变化趋势，并应满足监控要求。

②基坑工程监测点的布置应不妨碍监测对象的正常工作，并尽量减少对施工作业的不利影响。

③监测标志应稳固、明显、结构合理，监测点的位置应避开障碍物，便于观测。

④在监测对象内力和变形变化大的代表性部位及周边重点监护部位，监测点应适当加密。

⑤应加强对监测点的保护，必要时应设置监测点的保护装置或保护设施。

## 7.3.2 监测的内容与监测点布置

### 1. 坡顶水平位移及竖向位移

基坑边坡顶部的水平位移和竖向位移监测点应沿基坑周边布置，基坑周边中部、阳角处应布置监测点。监测点间距不宜大于 20 m，每边监测点数目不应少于 3 个。监测点宜设置在基坑边坡坡顶上，布设形式如图 7-6 所示，监测精度如表 7-2 和表 7-3 所示。

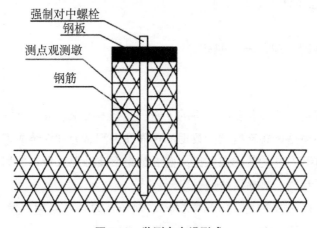

**图 7-6 监测点布设形式**

表 7-2 基坑围护墙（坡）顶水平位移监测精度要求 单位：mm

| 设计控制值 | 监测点坐标中误差 |
| --- | --- |
| ≤40 | ≤1.5 |
| 40~60 | ≤3.0 |
| >60 | ≤6.0 |

注：监测点坐标中误差系指监测点相对测站点（如工作基点等）的坐标中误差，为点位中误差的 $\sqrt{2}$ 倍。

表 7-3 基坑围护墙（坡）顶、墙后地表及立柱的竖向位移监测精度 单位：mm

| 竖向位移报警值 | 监测点测站高差中误差 |
| --- | --- |
| ≤20（35） | ≤0.3 |
| 20~40（35~60） | ≤0.5 |
| ≥40（60） | ≤1.5 |

注：1. 监测点测站高差中误差系指相应精度与视距的几何水准测量单程一测站的高差中误差；
2. 括号内数值对应于墙后地表及立柱的竖向位移报警值。

### 2. 围护墙顶水平位移及竖向位移

围护墙顶部的水平和竖向位移监测点应沿围护墙的周边布置，围护墙周边中部、阳角处应布置监测点。监测点间距不宜大于 20 m，每边监测点数目不应少于 3 个。监测点宜设置在冠梁上，布设形式和监测精度均同"坡顶水平位移及竖向位移"。

### 3. 深层水平位移

监测孔宜布置在基坑边坡、围护墙周边的中心处及代表性的部位，数量和间距视具体情况而定，但每边至少应设 1 个监测孔。当用测斜仪观测深层水平位移时，设置在围护墙内的测斜管深度不宜小于围护墙的入土深度；设置在土体内的测斜管应保证有足够的入土深度，保证管端嵌入到稳定的土体中，测点布设如图 7-7 所示，测斜仪精度如表 7-4 所示。

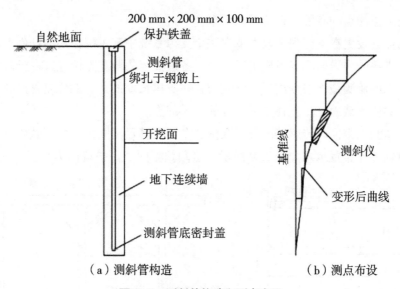

（a）测斜管构造　　　　　　（b）测点布设

图 7-7 测斜管构造和测点布设

表 7-4 测斜仪精度

| 基坑类别 | 系统精度/（mm/m） | 分辨率/（mm/500 mm） |
| --- | --- | --- |
| 一级 | 0.10 | 0.02 |
| 二级和三级 | 0.25 | 0.02 |

### 4. 围护墙内力

围护墙内力监测点应布置在受力、变形较大且有代表性的部位，监测点数量和横向间距视具体情况而定，但每边至少应设 1 处监测点。竖直方向监测点应布置在弯矩较大处，监测点间距宜为 3~5 m，布置如图 7-8 所示，应力计或应变计的量程宜为最大设计值的 1.2 倍，分辨率不宜低于 0.2%F·S，精度不宜低于 0.5%F·S。

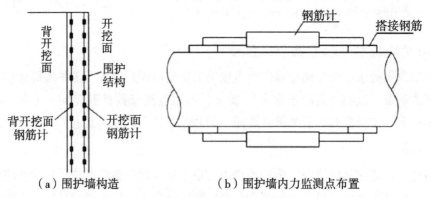

（a）围护墙构造　　　　　　（b）围护墙内力监测点布置

**图 7-8　围护墙构造和内力监测点布置**

### 5. 支撑内力

支撑内力监测点的布置应符合下列要求：

①监测点宜设置在支撑内力较大或在整个支撑系统中起关键作用的杆件上。

②每道支撑的内力监测点不应少于 3 个，各道支撑的监测点位置宜在竖向保持一致。

③钢支撑的监测截面根据测试仪器宜布置在支撑长度的 1/3 部位或支撑的端头。钢筋混凝土支撑的监测截面宜布置在支撑长度的 1/3 部位。

④每个监测点截面内传感器的设置数量及布置应满足不同传感器测试要求。钢支撑和混凝土支撑轴力计布置示意如图 7-9 所示，监测精度同"围护墙内力"。

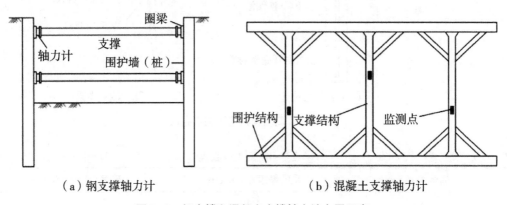

（a）钢支撑轴力计　　　　　　（b）混凝土支撑轴力计

**图 7-9　钢支撑和混凝土支撑轴力计布置示意**

### 6. 立柱竖向位移

立柱竖向位移监测点宜布置在基坑中部、多根支撑交汇处、施工栈桥下、地质条件复杂处的立柱上，监测点不宜少于立柱总根数的 10%，逆作法施工的基坑不宜少于 20%，且不应少于 5 根，测点布置如图 7-10 所示，监测精度同"基坑围护墙（坡）顶、墙后地表及立柱的竖向位移监测精度"。

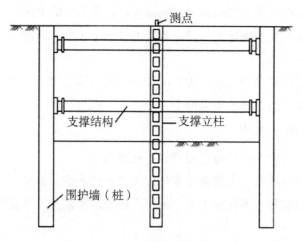

**图 7-10　立柱竖向位移测点布置**

### 7. 锚杆拉力

锚杆拉力监测点应选择在受力较大且有代表性的位置，基坑每边跨中部位和地质条件复杂的区域宜布置监测点。每层锚杆的拉力监测点数量应为该层锚杆总数的 1%~3%，并不应少于 3 根。每层监测点在竖向上的位置宜保持一致。每根杆体上的测试点应设置在锚头附近位置，锚杆轴力计布置如图 7-11 所示，监测精度同"围护墙内力"。

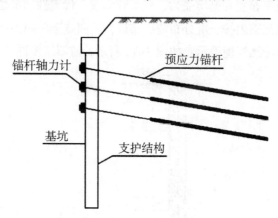

**图 7-11　锚杆轴力计布置**

### 8. 土钉拉力

土钉拉力监测点应沿基坑周边布置，基坑周边中部、阳角处宜布置监测点。监测点水平间距不宜大于 30 m，每层监测点数目不应少于 3 个。各层监测点在竖向上的位置宜保持一致。每根杆体上的测试点应设置在受力、变形有代表性的位置，测点布置同锚杆拉力，监测精度同"围护墙内力"。

### 9. 基底隆起

基坑底部隆起监测点应符合下列要求。

①监测点宜按纵向或横向剖面布置，剖面应选择在基坑的中央、距坑底边约 1/4 坑底宽度处以及其他能反映变形特征的位置。数量不应少于 2 个。纵向或横向有多个监测剖面时，其间距宜为 20~50 m。

②同一剖面上监测点横向间距宜为 10~20 m，数量不宜少于 3 个，监测点布置同坡顶水平位移及竖向位移，监测精度不宜低于 1 mm。

### 10. 围护墙侧向土压力

围护墙侧向土压力监测点的布置应符合下列要求。

①监测点应布置在受力、土质条件变化较大或有代表性的部位。

②平面布置上基坑每边不宜少于 2 个测点。在竖向布置上，测点间距宜为 2~5 m，下部宜加密。

③当按土层分布情况布设时，每层应至少布设 1 个测点，且布置在各层土的中部。

④土压力盒应紧贴围护墙布置，宜预设在围护墙的迎土面一侧。

土压力计的结构形式和埋设部位不同，埋设方法很多，例如挂布法、顶入法、弹入法、插入法、钻孔法等，土压力计的量程应满足被测压力的要求，其上限可取最大设计压力的 2 倍，精度不宜低于 0.5%F·S，分辨率不宜低于 0.2%F·S。

### 11. 孔隙水压力

孔隙水压力监测点宜布置在基坑受力、变形较大或有代表性的部位。监测点竖向布置宜在水压力变化影响深度范围内按土层分布情况布设，监测点竖向间距一般为 2~5 m，并不宜少于 3 个，孔隙水压力传感器埋设示意如图 7-12 所示，监测精度同"围护墙侧向土压力"。

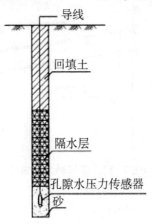

导线
回填土
隔水层
孔隙水压力传感器
砂

**图 7-12 孔隙水压力传感器埋设示意**

### 12. 基坑内地下水位

基坑内地下水位监测点的布置应符合下列要求。

①当采用深井降水时，水位监测点宜布置在基坑中央和两相邻降水井的中间部位；当采用轻型井点、喷射井点降水时，水位监测点宜布置在基坑中央和周边拐角处，监测点数量视具体情况确定。

②水位监测管的埋置深度（管底标高）应在最低设计水位之下3~5 m。对于需要降低承压水水位的基坑工程，水位监测管埋置深度应满足降水设计要求。地下水位观测井如图7-13所示，监测精度不宜低于10 mm。

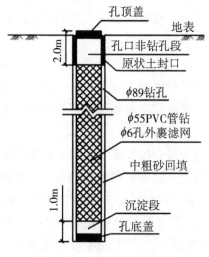

**图7-13 地下水位观测井**

### 13. 基坑外地下水位

基坑外地下水位监测点的布置应符合下列要求。

①水位监测点应沿基坑周边、被保护对象（如建筑物、地下管线等）周边或在两者之间布置，监测点间距宜为20~50 m。相邻建筑、重要的地下管线或管线密集处应布置水位监测点；如有止水帷幕，宜布置在止水帷幕的外侧约2 m处。

②水位监测管的埋置深度（管底标高）应在控制地下水位之下3~5 m。对于需要降低承压水水位的基坑工程，水位监测管埋置深度应满足设计要求。

③回灌井点观测井应设置在回灌井点与被保护对象之间。测点布置同"基坑内地下水位"，监测精度不宜低于10 mm。

### 14. 周边环境

①基坑边缘以外1~3倍开挖深度范围内需要保护的建筑、地下管线等均应作为监控对象。必要时，尚应扩大监控范围。

②位于重要保护对象（如地铁、上游引水、合流污水等）安全保护区范围内的监测点的布置，尚应满足相关部门的技术要求。

③建筑的竖向位移监测点布置应符合的要求：建筑四角、沿外墙每 10~15 m 处或每隔 2~3 根柱基处，且每边不少于 3 个监测点；不同地基或基础的分界处；建筑不同结构的分界处；变形缝、抗震缝或严重开裂处的两侧；新、旧建筑物或高、低建筑物交接处的两侧；烟囱、水塔和大型储仓罐等高耸构筑物基础轴线的对称部位，每一构筑物不得少于 4 点。

④建筑的水平位移监测点应布置在建筑物的墙角、柱基及裂缝的两端，每侧墙体的监测点不应少于 3 处。

⑤建筑倾斜监测点应符合的要求：监测点宜布置在建筑角点、变形缝或抗震缝两侧的承重柱或墙上；监测点应沿主体顶部、底部对应布设，上、下监测点应布置在同一竖直线上；当采用铅锤观测法、激光铅直仪观测法时，应保证上、下测点之间具有一定的通视条件。建筑物倾斜监测精度应符合有关规定。

⑥建筑的裂缝监测点应选择有代表性的裂缝进行布置，在基坑施工期间当发现新裂缝或原有裂缝有增大趋势时，应及时增设监测点。每一条裂缝的测点至少设2组，裂缝的最宽处及裂缝末端宜设置测点，裂缝宽度监测精度不宜低于 0.1 mm，长度和深度监测精度不宜低于 1 mm。

⑦地下管线监测点的布置应符合的要求：应根据管线年份、类型、材料、尺寸及现状等情况，确定监测点设置；监测点宜布置在管线的节点、转角点和变形曲率较大的部位，监测点平面间距宜为 15~25 m，并宜延伸至基坑以外 20 m；上水、煤气、暖气等压力管线宜设置直接监测点。直接监测点应设置在管线上，也可以利用阀门开关、抽气孔以及检查井等管线设备作为监测点；在无法埋设直接监测点的部位，可利用埋设套管法设置监测点，也可采用模拟式测点将监测点设置在靠近管线埋深部位的土体中。管线监测点埋设如图 7-14 所示，水平位移监测精度不宜低于 1.5 mm，竖向位移监测精度不宜低于 0.5 mm。

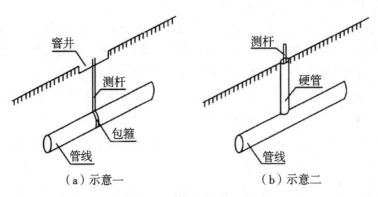

（a）示意一　　　　　（b）示意二

图 7-14　管线监测点埋设

⑧基坑周边地表竖向沉降监测点的布置范围宜为基坑深度的 1~3 倍，监测剖面宜设在坑边中部或其他有代表性的部位，并与坑边垂直，监测剖面数量视具体情况确定。每个监测剖面上的监测点数量不宜少于 5 个，埋设示意同地下管线监测点的布置，竖向位移监

测精度应符合相关规范、规程的规定。

⑨土体分层竖向位移监测孔应布置在有代表性的部位，数量视具体情况确定，并形成监测剖面。同一监测孔的测点宜沿竖向布置在各层土内，数量与深度应根据具体情况确定，在厚度较大的土层中应适当加密，监测精度不宜低于 1 mm。

### 7.3.3　监测技术

#### 1. 深基坑工程自动化监测技术

随着计算机技术和工业化水平的提高，基坑工程自动化监测技术发展迅速，目前国内很多深大险难的深基坑工程在施工时开始选择自动化连续监测。相对于传统的人工监测，自动化监测具有以下特点。

①自动化监测可以连续地记录观测对象完整的变化过程，并且可实时得到观测数据。借助于计算机网络系统，还可以将数据传送到网络覆盖范围内的任何需要这些数据的部门和地点。特别是在大雨、大风等恶劣气象条件下，自动监测系统取得的数据尤其宝贵。

②采用自动监测系统不但可以保证监测数据正确、及时，而且一旦发现超出预警值范围的量测数据，系统能马上报警，辅助工程技术人员作出正确的决策，并及时采取相应的工程措施，真正做到"未雨绸缪，防患于未然"。

③就经济效益来看，采用自动监测后，整个工程的成本并不会有太大的提高。大部分自动监测仪器除传感器需埋入工程中不可回收外，其余的数据采集装置等均可回收再利用，其成本会随着工程数量的增多而平摊到每个工程的成本并不会很高。与人工监测相比，自动监测由于不需要人员进行测量，因此对人力资源的节省是显而易见的，当工地采用自动监测后，只需要一两个人进行维护即可达到完全实现自动监测的目的。采用自动监测后，即可以对全过程进行实时监控，出现工程事故的可能性就会非常小，其隐形的经济效益和社会效益非常巨大。

#### 2. 深基坑工程远程监控技术

深基坑工程具有较大的风险，施工过程中的全程监控和实时数据处理至关重要，相应地基坑工程的远程监控技术应运而生。

远程监控系统一般由两部分组成。第一部分是后台数据分析计算软件，可以对当天工地现场实测数据进行处理、分析，并结合基坑围护结构设计参数、地质条件、周围环境以及当天施工工况等因素进行预警、报警，提出风险预案等。第二部分是基于网络的预警发布平台，它基于 Web GIS 开发，可以将后台的分析结果以多种形式发布，并通过网络电脑或手机短信的方式将预警信息发送给相关责任人，达到施工全过程信息化监控，将工程隐患消灭在萌芽状态。该系统主要有以下特点。

①远程监控系统通过构架在 Internet 上的分布式监控管理终端，把建筑工地和工程管理单位联系在一起，形成了高效方便的数字化信息网络。

②远程监控系统通过对计算机技术的运用，能够同时把正在施工的所有工地信息联系

在一起，从而方便了工程管理单位的管理，实现了分散工程集中管理和单位部门之间的信息、人力、物力资源的共享。

③远程监控系统通过运用数据库技术，使各种工程资料、工程文档的保存及查询变得极为便利。

## 7.4 成都国际商城基坑工程支护设计案例

### 7.4.1 工程概况

#### 1. 工程位置和项目概况

成都国际商城项目是成都中强实业有限公司的房地产开发项目，建设地点位于成都市东御街与染房街之间，盐市口西侧，建设净用地面积 20 478.32 m²。该项目为高层民用建筑，建筑主体部分写字楼为 39 层，建筑总高度 167.8 m，住宅楼为 28 层，建筑高度 99.95 m，裙楼部分沿染房街为 5 层高，建筑高度 26.45 m，沿东御街为 8 层高，建筑高度 37.4 m。结构形式为钢筋混凝土现浇框架剪力墙结构。地下部分 4 层，基础型式为筏板基础，基础底标高 -19.4~-21.6 m，筏板厚度约 2.5 m。工程 ±0.00 标高为 502.00 m。东御街路面平均标高为 501.5 m，染房街路面平均标高为 499.50 m，顺城大街路面平均标高为 500.00 m。工程现场如图 7-15 所示。

图 7-15 工程现场

#### 2. 工程地质及水文地质条件

（1）地形地貌

拟建场地位于黄金地段，地理环境十分优越，交通非常便利。场地为旧房拆迁地段，地形较平坦。勘察期间场地地面标高 499.38~502.23 m，最大高差约3.0 m，场地地势总体上北高南低。地貌单元属岷江水系 I 级阶地。

（2）地层分布特征

根据成都国际商城岩土工程勘察报告书，其地层及分布特征分述如下。

①人工填土。

杂填土,褐~灰褐色,以建筑垃圾为主,含少量黏性土、植物根茎及生活垃圾,层厚2~3 m;下部为素填土,黄灰~褐灰色,湿,可塑,以黏性土、粉土为主,含少量碎砖瓦块,层厚2~3 m。

②中砂、细砂。

褐灰色,干~饱和,厚度较小,平均厚度小于1.0 m。

③卵石层。

褐灰色,干~饱和,分为松散、稍密、中密、密实四个亚层,其顶板埋深为3.2~8.0 m,卵石粒径2~10 cm,卵石间充填中砂、细砂、圆砾及细粒土,密实卵石层局部下段卵石具有轻微胶结现象。

④泥岩结构。

棕红~紫红色,该层顶板埋深在自然地面下24~26 m,细分为强风化泥岩、中等风化泥岩。强风化泥岩:泥质结构,层理构造,岩体破碎,岩芯呈碎块状或角砾状。中等风化泥岩:泥、钙质结构,块状构造,中厚层状,岩芯呈短柱状,裂隙较发育。

(3)水文地质条件

①地下水位。

场地地下水类型主要有3类。

a)分布于上部填土层的上层滞水,其水量较小。

b)赋存于砂卵石层中的孔隙潜水,是该场地主要地下水类型。受大气降水及上游地下水补给,水量丰富,水位变化受季节性控制。受附近场地施工降水影响,稳定水位一般为7.0~14.0 m,稳定水位标高一般为487.35~494.99 m,预计在不受外界降水影响,至丰水期,其水位一般在卵石层面附近,最高水位标高约为497.5 m。

c)分布于泥岩中的基岩裂隙水,主要受邻区地下水侧向补给,各地段富水性不一,无统一的自由水面,总体上看,其水量一般不大,但裂隙发育地段水量较丰富。

②地下水的腐蚀性评价。

场地地下水对混凝土结构和混凝土结构中的钢筋不具腐蚀性,对钢结构具有弱腐蚀性。

3. 基坑工程的特点

该基坑工程具有以下特点,在进行降水、深基坑支护与土石方开挖方案设计、施工时必须采取相应的技术措施。

①该基坑工程开挖深度极深,最大达到23.50 m。目前成都地区已施工完成并投入使用的基坑最大深度为23.8 m左右(群光大陆广场),可作为工程类比,参考其成功经验。

②该基坑开挖面积大,开挖底面积达到20 940 m²,最大边长达到280 m以上,支护结构内力与变形的空间效应明显。

③场地狭窄,基坑1.0H(H为基坑深度)范围内均有永久性建筑物和市政干道,分布有多条多种地下管线,对变形要求严格,对变形量的控制必须满足其最大要求。

④基岩埋深平均深度为 24.0 m，降水临界深度为基岩面以上 2.0~3.0 m，降水难度大，同时基岩内部分布有少量裂隙水。

⑤土方开挖深度与面积均较大，开挖方案必须分区与分层进行，充分考虑主、被动土压力平衡作用，避免不同区域主动土压力过大或过小，并与支护施工紧密结合，形成一个有机体系。

⑥变形控制的不确定性，变形控制是支护结构设计与施工的关键影响因素。

### 7.4.2 设计计算参数

#### 1. 岩土物理力学参数

根据成都国际商城岩土工程勘察报告书和成都市基坑支护工程施工设计经验，综合确定基坑坑壁土体物理力学指标参数如表 7-5 所示。

表 7-5 基坑坑壁土体物理力学指标参数

| 土名 | 重度 $\gamma/(kN/m^3)$ | 承载力特征值 $f_{ak}/kPa$ | 压缩模量 $E_s/MPa$ | 黏聚力标准值 $C_k/kPa$ | 内摩擦角标准值 $\varphi_k/(°)$ | 岩土体与锚固体黏结强度极限摩阻力标准值 $q_{si}/kPa$ |
|---|---|---|---|---|---|---|
| 杂填土①$_1$ | 17.5 | / | / | 5 | 10 | 2 |
| 素填土①$_2$ | 19.0 | 100 | 3 | 10 | 10 | 20 |
| 中砂②$_1$ | 18.5 | 140 | 8.5 | 0 | 28 | 70 |
| 松散卵石②$_2$ | 20.0 | 200 | 19 | 0 | 35 | 100 |
| 稍密卵石②$_3$ | 20.5 | 320 | 28 | 0 | 40 | 160 |
| 中密卵石②$_4$ | 21.5 | 550 | 40 | 0 | 45 | 220 |
| 密实卵石②$_5$ | 22.5 | 700 | 45 | 0 | 50 | 240 |
| 细砂③$_1$ | 18.0 | 110 | 7 | 0 | 30 | 70 |
| 松散卵石③$_2$ | 20.0 | 230 | 20 | 5 | 37 | 120 |
| 稍密卵石③$_3$ | 21.0 | 350 | 30 | 5 | 43 | 180 |
| 中密卵石③$_4$ | 22.0 | 580 | 45 | 5 | 48 | 240 |
| 密实卵石③$_5$ | 23.0 | 750 | 50 | 5 | 53 | 260 |
| 强风化泥岩④$_1$ | 21.0 | 200 | 20 | 45 * | 30 * | 220 |
| 中等风化泥岩④$_2$ | 21.7 | 600 | / | 800 * | 40 * | 260 |

注：表中砂卵石层抗剪强度根据地勘报告予以适当提高；"＊"表示根据成都地区经验取值；岩土体与锚固体极限摩阻力标准值勘察报告中未提供，均根据成都地区建筑地基基础设计规范取值；锚索正式施工前应进行抗拔承载力基本试验，以验证设计取值可靠性。

#### 2. 荷载参数

基坑顶面荷载按均布荷载 $q=10$ kPa 考虑，建筑物附加荷载按 15 kPa/层考虑。

### 7.4.3 基坑支护体系

该工程基坑开挖深度按 20.0~23.5 m 考虑；基坑支护采用人工挖孔灌注锚拉桩支护结构，降水采用井点降水+明排水措施。基坑安全等级为一级，重要性系数为 1.1。基坑支护结构使用时限：2 年，属临时支护。

1. 排桩

采用人工挖孔灌注桩，桩身直径 1.0 m，护壁外径 1.3 m，护壁厚度 15 cm，护壁必须按设计配置钢筋并浇筑密实，保证施工安全。

2. 预应力锚索

锚索直径 $\phi$150 mm，锚索采用 $1\times7\phi_s$15.2 mm 无黏结 1 860 MPa 钢绞线。部分锚索设置于桩间，采用槽钢腰梁与支护桩连接构成锚拉式支护结构，其余各排锚索设置于桩上，人工挖孔灌注桩浇筑时预埋 $\phi$200 mm 钢管（壁厚 2~3 mm）预留锚索孔位。

3. 冠梁

桩顶设置冠梁，800 mm 高，1 300 mm 宽，连梁与支护桩构成平面排架共同作用。冠梁以上至地面 2.0 m 高采用喷锚支护，按 1：0.3 放坡，钢筋网 $\phi$6.5 mm@ 200 mm×200 mm，加强筋采用 $\phi$14 mm 钢筋，喷射 C20 混凝土，厚 5~8 cm。

4. 桩间支护

桩间支护采用钢筋网+喷混凝土，钢筋网采用 $\phi$6.5 mm@ 200 mm×200 mm 钢筋，加强筋采用 $\phi$14 mm@ 1 000 mm×3 000 mm 钢筋，喷 C20 混凝土，厚 8~10 cm。排桩浇桩前按 1.5 m 间距预埋长 0.6 m 的连接钢筋，桩间加强筋与预埋钢筋连接。

### 7.4.4 排水体系设计

（1）该工程采用管井降水，并结合明排水措施。孔隙潜水稳定水位按 8.0 m 考虑，降至-22.0 m（基岩面上约 2.0 m），降深 14.0 m，渗透系数 $K$=15.0~20 m/d。含砂率小于 0.005%。

（2）降水井成孔直径 $\phi$600 mm，井管内壁直径为 300 mm，平均间距 15 m，管井深 32.5 m，共 49 口。

（3）在桩孔内、基坑内采取明排水措施，设置集水坑，采用污水泵将集水排内。

（4）对基坑周边进行硬化，防止地表水下渗。在地表用 C15 混凝土硬化至围墙，厚度 5 cm，坡度为 3%，向坑外坡。砌筑宽 0.3 m、高 0.3 m 截排水沟。

（5）该工程降水井布置是考虑排桩施工的需要，排桩施工完成后，可根据现场情况停抽 1/3 至 1/2 的降水井。

### 7.4.5  排桩与预应力锚索设计

1. 排桩

（1）混凝土强度等级

①人工挖孔桩桩芯：C30 混凝土。

②冠梁混凝土：C30 混凝土。

③人工挖孔桩护壁，桩间网喷混凝土及垫层混凝土：C20 混凝土。

（2）钢筋

①钢筋采用 HRB335、HPB235 级钢筋，材质应分别符合《绿色设计产品评价技术规范 钢筋混凝土用热轧带肋钢筋》（YB/T 4902—2021）等现行标准。

②人工挖孔桩的钢筋笼必须采用焊接接头或机械连接接头，若采用焊接接头，钢筋焊接前必须按施工条件进行试焊，合格后方可施工。焊接工艺及质量按国家现行标准《钢筋焊接及验收规程》（JGJ 18—2012）的有关规定执行。

③焊条：用电弧焊接 HPB235 钢筋时采用 E43 焊条，焊接 HRB335 钢筋时采用 E50 焊条，焊接熔敷金属的化学成分和力学性能应满足规定。

（3）钢筋混凝土结构受力钢筋保护层厚度

①人工挖孔桩：50 mm。

②桩顶冠梁：50 mm。

③护壁：30 mm。

2. 预应力锚索

锚索钢绞线采用 $1 \times 7\phi_s 15.2$ mm（1 860 MPa）钢绞线，锚具采用 OVM 或 ESM15-4（3）型锚具。锚杆注浆为水灰比 0.5~1 的水泥浆（M30），注浆压力 0.5~2 MPa。腰梁采用 Q345A 槽钢 25b 型、22a 型、18a 型。注浆水泥采用 P.O 42.5 以上大厂普通硅酸盐水泥。

# 第8章　边坡工程设计

## 8.1　边坡稳定性分析

### 8.1.1　边坡稳定性影响因素

边坡广泛分布于自然界中，包括由地壳运动所形成的自然边坡（如天然的山坡、沟谷岸坡等）和人类工程活动所形成的人工边坡（铁路公路路堑与路堤边坡、采矿边坡等）。边坡岩土体在重力、地下水压力、工程作用力及地震力等的作用下，坡体内的应力场将发生改变，造成局部的应力集中，当应力超过岩土体强度时，边坡将发生破坏失稳。

边坡岩土体的失稳通常会给人类的工程活动及生命财产造成巨大损失。例如，2004年9月5日，重庆市万州天城开发区铁峰乡吉安村发生滑坡，摧毁了滑坡前缘的开县—云阳公路及有280年历史的民国场，导致1 182间房屋垮塌，1 250人受灾，死亡2人，重伤1人，轻伤4人，直接经济损失4 800万元，间接经济损失超过1亿元；2015年6月24日，重庆巫山县大宁河江东寺北岸红岩子滑坡，引发巨大涌浪，造成对岸靠泊的17艘船舶翻沉，致2人死亡，4人受伤。

由此可知，边坡失稳造成的危害巨大，必须对其进行重点研究，以保障人民生命财产及工程建设活动的安全。对边坡进行有效的稳定性分析，是判断其是否处于稳定状态的重要方法，评价成果是判断对其是否需要进行加固治理的重要依据。

影响边坡岩土体稳定性的因素很多。按是否与人类活动有关，可分为自然因素和人为因素。影响因素主要通过三个方面来改变边坡的稳定性：改变边坡的外形，如人工开挖、填土和河流冲刷等；改变边坡岩土体的力学性质，如降雨入渗、风化作用降低岩土体的强度等；改变边坡内的应力状态，如地下水压力、地震作用和堆载等。下面对主要的影响因素进行介绍。

1. 自然因素

（1）岩土体性质

岩土体性质主要是指岩土体的物理力学性质，不同类型的岩石其性质不同，对边坡稳定性的影响也不同。

通常岩石的强度是较高的，但当其所含软弱矿物（云母、蒙脱石、高岭石、绿泥石及滑石等）含量较高时，其强度将会降低。因此，在砂泥（页）岩互层，灰岩与页岩互层等含有软岩（页岩、泥岩、泥灰岩、千枚岩及风化凝灰岩等）的地层中，常发生沿砂泥（页）岩界面，灰岩与页岩界面等软弱界面滑动的滑坡。例如，三峡库区发育的巨型、大型基岩顺层滑坡中，绝大部分就发育在侏罗系砂泥岩层、三叠系巴东组泥岩、泥灰岩、粉砂岩互层的地层中。

在坚硬岩体（灰岩、砂岩、花岗岩等）形成的高陡边坡中，竖直结构面发育，则易发生崩塌。土质边坡的稳定性与土体的渗透性有密切关系。土体的渗透性越好，入渗的降雨越容易到达滑面，对边坡稳定性的影响越大。

（2）岩土体结构

赋存于一定的地质环境之中的岩土体，被不同级别、类型的结构面（岩层面、节理、断层、不整合面及片理等）所分割，这些结构面的性质、产状、密度及规模等均对岩土体的稳定性有重要影响。

通常边坡内的软弱结构面与边坡坡向近于一致，且软弱结构面倾角小于坡角时，容易发生滑坡；边坡内的软弱结构面与边坡坡向近于一致，且软弱结构面倾角大于坡角时，边坡稳定；边坡内的软弱结构面与边坡坡向相反，此类边坡最为稳定，发生滑坡的可能性很小，但有时会发生崩塌。

（3）地表水

地表水对边坡稳定性的影响，主要以河流的深切与侧蚀作用的影响最为显著。侵蚀基准面的降低，或新构造运动导致的区域性抬升，所产生的河流底蚀作用将使岸坡变得高陡，倾向河道的软弱结构面在深切作用下暴露，使边坡的稳定性降低。类似地，受河流弯道处的离心力及科里奥利力的作用，所产生的河流侧蚀将使河流凹岸变陡，一旦倾向河道的软弱结构面被"切露"（即在深切作用下暴露），边坡失稳的可能性将增大。

（4）地下水

地下水对边坡稳定性的影响十分显著，主要表现在以下几个方面。

①软化作用。

软化作用主要表现为岩体遇水后其强度降低的作用。当边坡岩体中含有较多的亲水性强或易溶矿物时，浸水后岩体容易软化、泥化，使其抗剪强度减小，导致边坡稳定性降低。一般黏土岩、泥质胶结的砂岩、泥灰岩等具有较强的软化性。

②静水压力作用。

边坡体内影响边坡稳定性的静水压力主要有两类：边坡内陡倾裂隙中充水形成的静水压力和滑动面处充水形成的静水压力。

a）边坡内陡倾裂隙中充水形成的静水压力。强降雨或水库水位变化等原因引起的地下水位上升，使边坡内陡倾裂隙充水，则裂隙面将受到静水压力作用，从而增大边坡岩体向临空面的下滑动力，降低边坡的稳定性。陡倾裂隙内水柱高度越高，所形成的静水压力就越大，对边坡稳定性的影响越大。

b）滑动面处充水形成的静水压力。在滑动面被地下水浸没的条件下，滑体底部将受到静水压力作用，降低滑动面上的有效应力，从而减小其抗剪强度，使边坡的稳定性降低。滑动面之上地下水位越高，所形成的静水压力就越大，对边坡稳定性的影响越大。

③动水压力作用。

边坡岩土体为透水介质时，由于水力梯度的作用，地下水在边坡体内发生渗流，将对边坡产生方向与渗流方向一致的动水压力作用，使边坡稳定性降低。水力梯度越大，动水压力就越大，对边坡稳定性的影响就越显著。因此，水库水位的迅速下降将产生较大水力梯度，导致滑坡发生。

相关研究成果表明：堆积层滑坡的稳定性与土体的渗透性有密切关系，在降雨后的短期内，土体渗透性越好，滑面孔隙水压力升高越明显，滑坡的稳定性降低程度越大；降雨期间，埋深较浅的滑面，入渗雨水能够较快到达，对滑坡稳定性的影响较大；在相同的降雨时间内，降雨强度越大，滑坡稳定性降低速率越快；降雨强度影响着滑坡发生的滞后性，在降雨总量一定的条件下，若降雨强度较大，雨停后，滑坡稳定性继续下降的程度较大；降雨总量控制着滑坡的最终稳定性，在降雨总量一定的条件下，尽管降雨强度不同，雨停后经过一段时间，滑坡稳定性系数均将趋于相近。

（5）地震

在地震波传播的过程中，地震力的作用会使边坡的稳定性受到影响。该影响表现为变形累积效应和失稳触发效应。

变形累积效应是指频繁的小震使边坡岩体结构不断松动，造成结构面产生累积错动，最终导致边坡失去稳定。失稳触发效应的表现形式较多，一般与强震有关。黄润秋等通过对大光包滑坡形成机制的研究表明，在强震过程中，靠近发震断层的强烈垂直地震动，导致坡体沿相对软弱的层间错动带分离，并产生垂向振冲或夯击效应，导致层间错动带进一步碎裂化，使滑带的摩阻力降低，同时，碎裂过程中伴随的扩容效应，使地下水强力挤入扩容空间，导致孔隙水压力激增，滑带抗剪强度急剧降低，从而促使滑坡骤然启动，产生高速滑动。

## 2. 人为因素

（1）地表开挖

地表开挖对边坡稳定性的影响主要表现在两个方面：一方面，开挖改变了边坡形态，使边坡坡高、坡度增加，应力场发生变化，导致边坡稳定性降低；另一方面，开挖使潜在不稳定的边坡临空，揭露了倾向坡外的软弱结构面，导致边坡稳定性降低。

（2）地下开挖

地下开挖对边坡稳定性的影响较大，尤其是地下采矿活动诱发的山体崩滑对人类活动带来了重大影响。地下采矿活动改变了坡体内部的应力场，使上覆岩层及地表发生变形、位移，并引起"悬臂效应"或顶板冒落，诱发平行于陡崖走向的深大裂隙产生，裂隙与边坡的控制性结构结合，易将岩体切割成潜在崩滑块体。

边坡稳定性分析的方法主要有三类：工程地质类比法、赤平投影法和刚体极限平衡法。下文将分别进行阐述。

### 8.1.2 工程地质类比法

工程地质类比法是地质学中常用的方法。它是把所要研究边坡的工程地质条件与众多的已被研究得比较清楚的边坡的工程地质条件进行对比，从中选择一个最相似的边坡，并把其经验应用到所要研究边坡的评价及设计中去的方法。工程地质类比时，需要全面分析工程地质条件和影响边坡稳定性的各种因素，比较它们的相似性与差异性。相似性越高，所得到的结果越可靠。

1. 工程地质类比成果在规范中的应用

《建筑边坡工程技术规范》（GB 50330—2013）的岩质边坡的岩体分类（如表 8-1 所示）中岩质直立边坡的自稳能力的确定及《滑坡崩塌泥石流灾害调查规范（1∶50 000）》（DZ/T 0261—2014）的斜坡稳定性野外判别依据（如表 8-2 所示）等均是工程地质类比法的应用。

表 8-1 岩质边坡的岩体分类

| 边坡岩体类型 | 判定条件 | | | |
|---|---|---|---|---|
| | 岩体完整程度 | 结构面结合程度 | 结构面产状 | 直立边坡自稳能力 |
| I | 完整 | 结构面结合良好或一般 | 外倾结构面或外倾不同结构面的组合线倾角>75°或<27° | 30 m 高的边坡长期稳定，偶有掉块 |
| II | 完整 | 结构面结合良好或一般 | 外倾结构面或外倾不同结构面的组合线倾角 27°~75° | 15 m 高的边坡稳定，15~30 m 高的边坡欠稳定 |
| | 完整 | 结构面结合差 | 外倾结构面或外倾不同结构面的组合线倾角>75°或<27° | 15 m 高的边坡稳定，15~30 m 高的边坡欠稳定 |
| | 较完整 | 结构面结合良好或一般 | 外倾结构面或外倾不同结构面的组合线的倾角>75°或<27° | 边坡出现局部落块 |
| III | 完整 | 结构面结合差 | 外倾结构面或外倾不同结构面的组合线倾角 27°~75° | 8 m 高的边坡稳定，15 m 高的边坡欠稳定 |
| | 较完整 | 结构面结合良好或一般 | 外倾结构面或外倾不同结构面的组合线倾角 27°~75° | 8 m 高的边坡稳定，15 m 高的边坡欠稳定 |
| | 较完整 | 结构面结合差 | 外倾结构面或外倾不同结构面的组合线倾角>75°或<27° | 8 m 高的边坡稳定，15 m 高的边坡欠稳定 |
| | 较破碎 | 结构面结合良好或一般 | 外倾结构面或外倾不同结构面的组合线倾角>75°或<27° | 8 m 高的边坡稳定，15 m 高的边坡欠稳定 |
| | 较破碎（碎裂镶嵌） | 结构面结合良好或一般 | 结构面无明显规律 | 8 m 高的边坡稳定，15 m 高的边坡欠稳定 |

续表

| 边坡岩体类型 | 判定条件 | | | |
|---|---|---|---|---|
| | 岩体完整程度 | 结构面结合程度 | 结构面产状 | 直立边坡自稳能力 |
| Ⅳ | 较完整 | 结构面结合差或很差 | 外倾结构面以层面为主，倾角多为 27°~75° | 8 m 高的边坡不稳定 |
| | 较破碎 | 结构面结合一般或差 | 外倾结构面或外倾不同结构面的组合线倾角 27°~75° | 8 m 高的边坡不稳定 |
| | 破碎或极破碎 | 碎块间结合很差 | 结构面无明显规律 | 8 m 高的边坡不稳定 |

注：结构面指原生结构面和构造结构面，不包括风化裂隙；外倾结构面系指倾向与坡向的夹角小于 30°的结构面；不包括全风化基岩，全风化基岩可视为土体；Ⅰ类岩体为软岩，应降为Ⅱ类岩体；Ⅰ类岩体为较软岩且边坡高度大于 15 m 时，可降为Ⅱ类；当地下水发育时，Ⅱ、Ⅲ类岩体可根据具体情况降低一档；强风化岩应划为Ⅳ类；完整的极软岩可划为Ⅲ类或Ⅳ类；当边坡岩体较完整、结构面结合差或很差，外倾结构面或外倾不同结构面的组合线倾角 27°~75°，结构面贯通性差时，可划为Ⅲ类；当有贯通性较好的外倾结构面时应验算沿该结构面破坏的稳定性。

表 8-2　斜坡稳定性野外判别依据

| 斜坡要素 | 稳定性差 | 稳定性较差 | 稳定性好 |
|---|---|---|---|
| 坡角 | 临空，坡度较陡且常处于地表径流的冲刷之下，有发展趋势，并有季节性泉水出露，岩土潮湿、饱水 | 临空，有间断季节性地表径流流经，岩土体较湿，斜坡坡度在 30°~45° | 斜坡较缓，临空高差小，无地表径流流经和继续变形的迹象，岩土体干燥 |
| 坡体 | 平均坡度>40°，坡面上有多条新发展的裂缝，其上建筑物、植被有新的变形迹象，裂隙发育或存在易滑软弱结构面 | 平均坡度在 30°~40°，坡面上局部有小的裂缝，其上建筑物、植被无新的变形迹象，裂隙较发育或存在软弱结构面 | 平均坡度<30°，坡面上无裂缝发展，其上建筑物、植被没有新的变形迹象，裂隙不发育，不存在软弱结构面 |
| 坡肩 | 可见裂缝或明显位移迹象，有积水或存在积水地形 | 有小裂缝，无明显变形迹象，存在积水地形 | 无位移迹象，无积水，也不存在积水地形 |

## 2. 自然斜坡类比法

工程地质类比时，可仅根据斜坡的形态对比判断边坡是否稳定，该方法称为自然斜坡类比法。

（1）自然斜坡类比法的原理

自然斜坡类比法的原理如下。

①自然斜坡的外形受地质构造、岩性、气候条件、地下水赋存状况、坡向等因素影响，因重力因素的作用，故通常稳定的高边坡要比稳定的低边坡平缓。

②影响斜坡的重力、岩性、岩体结构构造、气候条件、坡向相同时，人工边坡较自然斜坡可维持较陡的坡度。

③研究表明，稳定的自然斜坡的高度和坡面投影长度存在关系，如式（8.1）所示。

$$\lg H = \lg a + b\lg L \tag{8.1}$$

式中：$H$ 为稳定自然斜坡的高度，m；$L$ 为自然斜坡坡面的投影长度，m；$a$、$b$ 为常数。

④将同一种斜坡调查所得的 $H$、$L$ 值绘于双对数坐标纸上，可得到一条斜率为 $b$，截距为 $\lg a$（$a$ 是常数）的直线。对不同斜坡调查的结果所绘制的各直线具有会聚于一点的趋势。据经验，该会聚点 $H=3\,050$ m，$L=22\,800$ m（如图 8-1 所示）。

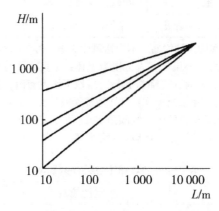

**图 8-1　斜坡坡高与坡面投影长度经验关系图**

（2）自然斜坡类比法的使用步骤

①在详细踏勘的基础上，从地形图上选取与设计的边坡在坡向、岩性、构造及地下水赋存状态等条件相同或相近的斜坡。

②将选出的斜坡划分成若干档次，在各段坡高的较陡区段量取其相应坡面的水平投影长度，进行筛选，找出该档次坡高的最小坡面投影长度。

③此坡高与其相应的最小坡面水平投影长度即为所获取的一对数据。如此进行，可获得对应不同档次坡高的一系列数对。

④将这些数对标在双对数坐标纸上，绘出曲线，参照和利用前述经验会聚点的位置（$H=3\,050$ m，$L=22\,800$ m），由最高数据点附近曲线上的一点到经验会聚点连线，可用于估计更高的自然坡的稳定坡度。

### 8.1.3　赤平投影法

赤平投影法主要用来表示线和面的方位、相互间的角距关系及其运动轨迹，将物体三维空间的几何要素（线、面）反映在投影平面上进行研究处理。

对存在结构面的岩质边坡，结构面及临空面的空间组合关系往往控制了边坡的稳定性。利用赤平投影法将岩体中的结构面和临空面投影到二维平面内，可方便、快捷地确定它们的组合关系，判断岩体滑动方向，初步确定稳定边坡角，从而进行岩体的稳定性评价。因此，赤平投影法是岩质边坡稳定性分析中的一种重要方法。

1. 赤平投影原理

（1）投影要素

赤平投影的投影要素包括投影球、赤平面、基圆及极射点。投影球是任意半径长度的空心圆球体，一般分为上下半球。赤平面是过投影球心的水平面。基圆是赤平面与投影球面的交线。极射点是投影球上下两极的发射点。

（2）投影原理

赤平投影分为上半球投影和下半球投影。

①上半球投影。

上半球投影是指一切通过球心的面和线延伸至球面，在球面上形成大圆和点，以球的下极射点与上半球面上的大圆和点相连，将大圆和点投影到赤平面上的投影。

②下半球投影。

下半球投影是指一切通过球心的面和线延伸至球面，在球面上形成大圆和点，以球的上极射点与下半球面上的大圆和点相连，将大圆和点投影到赤平面上的投影。

利用赤平投影进行边坡稳定性分析时，通常采用上半球投影。

（3）平面的投影方法

如图 8-2 所示，一产状为 205°∠25° 的平面经过球心，且与上半球面相交为大圆弧 $ABCD$，以下半球极点 $F$ 为极射点，$ABCD$ 弧在赤平面上的投影为 $AB'C'D$ 弧。投影圆弧的弦的方位角表示空间平面的走向，弧顶指向基圆圆心 $O$ 的方位代表空间平面的倾向，弧顶距基圆的角距为空间平面的倾角。

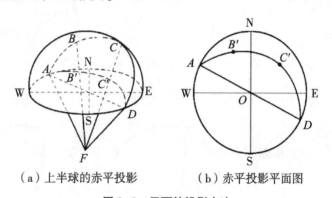

（a）上半球的赤平投影　　　（b）赤平投影平面图

图 8-2　平面的投影方法

（4）直线的投影方法

如图 8-3 所示，一产状为 150°∠25° 的直线 $AB$ 经过球心，且与上半球面相交于 $A$ 点，以下半球极点 $F$ 为极射点，$A$ 点在赤平面上的投影为 $A'$ 点。$A'$ 点与基圆圆心 $O$ 的连线 $A'O$ 指向圆心 $O$ 的方位代表直线 $AB$ 的倾伏向，$A'$ 点距基圆的角距为直线 $AB$ 的倾伏角。

为了准确、迅速地作图或量取方位，可采用投影网。常用的有等角距网（吴尔福网）和等面积网（施密特网）。等角距网投影直接方便，但精度低于等面积网。

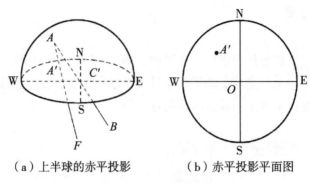

（a）上半球的赤平投影  （b）赤平投影平面图

**图 8-3 直线的投影方法**

### 2. 岩质边坡的赤平投影分析

（1）单一结构面岩质边坡的赤平投影分析

结构面走向与边坡坡面走向相同的条件下，单一结构面岩质边坡的稳定性分为下列五种情况。

情况 1：结构面倾向与坡面相同，且结构面的倾角 $\alpha$ 小于坡角 $\beta$，结构面将在临空面上出露，岩体易于滑动，边坡处于不稳定状态。在赤平投影上表现为结构面与坡面的弯曲方向相同，但结构面的投影圆弧更靠近圆周，如图 8-4（a）所示。

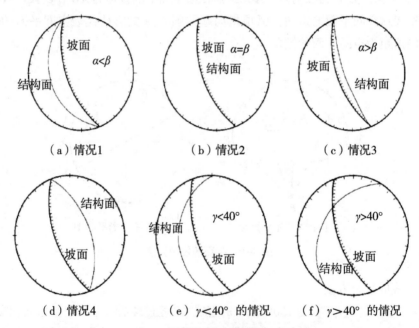

（a）情况1  （b）情况2  （c）情况3

（d）情况4  （e）$\gamma<40°$ 的情况  （f）$\gamma>40°$ 的情况

**图 8-4 单一结构面岩质边坡的稳定性情况**

情况 2：结构面倾向与坡面相同，且结构面的倾角 $\alpha$ 等于坡角 $\beta$，沿结构面不易出现滑动现象，边坡处于基本稳定状态。在赤平投影上表现为结构面与坡面的投影圆弧重合，如图 8-4（b）所示。

情况3：结构面倾向与坡面相同，且结构面的倾角 $\alpha$ 大于坡角 $\beta$，结构面与坡面在临空面上不会相交，边坡处于稳定状态。在赤平投影上表现为结构面与坡面的弯曲方向相同，但坡面的投影圆弧更靠近圆周，如图 8-4（c）所示。

情况4：结构面倾向与坡面相反，结构面倾向坡内，岩体不会发生沿结构面滑动的破坏，边坡处于最稳定状态，但存在倾倒破坏的可能。在赤平投影上表现为软弱结构面与坡面的弯曲方向相反，如图 8-4（d）所示。

情况5：对结构面走向与边坡坡面走向斜交的情况，边坡的稳定性同结构面倾向与坡面坡向之间的夹角 $\gamma$ 有关。若 $\gamma<40°$，边坡不太稳定，如图 8-4（e）所示；若 $\gamma>40°$，边坡比较稳定，如图 8-4（f）所示。

（2）两组结构面岩质边坡的赤平投影分析

具有两组结构面的岩质边坡，通常出现楔形滑动破坏，可根据两组结构面的交线与边坡坡面的关系，分为下列五种情况来分析边坡的稳定性。

情况1：结构面 $J_1$ 与结构面 $J_2$ 的交线的倾伏向与边坡的坡向相同，两组结构面交线的倾伏角小于开挖边坡面 $S_c$ 的坡角，大于自然边坡面 $S_n$ 的坡角，若两组结构面的交线在边坡面与坡顶面均有出露，则边坡处于不稳定状态。在赤平投影上表现为结构面 $J_1$ 与结构面 $J_2$ 的投影圆弧的交点 I，位于开挖边坡面 $S_c$ 的投影圆弧与自然边坡面 $S_n$ 的投影圆弧之间，如图 8-5（a）所示。

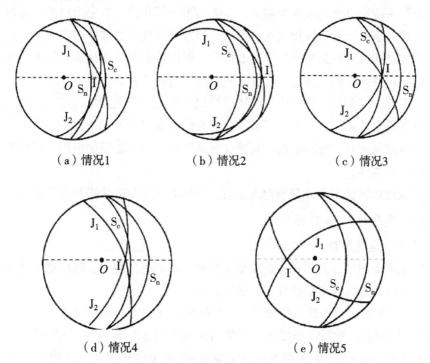

（a）情况1　　　　　（b）情况2　　　　　（c）情况3

（d）情况4　　　　　（e）情况5

图 8-5　两组结构面的岩质边坡的稳定性情况

情况2：结构面 $J_1$ 与结构面 $J_2$ 的交线的倾伏向与边坡的坡向相同，两组结构面交线的倾伏角小于边坡面的坡角，但两组结构面的交线在坡顶面没有出露，则边坡处于较不稳定状态。在赤平投影上表现为结构面 $J_1$ 与结构面 $J_2$ 的投影圆弧的交点 I，位于开挖边坡面投影圆弧与自然边坡面投影圆弧的外侧，如图 8-5（b）所示。

情况 3：结构面 $J_1$ 与结构面 $J_2$ 的交线的倾伏向与边坡的坡向相同，两组结构面交线的倾伏角等于开挖边坡面的坡角，则边坡处于基本稳定状态。在赤平投影上表现为结构面 $J_1$ 与结构面 $J_2$ 的投影圆弧的交点 I，位于开挖边坡面投影圆弧上，如图 8-5（c）所示。

情况 4：结构面 $J_1$ 与结构面 $J_2$ 的交线的倾伏向与边坡的坡向相同，两组结构面交线的倾伏角大于边坡面的坡角，则边坡处于稳定状态。在赤平投影上表现为结构面 $J_1$ 与结构面 $J_2$ 的投影圆弧的交点 I，位于开挖边坡面投影圆弧与自然边坡面投影圆弧的内侧，如图 8-5（d）所示。

情况 5：结构面 $J_1$ 与结构面 $J_2$ 的交线的倾伏向与边坡的坡向相反，则边坡处于最稳定状态。在赤平投影上表现为结构面 $J_1$ 与结构面 $J_2$ 的投影圆弧的交点 I，位于与开挖边坡投影圆弧相对的半圆内，如图 8-5（e）所示。

上述分析是在两组结构面交线的倾伏向与边坡的坡向位于同一条直线上时进行的，对不在同一条直线上的情况，也可按上述方法进行边坡的稳定性分析。

### 8.1.4 刚体极限平衡法

刚体极限平衡法是将边坡视为刚体，按静力平衡原理分析其受力状态，通过抗滑力与下滑力之间的关系来评价边坡稳定性的方法。该方法不能对边坡体内的应力、应变分布进行分析，不能描述边坡屈服的产生、发展过程。但刚体极限平衡法应用简单，物理意义明确，是边坡稳定性计算的主要方法，在工程实践中应用广泛。

目前，工程中用到的刚体极限平衡法有平面滑动法、简化 Bishop 法及传递系数法等。每种方法都有各自的假设条件和适用范围，但它们都有三个共同的前提：①定义稳定性系数来反映边坡的稳定性；②滑面的抗剪强度服从库仑定律；③平面极限分析的基本单元是单位宽度的分块滑体。

下文在阐述边坡稳定性的判别标准之后，分别对这三类方法进行重点介绍。

1. 边坡稳定性的判别标准

（1）边坡稳定性系数

刚体极限平衡法中，采用稳定性系数来反映边坡的稳定程度，边坡稳定性系数常用 $K$（或 $F_s$）来表示。边坡稳定系数有三种定义方法。

定义 1：边坡稳定性系数是指滑动面上的抗滑力（力矩）与滑动力（力矩）之比。

定义 2：边坡稳定性系数是指将岩土体沿某一滑面的抗剪强度指标降低为 $c/K$（$c$ 为滑面的内聚力），$\tan\varphi/K$（$\varphi$ 为滑面的内摩擦角），岩土体刚好达到极限平衡状态时的折减系数 $K$ 即为稳定性系数。

定义 3：边坡稳定性系数是指将边坡的荷载（主要是自重）乘以系数 $K$，使边坡达到极限平衡状态，此时的系数 $K$ 即为稳定性系数。

由边坡稳定性系数的定义可知，稳定性系数 $K$ 越大，边坡的稳定性越好；稳定性系数 $K$ 越小，边坡的稳定性越差。当 $K>1$ 时，边坡处于稳定状态；当 $K=1$ 时，边坡处于临界状态；当 $K<1$ 时，边坡处于不稳定状态。

《岩土工程勘察规范》（GB 50021—2001，2009 年版）中规定，边坡稳定性系数的取值：对于新设计的边坡、重要工程宜取 1.30~1.50，一般工程宜取 1.15~1.30，次要工程宜取 1.05~1.15。采用峰值强度时取最大值，采取残余强度时取最小值。验算已有边坡稳定时，边坡稳定性系数取 1.10~1.25。

（2）边坡稳定安全系数

在边坡的稳定性计算中，为保证设计的边坡处于稳定状态，应使边坡稳定性系数大于 1，但由于边坡含有许多不确定因素，工程上需要一定的安全储备，因此，规定一个大于 1 的数作为边坡稳定安全系数 $F_{st}$。当边坡稳定性系数大于或等于边坡稳定安全系数时，边坡处于稳定状态；当边坡稳定性系数小于边坡稳定安全系数时，应对边坡进行处理。参考《建筑边坡工程技术规范》（GB 50330—2013），边坡稳定安全系数的取值 $F_{st}$ 如表 8-3 所示。

表 8-3　边坡稳定安全系数

| 边坡类型 | | 边坡工程安全等级 | | |
| --- | --- | --- | --- | --- |
| | | 一级 | 二级 | 三级 |
| 永久边坡 | 一般工况 | 1.35 | 1.30 | 1.25 |
| | 地震工况 | 1.15 | 1.10 | 1.05 |
| 临时边坡 | | 1.25 | 1.20 | 1.15 |

注：地震工况时，安全系数仅适用于塌滑区内无重要建（构）筑物的边坡；对地质条件很复杂或破坏后果极严重的边坡工程，其稳定安全系数应适当提高。

## 2. 平面滑动法

边坡沿平面状结构面的发生滑动，应采用平面滑动法对其稳定性进行计算。平面滑动法主要适用于顺层岩质边坡、沿具平面状基岩面滑动的土质滑坡的稳定性分析。

假设一边坡（如图 8-6 所示），滑面为平面状，滑面倾角为 $\alpha$（°），滑面长度为 $L$（m）。现对单位宽度滑体进行受力分析。滑体单位宽度质量为 $W$（kN/m），滑面单位宽度受到的水压力为 $U$（kN/m），滑体后缘陡倾裂隙面上单位宽度受到的水压力为 $V$（kN/m），滑体单位宽度受到的水平荷载为 $Q$（kN/m），滑面上单位宽度的切向反力 $T$（kN/m），滑面上单位宽度的法向反力 $N$（kN/m），则根据在滑面方向上的受力平衡如式（8.2）所示。

$$T = W\sin\alpha + (V + Q)\cos\alpha \tag{8.2}$$

式中：符号意义同前。

根据在垂直于滑面方向上的受力平衡如式（8.3）所示。

$$N = W\cos\alpha - U - (V + Q)\sin\alpha \tag{8.3}$$

227

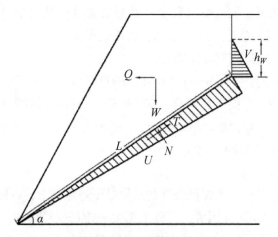

注：$h_w$为滑体后缘陡倾裂隙充水高度（m）。

**图 8-6　平面滑动边坡受力分析**

式中：符号意义同前。

根据库仑定律，滑面上单位宽度的抗滑力 $R$ 如式（8.4）所示。

$$R = N\tan\varphi + cL \tag{8.4}$$

式中：$c$ 为滑面的内聚力，kPa；$\varphi$ 为滑面的内摩擦角，°；其余符号意义同前。

根据稳定性系数 $K$ 的定义，表达式如式（8.5）所示。

$$K = \frac{R}{T} \tag{8.5}$$

式中：符号意义同前。

将式（8.2）~式（8.4）代入式（8.5），可得 $K$ 的表达式如式（8.6）所示

$$K = \frac{\left[W\cos\alpha - U - (V + Q)\sin\alpha\right]\tan\varphi + cL}{W\sin\alpha + (V + Q)\cos\alpha} \tag{8.6}$$

式中：符号意义同前。

当滑体后缘陡倾裂隙充水高度为 $h_w$ 时，滑体后缘陡倾裂隙水压力 $V$ 和滑面水压力为 $U$ 分别如式（8.7）、式（8.8）所示。

$$V = \frac{1}{2}\gamma_w h_w^2 \tag{8.7}$$

$$U = \frac{1}{2}\gamma_w h_w L \tag{8.8}$$

式中：$\gamma_w$ 为水的重度，取 10 kN/m³；其余符号意义同前。

**3. 简化 Bishop 法**

简化 Bishop 法是一种适用于滑动面呈圆弧形的边坡稳定性分析方法。该方法只忽略了条块间竖向剪切力，比不考虑条块之间相互作用的瑞典条分法更为合理。《建筑边坡工程技术规范》（GB 50330—2013）建议对滑动面呈圆弧形的边坡的稳定性分析采用简化

Bishop 法进行计算。

（1）基本假设

①滑动面呈圆弧形。

②忽略条块两侧的竖向剪切力作用。

（2）计算公式

假设一沿圆弧形滑面滑动的边坡（如图 8-7 所示），其滑面为圆弧 $AD$，圆心为 $O$，半径为 $r$（m）。将滑体分割成等宽的竖条 $n$ 块，条块宽度一般取 $r/10$，现对任一条块 $i$ 进行分析。滑面倾角为 $\alpha_i$（°），条块 $i$ 上的作用力有重力 $W_i$（kN/m），滑面上的法向反力 $N_i$（kN/m），滑面上的切向反力 $T_i$（kN/m），条块侧面的法向力 $E_i$（kN/m）、$E_{i+1}$（kN/m），以及竖向剪切力 $X_i$（kN/m）、$X_{i+1}$（kN/m）。

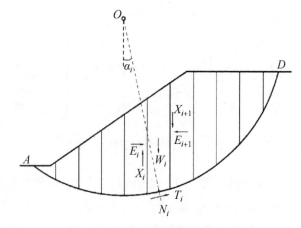

**图 8-7 沿圆弧形滑面滑动的边坡**

根据竖向力的平衡条件，则有相关表达式如式（8.9）所示。

$$W_i - N_i\cos\alpha_i - T_i\sin\alpha_i X_i - X_i + X_{i+1} = 0 \tag{8.9}$$

式中：符号意义同前。

根据稳定性系数 $K$ 的定义，则有相关表达式如式（8.10）所示。

$$T_i = \frac{N_i\tan\varphi_i + c_i l_i}{K} \tag{8.10}$$

式中：$\varphi_i$ 为第 $i$ 条块滑面上岩土体的内摩擦角；$c_i$ 为第 $i$ 条块滑面上岩土体的内聚力；$l_i$ 为第 $i$ 条块滑面的弧长；其余符号意义同前。

### 4. 传递系数法

传递系数法又称不平衡推力法，适用于滑动面呈折线形的沿岩土界面滑动的土质滑坡。

传递系数法计算推力时，做以下简化假定。

①滑体不可压缩，且作整体下滑，不考虑条块之间挤压变形。

②滑面为折线。

③条块之间只存在推力作用，不存在拉力和条块两侧的摩擦力，当计算出条块间作用力为负值时，取条块间作用力为零。

④条块间作用力的作用线方向与前一块的滑面方向平行，且作用点在分界面中点。

假设一沿折线形滑面滑动的边坡（如图8-8所示），以滑面各直线段交点为界，对滑体进行竖向条分，即每一直线段对应一个条块。各条块从滑坡后缘第一分条开始编号为1，以此增加。第 $i-1$ 个条滑块的倾角为 $\alpha_{i-1}$（°）、第 $i$ 个条块滑面的长度为 $l_i$（m）、倾角为 $\alpha_i$（°）、内聚力为 $c_i$（kPa）、内摩擦角为 $\varphi_i$（°）、重力 $W_i$（kN/m）、滑面上的法向反力 $N_i$（kN/m）、滑面单位宽度受到的水压力为 $U_i$（kN/m）、滑面上的切向反力 $F_i$（kN/m）、条块两侧面的推力分别为 $P_{i-1}$（kN/m）和 $P_i$（kN/m）。

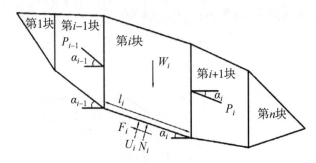

**图8-8 沿折线形滑面滑动的边坡**

根据受力平衡，在第 $i$ 个滑面平行滑面方向上的合力为零，相关表达如式（8.11）所示。

$$W_i\sin\alpha_i + P_{i-1}\cos(\alpha_{i-1} - \alpha_i) - P_i - F_i = 0 \qquad (8.11)$$

在第 $i$ 个滑面垂直滑面方向上的合力为零，相关表达如式（8.12）所示。

$$W_i\cos\alpha_i + P_{i-1}\sin(\alpha_{i-1} - \alpha_i) - U_i - N_i = 0 \qquad (8.12)$$

根据稳定性系数 $K$ 的定义，相关表达如式（8.13）所示。

$$F_i = \frac{N_i\tan\varphi_i + c_i l_i}{K} \qquad (8.13)$$

注意：计算断面中逆坡的倾角取负值，顺坡的倾角取正值；计算中若某一块段的 $P_i$ 为负值，则将 $P_i$ 取值为零。

# 8.2 边坡支挡工程设计

## 8.2.1 支护工程设计原则与方法

支挡加固工程是依据路堑边坡稳定程度与等级标准设计，并经多方案比选优化确定。路堑边坡一般要求严格按照相关设计规范规定的边坡工程等级进行设计，其支挡工程设计的总体原则要求如下。

对于稳定的边坡，即边坡在正常工况稳定系数大于1.2，且其他各种非正常工况下稳定系数满足规范要求时，一般无须增设额外支挡加固工程，即可维持坡体的总体稳定。

对于不稳定的边坡，即边坡稳定系数小于1.0，必须增加支挡加固工程，或放缓边坡坡率，以及采用刷坡放缓与支挡加固相结合处理，从而维持坡体稳定，确保边坡稳定系数满足规范规定各种工况条件下的要求。

对于欠稳定或稳定性差的边坡，即边坡稳定系数介于1.0~1.2之间，若不增设支挡加固工程可以保持暂时稳定，但在考虑各种不利因素的作用下，将有边坡失稳的可能，故需要增补一定的支挡加固工程，或经刷坡放缓处理使边坡稳定系数提高到1.2以上，并满足其他各种非正常工况条件下规范规定的稳定系数。

由于地质因素的不确定性和坡体结构的复杂性，对于经综合分析判断认为欠稳定或稳定性差的边坡，应加强其动态设计工作。根据施工实际揭露地层情况和坡体结构，及时分析判断，必要时调整防护或增补支挡加固工程措施，确保坡体稳定和结构安全。

### 8.2.2 抗滑挡土墙设计

#### 1. 抗滑挡土墙类型、特点和适用条件

抗滑挡土墙是目前整治中小型滑坡中应用最为广泛且较为有效的措施之一。根据滑坡的性质、类型和抗滑挡土墙的受力特点、材料和结构不同，抗滑挡土墙又有多种类型。

从结构形式上分，有重力式抗滑挡土墙、锚杆式抗滑挡土墙、加筋土抗滑挡土墙、板桩式抗滑挡土墙、竖向预应力锚杆式抗滑挡土墙等形式。

从材料上分，有浆砌条石（块石）抗滑挡土墙、混凝土抗滑挡土墙（浆砌混凝土预制块体式和现浇混凝土整体式）、钢筋混凝土式抗滑挡土墙、加筋土抗滑挡土墙等。选取何种类型的抗滑挡土墙，应根据滑坡的性质、类型（断续性的滑坡或连续性的滑坡、单一性的滑坡或复合式的滑坡、浅层式的滑坡或深层式的滑坡等）、自然地质条件、当地的材料供应情况等条件，综合分析，合理确定，以期达到在整治滑坡的同时，降低整治工程的建设费用的目的。采用抗滑挡土墙整治滑坡，对于小型滑坡，可直接在滑坡下部或前缘修建抗滑挡土墙，对于中、大型滑坡，抗滑挡土墙常与排水工程、刷土减重工程等整治措施联合使用。其优点是山体破坏少，稳定滑坡收效快。尤其对于斜坡体因前缘崩塌而引起大规模滑坡，抗滑挡土墙会起到良好的整治效果。但在修建抗滑挡土墙时，应尽量避免或减少对滑坡体前缘的开挖，必要时，可设置补偿型抗滑挡土墙，在抗滑挡土墙与滑坡体前缘土坡之间填土，如图8-9所示。

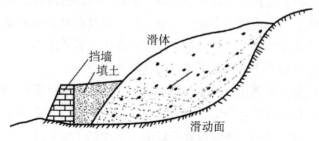

**图8-9 补偿型抗滑挡土墙**

抗滑挡土墙与一般挡土墙类似，但它又不同于一般挡土墙，主要表现在抗滑挡土墙所承受的土压力的大小、方向、分布和作用点等方面。一般挡土墙主要抵抗主动土压力，而抗滑挡土墙所抵抗的是滑坡体的剩余下滑推力。一般情况下滑坡体的剩余推力较大，对于滑体刚度较大的中厚层滑坡体，压力的分布图形近似于矩形，推力的方向与滑移面层平行；合力作用点位置较高，位于滑面以上1/2墙高处。

抗滑挡土墙的主要功能是稳定滑坡。因滑坡形式的多种多样，滑坡推力的大小也因滑坡的形式、规模和滑移面层的不同而不同。抗滑挡土墙结构的断面形式应因地制宜来设计，而不能像一般挡土墙那样采用标准断面。

### 2. 抗滑挡土墙布置原则

抗滑挡土墙的布置应根据滑坡位置、类型、规模、滑坡推力大小、滑动面位置和形状，以及基础地质条件等因素，综合分析确定。其布置原则一般如下。

①对于中、小型滑坡，一般将抗滑挡土墙布设在滑坡前缘。

②对于多级滑坡或滑坡推力较大时，可分级布设抗滑挡土墙。

③对于滑坡中、小部有稳定岩层锁口时，可将抗滑挡土墙布设在锁口处，如图8-10所示，锁口处以下部分滑体另做处理，或另设抗滑挡土墙等整治工程。

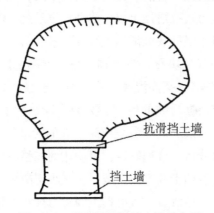

**图8-10　锁口处抗滑挡土墙的布置**

④当滑动面出口在构筑物（如公路、桥梁、房屋等）附近，且滑坡前缘距构筑物有一定距离时，为防止修建抗滑挡土墙所进行的基础开挖引起滑坡体活动，应尽可能将抗滑挡土墙靠近构筑物布置，以便墙后留有余地填土加载，增加抗滑力，减少下滑力。

⑤对于公路工程，当滑面出口在路堑边坡上时，可根据滑床地质情况决定布设抗滑挡土墙的位置；若滑床为完整岩层，可采用上挡下护办法。若滑床为不宜设置基础的破碎岩层时，可将抗滑挡土墙设置于坡脚以下稳定的地层内。

⑥对于滑坡的前缘面向溪流或河岸或海岸时，抗滑挡土墙可设置于稳定的岸滩地，并在抗滑挡土墙与滑坡体前缘留有余地，填土压重，增加阻滑力，减少抗滑挡土墙的圬工数量，降低工程造价；或将抗滑挡土墙设置在坡脚，并在挡土墙外进行抛石加固，防止坡脚受水流或波浪的侵蚀和淘刷。

⑦对于地下水丰富的滑坡地段，在布设抗滑挡土墙前，应先进行辅助排水工程，并在抗滑挡土墙上设置好排水设施。

⑧对于水库沿岸，由于水库蓄水水位的上升和下降，使浸水斜坡发生崩塌，进而可能引起大规模的滑坡，除在浸水斜坡可能崩塌处布设抗滑挡土墙外，在高水位附近还应设抗滑桩或二级抗滑挡土墙，稳定高水位以上的滑坡体；或根据地形情况及水库蓄水水位的变化情况，设置2~3级或更多级抗滑挡土墙。抗滑挡土墙一般可按框图的程序进行设计。

**3. 抗滑挡土墙上力系分析与荷载确定**

作用于抗滑挡土墙的力系，与一般挡土墙所受力系相似，只是在进行抗滑挡土墙设计时，侧压力一般不是采用主动土压力，而是滑坡推力，其大小、方向、分布和合力作用点位置与一般挡土墙上的土压力不同。在进行抗滑挡土墙设计时，应充分分析作用于挡土墙上的各种力系，合理确定作用于抗滑挡土墙上的滑坡推力。通常将作用于抗滑挡土墙上的力系分为基本力系和附加力系。

基本力系是指由滑坡体和抗滑挡土墙本身产生的下滑力和阻滑力，它与滑体的大小、重度、滑动面形状和滑面（带）的抗剪强度指标值等因素有关。附加力系是作用于抗滑挡土墙上除基本力系外的其他力系，主要包括作用于滑体上的外加荷载，如建筑物自重、汽车荷载等；对于水库岸坡，水库蓄水时滑体有水，且与滑带水连通时，应考虑的动水压力和浮力；滑体两端有贯通主滑带的裂隙，在滑动时裂隙充分，则应考虑裂隙水对滑体的静水压力；其他偶然荷载，如地震力和其他特殊力。

（1）滑坡推力的计算

滑坡推力的计算是在已知滑动面形状、位置和滑动面（带）上土的抗剪强度指标的基础上进行的，计算方法一般采用剩余下滑力法。

如果是圆弧滑动面，其推力可采用条分法进行计算。应该指出，剩余下滑力法只考虑了力的平衡，而没有考虑力矩平衡的问题。虽有缺陷，因计算简便，工程上应用较广。

（2）附加力的计算

在计算滑坡推力的同时，还需考虑附加力的影响。应考虑的附加力主要有以下几点。

①滑坡体上有外荷载 $Q$ 时，如建筑物自重、汽车荷载等，应将 $Q$ 加在相应的滑块自重 $W$ 之中。

②对于水库岸坡等地带的滑坡，滑体有水，且与滑带水连通时，应考虑动水压力和浮力。动水压力 $D$，其作用点位于饱水面积的形心处，方向与水力坡度平行，计算如式（8.14）所示。

$$D = \gamma_w \Omega I \tag{8.14}$$

式中：$\gamma_w$ 为水的重度，$kN/m$；$\Omega$ 为滑坡体条块饱水面积，$m$；$I$ 为水力坡降。

浮力 $P$，其方向垂直于滑动面，计算如式（8.15）所示。

$$P = \eta \gamma_w \Omega \tag{8.15}$$

式中：$\eta$ 为滑坡体土的孔隙度；其余符号意义同前。

③当滑动面水有承压水头 $H_0$ 时，应考虑浮力 $P_f$，其方向垂直于滑动面，计算如式（8.16）所示。

$$P_f = \gamma_w H_0 \qquad (8.16)$$

式中：符号意义同前。

④滑坡体内有贯通至滑动面的裂隙，滑动时裂隙充水，则就考虑裂隙水对滑坡体的静水压力 $J$，作用于裂隙底以上 $h_i/3$ 高度处，水平指向下滑方向，计算如式（8.17）所示。

$$J = \frac{\gamma_w h_i^2}{2} \qquad (8.17)$$

式中：$h_i$ 为裂隙水深度，m；其余符号意义同前。

⑤在地震烈度不小于 7 度的地区，应考虑地震力 $P_h$ 的作用，$P_h$ 作用于滑坡体条块重心处，水平指向下滑方向，其大小可按相关计算公式计算。

（3）设计推力的确定

当滑坡推力小于主动土压力时，应把主动土压力作为设计推力进行设计，但当滑坡推力的合力作用点位置较主动土压力的作用点高时，挡土墙的抗倾覆稳定性取其力矩较大者进行验算。因此，抗滑挡土墙设计既要满足抗滑挡土墙的要求，又要满足普通挡土墙的要求。

**4. 抗滑挡土墙平面尺寸与高度的拟定**

（1）抗滑挡土墙平面尺寸的拟定

抗滑抗土墙承受的是滑坡推力，不同于普通重力式挡土墙。由于滑坡推力大，合力作用点高，因此抗滑挡土墙具有墙面坡度缓、外形矮胖、平面尺度大的特点，这有利于挡土墙自身的稳定。抗滑挡土墙墙面坡度常用 1 : 0.3~1 : 0.5 的坡率，有时甚至缓至 1 : 0.75~1 : 1，其基底常做成反坡或锯齿形，有时为了增加抗滑挡土墙的稳定性和减少墙体圬工，还在墙后设置 1~2 m 宽的衡重台或卸荷平台，利用衡重台或卸荷平台上填土的重力来代替减少部分墙体的圬工用量，达到降低工程造价。在平面上，抗滑挡土墙一般应布置在滑坡前缘滑床平缓处。对于纵长形滑坡，当用一级抗滑挡土墙不能承受全部滑坡推力，或当用一级抗滑挡土墙来承受全部滑坡推力不经济时，可在中部等适当位置（如滑床有起伏变化的明显变缓处）增设一级或多级抗滑挡土墙分别承受部分滑坡推力，达到最终承受全部滑坡推力，起到稳定滑坡的效果。

（2）抗滑挡土墙高度的拟定

抗滑挡土墙的高度如果不合理，尽管它使滑坡体原来的出口受阻，但滑坡体可能沿新的滑动面发生越过抗滑挡土墙的滑动。因此，抗滑挡土墙的合理墙高应保证滑坡体不发生越过墙顶的滑动。合理墙高可采用试算的方法确定。

**5. 基础的埋深**

基础的埋置深度应通过计算确定。一般情况下，无论何种形式的抗滑挡土墙，其基础必须埋入到滑动面以下的完整稳定的岩（土）层中，且应有足够的抗滑、抗剪和抗倾覆能力。需要埋入基岩不小于 0.5 m，或者埋入稳定坚实的土层中不小于 2 m，并置于可能向下发展的滑动面以下，即应考虑设置抗滑挡土墙后由于滑坡体受阻，滑动面可能向下延伸。当基础埋置深度较大，墙前有形成被动土压力条件时（埋入密实土层 3 m、中密土层 4 m 以上），可酌情考虑被动土压力的作用。

### 6. 基底应力及地基强度验算

抗滑挡土墙的基底应力、合力偏心距及地基强度验算与普通重力式挡土墙的验算相同，验算公式简述如下：抗滑挡土墙的刚度一般很大，基底应力可按直线分布，按偏心受压公式计算，对于矩形墙底，计算如式（8.18）所示。

$$\sigma_{\max/\min} = \frac{V_k}{B}\left(1 \pm \frac{6e}{B}\right) \tag{8.18}$$

式中：$\sigma_{\max/\min}$ 为基底的最大和最小应力，kPa；$B$ 为墙底宽度，m；$V_k$ 为作用的基底面上的竖向合力标准值，kN；$e$ 为作用的基底面上的合力标准值作用点的偏心距，m。

对于岩石地基，$e>B/6$；对于土质地基，$e>B/4$ 时，$\sigma_{\min}$ 将出现负值，即产生拉应力。但墙底和地基之间不可能承受拉应力，此时基底应力将出现重分布。根据基底应力的合力和作用在挡土墙上的竖向力合力相平衡的条件进行计算，如式（8.19）、式（8.20）所示。

$$\sigma_{\max} = \frac{2V_k}{3\xi} \tag{8.19}$$

$$\sigma_{\min} = 0 \tag{8.20}$$

式中：$\sigma_{\max}$ 为基底的最大应力，kPa；$\sigma_{\min}$ 基底的最小应力，kPa；$\xi$ 为合力作用点与墙前趾的距离，m；其余符号意义同前。

### 7. 抗滑挡土墙的稳定性及强度验算

（1）挡土墙的稳定性验算

抗滑挡土墙的稳定性验算与普通重力式挡土墙的稳定性验算相同，仅由设计推力替代主动土压力。验算内容包括：抗滑稳定性验算和抗倾覆稳定性验算。

①抗滑稳定性验算。

抗滑挡土墙抗滑安全系数 $K_S$ 计算如式（8.21）所示。

$$K_S = \frac{V_k\mu + E_P}{H} \geqslant [K_S] \tag{8.21}$$

式中：$V_k$ 为作用于抗滑挡土墙上的竖向合力，kN；$\mu$ 为挡土墙基底摩擦系数；$E_P$ 为当挡土墙埋置较深时，墙前被动土压力的水平分力，可取计算值的 0.3 倍作为设计值，kN；$H$ 为作用于抗滑挡土墙上的水平设计推力，kN；$[K_S]$ 为抗滑挡土墙所允许的最小抗滑安全系数。

②抗倾覆稳定性验算。

抗滑挡土墙抗倾安全系数 $K_0$ 计算如式（8.22）所示。

$$K_0 = \frac{M_R}{M_0} \geqslant [K_0] \tag{8.22}$$

式中：$[K_0]$ 为抗滑挡土墙所允许的最小抗倾安全系数；$M_R$、$M_0$ 为竖向合力标准值和倾覆力标准值对墙底面前趾的稳定力矩和倾覆力矩，$kN \cdot m$。

（2）挡土墙截面强度验算

为保证墙身的安全可靠，要求挡土墙墙身应有足够的强度。设计时应对墙身截面承载力进行验算，验算的内容包括：偏心压缩承载力验算和弯曲承载力验算。一般可取一两个控制截面进行强度验算。

①偏心压缩的承载力计算。

石砌或混凝土砌块砌筑的挡土墙截面，在自重及水平向土压力作用下，使截面承受偏心压缩的作用。砌体偏心受压构件，随偏心距 $e$ 的增加，其强度将逐渐降低，这主要是偏心受压构件截面上应力分布不均匀所致。

砌体偏心受压构件承载力计算如式（8.23）所示。

$$N \leqslant \delta f A \tag{8.23}$$

式中：$N$ 为由荷载设计值产生的轴向力，$N$；$f$ 为砌体抗压强度设计值，$MPa$；$A$ 为截面面积，$m^2$；$\delta$ 为承载力影响系数。

当为石砌体时，偏心距 $e$ 按荷载标准值时不宜超过 $0.7y$，$y$ 为截面重心到轴向力所在偏心方向截面边缘的距离。当 $0.7y < e \leqslant 0.95y$ 时，应按正常使用极限状态验算，如式（8.24）所示。

$$N_k \leqslant \frac{f_{tm,k} A}{\dfrac{Ae}{W} - 1} \tag{8.24}$$

式中：$N_k$ 为轴向力标准值，$N$；$f_{tm,k}$ 为砌体沿近缝截面的弯曲抗拉强度标准值，$MPa$；$W$ 为截面抵抗矩；其余符号意义同前。

当 $e > 0.95y$ 时，计算如式（8.25）所示。

$$N = \frac{f_{tm} A}{\dfrac{Ae}{W} - 1} \tag{8.25}$$

式中：$N$ 为轴向力设计值，$N$；其余符号意义同前。

②受剪承载力计算。

抗滑挡土墙其断面尺寸一般很大，通常可不进行其受剪承载力的计算。对于石砌或砌块砌筑的挡土墙，当尚需验算其抗剪承载力时，可按受弯构件受剪承载力计算，如式（8.26）所示。

$$V = f_v b z \tag{8.26}$$

式中：$V$ 为剪力设计值；$f_v$ 为砌体的抗剪强度设计值；$b$ 为截面宽度，挡土墙为单位延长米；$z$ 为内力臂，在挡土墙计算时，截面为矩形。

对于挡土墙，特别是重力式挡土墙，截面大、剪应力很小，通常可不作剪力承载力计算。

## 8.3 边坡工程监测

### 8.3.1 边坡工程监测目的与原则

有效预防和减轻边坡失稳及事故，一直是工程师的重大任务，但至今仍难以找到准确评价的理论和方法。比较有效的处理方法是理论分析、专家群体经验知识和监测控制系统相结合的综合集成理论和方法。因此，边坡监测是研究边坡工程的重要手段之一。边坡工程的监测是一个复杂的系统工程，它不仅取决于监测手段的高低和优劣，更决定于监测人员对边坡岩土体介质的了解程度和对工程情况的掌握程度。

**1. 边坡工程监测的目的**

边坡工程的监测目的在于获取边坡变形与力学性质的真实信息，以判断边坡变形的趋势和进行边坡稳定性预测预报。

边坡工程监测的目的必须根据工程条件确定。根据边坡岩土体的性质、状态和施工、设计的要求，其侧重点各有不同。一般情况下，边坡工程监测的目的具体内容包括以下几点。

①监测最基本和最重要的目的是提供所需要的资料，用于评价各种不利情况下边坡工作性能，并在道路施工期、运行期对边坡工程安全进行评估。即由监测工作所取得的信息来分析判断边坡的变形趋势和进行稳定性预测预报。

②进行边坡工程的修改设计或反馈设计。在勘测、设计和施工阶段即对边坡工程进行监测，收集资料和采集数据，及时反馈到设计中，指导和改进设计，即所谓动态设计与施工。

③改进分析技术。工程技术一般需要根据岩土、材料特性和结构性能的假设来进行严密而复杂的力学分析。监测提供的资料及各种因素对边坡工程运行性能影响的分析评价，将有助于减少假设中的不确定因素，进一步完善和改进分析技术及工程试验，使未来的各种设计参数的选择更加趋于经济合理。

④提高对边坡工程性能受各种参数影响的认识。对可能危害边坡工程安全的早期或发展中险情提供预先警报，在设计，施工中采取预防和补救措施。

**2. 边坡工程监测的原则**

边坡工程监测是一个系统工程，需要应用多种学科，需要各方面的人员参与协助。同时，边坡监测数据必须与实际边坡地质条件、环境因素和工况情况等相结合进行分析，才能够准确地进行预测、预警。因此，边坡工程监测应遵循以下原则。

①可靠性原则。

可靠性原则包括全寿命期内监测方法的可靠性和监测仪器的可靠性。

②多层次原则。

多层次原则指采用多种监测手段以便互相补充和校核。如采用地表监测和地下监测相结合的立体监测。

③以位移为主的监测原则。

变形监测是边坡监测的主要手段，也是变形破坏分析的基本依据。

④关键部位优先原则。

通过分析各种有关资料，确定监测的关键部位和敏感部位等重点部位，优先布置监测点。

⑤整体控制原则。

保证监测系统对整个边坡的覆盖。

⑥遵照工程需要原则。

监测系统的布置要充分考虑工程特点对边坡的要求。

⑦方便适用原则。

监测方法和仪器要便于操作和分析，力求简单易行。

⑧经济合理原则。

监测系统要考虑信息丰富性和造价合理性两方面的要求。

### 8.3.2　边坡工程监测内容与常用仪器设备

边坡失稳是规模较大、数量多、危害严重、性质复杂，而且具有一定规律的一种不良地质现象。在交通和建筑等各个建设领域存在着大量的边坡工程，这些边坡具有规模大、数量多、环境和地质条件复杂的特点。为了发现边坡隐患，消除危害，有效而经济地采取整治措施，必须对各种边坡进行监测。边坡监测是分析边坡地质结构、变形动态特征的依据，是边坡整治工程信息化设计及灾害预测、预报的可靠技术保障。

对边坡变形进行监测，是科学管理边坡和正确处理潜在问题的依据，边坡监测可以提供可靠的监测资料以识别不稳定边坡的变形和潜在破坏的机制及其影响范围，以制定防灾、减灾措施。

1. 边坡工程监测的作用

通过边坡工程的监测，可以达到以下作用。

①评价边坡施工及其使用过程中边坡的稳定程度，并提供有关预报，为业主、施工方及监理提供预报数据。跟踪和控制施工进程，对原有的设计和施工组织的改进提供最直接的依据，对可能出现的险情及时提供报警值，合理采用和调整有关施工工艺和步骤，做到信息化施工和取得最佳经济效益。

②为防治边坡滑坡及可能的滑动和蠕动变形提供技术依据，预测和预报今后边坡的位移、变形发展趋势，通过监测可对岩土体的时效特性进行相关的研究。

③对已经发生滑动破坏和加固处理后的边坡，监测结果也是检验崩塌、边坡滑坡分析评价及滑坡处理工程效果的尺度。

④为进行有关位移反分析及数值模拟计算提供参数。对于岩土体的特征参数，由于通过试验无法直接取得，通过监测工作对实际监测的数据（特别是位移值）建立相关的计

算模型，进行有关反分析计算。

掌握边坡变形的发展和变化规律，进而对其进行预报，防止边坡的失稳或减小边坡失稳时人员和财产的损失是十分必要的。

**2. 边坡工程监测内容**

边坡监测主要是通过对坡体表面和内部一些力学参数、几何参数的量测，评判被监测坡体的稳定程度，确定变形发展速率，据此划分坡体的安全状态，为工程建设、设计规划及施工提供技术支持。因此，可以被用来监测的参数主要有变形（速率）、地声变化、应力应变、孔隙水压力等。另外，外界因素（如降雨量、地震动、人工爆破等）也能够促使边坡失稳。

边坡监测的主要内容包括裂缝监测、地面位移监测、坡体内部位移监测、孔隙水压力监测和其他环境量监测，具体内容如下。

（1）裂缝监测

①地表裂缝监测。

地表裂缝是坡体变形的主要外在反映，通过观测裂缝宽度的变化（扩大、闭合）判断裂缝的发展，常用的地表裂缝监测方法如下。

a）在监测部位用水泥砂浆敷设平整，选择若干个点，做好测量基点标志。埋入土中的深度不小于 1.0 m，用红油漆编号，定时用钢尺测量两个基点标志间的距离变化，就能够求出裂缝的变化规律。

b）在垂直裂缝方向，位于裂缝的两边埋设"骑马桩"，"骑马桩"用水泥砂浆和钢筋固定，钢筋上刻十字线，用钢尺测量两个刻画线间的距离，反映裂缝的张合变化。

②建筑物裂缝监测。

如果要保护坡体上的建筑物，可以在建筑物上的裂缝两侧设置固定点，用钢尺测量距离，也可在裂缝上贴水泥砂浆片，观测水泥砂浆片被拉张、错开的情况，但无法反映裂缝的微小变化。

③裂缝简易观测装置。

一般裂缝简易观测装置如图 8-11 所示。

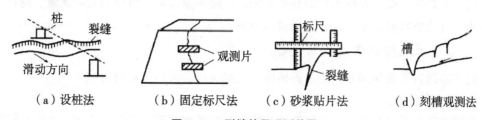

（a）设桩法　　　（b）固定标尺法　　　（c）砂浆贴片法　　　（d）刻槽观测法

**图 8-11　裂缝简易观测装置**

（2）地面位移监测

地面位移包括水平位移和垂直位移，两者组合起来就能反映地面点的三维空间变化，因此可以采用单一的位移变形监测，或采用空间测量方法。

①地面倾斜仪监测。

当边坡的边界裂缝不很明显、滑坡范围不清楚，或者想对滑坡的影响和扩展范围作进一步了解时，可用倾斜仪观测。

②地面观测网法。

对于自然的或人工边坡的位移变形监测，通常有常规监测和 GNSS 监测两种方法。常规监测方法是使用经纬仪、测距仪或全站仪等仪器，采用前方交汇法、边角网、极坐标差分等方法获取监测点的观测数据，通过处理后得到监测点的位移变化量。该监测方法的优点是观测数据直观可靠，近距离情况下获取数据的精度高、投资少。

③自动全站仪测量法。

自动全站仪，也称测量机器人，集成了步进马达、CCD（charge coupled device，电荷耦合器件）影像传感器。由于测量机器人的自动扫描测量，节约了大量的人工操作，可以在拟观测的边坡表面布置大量的监测点。测点沿每阶台阶及框架式护坡边缘均匀分布，覆盖到整个坡面。

（3）坡体内部位移监测

坡体表面的位移只能反映各个孤立点的变化情况，对于坡体内的位移，根据边坡滑动体结构的不同，可以和坡面位移一样，也可以不一样。当滑动体结构是板状顺层滑动或滑动体相对密实、含水量少时，多呈整体滑动。此时滑动面到地面各点的位移量基本相同或非常接近。如果滑动体的含水量较高或滑动体出现旋转滑动时，滑动体内的位移和地面处的位移常常不一致。为了确定滑动面的位移，需要监测坡体内部的位移。以前常常采用埋入管节监测、塑料管—钢棒观测。目前主要采用固定式钻孔测斜仪法和活动式测斜仪法，两者的测量原理一样。

（4）孔隙水压力监测

一般的孔隙水压力监测主要是监测天然地层中的孔隙水压力，利用不同高度水柱时的压力大小进行间接测定，这种压力通过作用在振弦上，使振弦的张紧程度发生变化，导致振动频率发生改变，由监测到的频率数值能够反算出压力大小。

（5）其他环境量监测

边坡失稳常伴随着外界因素的异常变化，如降雨量较大，可以通过降雨量、降雨强度的监测，对边坡监测及稳定性分析做辅助说明。

**3. 边坡工程监测常用仪器设备**

边坡监测常需要用到专门的、高精度的仪器设备，常用仪器设备如下。

（1）滑坡记录仪

滑坡位移自动记录仪是用于对滑坡、边坡、建筑物变形的位移变化进行长期自动监测记录的设备。适用于野外各种自然环境，每年仅需要更换记录纸和电池一次，是一种长期无人值守的位移监测仪器。

（2）固定式倾斜仪

固定式倾斜仪是固定在岩（土）体或建筑物（如大坝、基础、挡墙等）上，长期监测其倾斜微小变化的高精度监测仪器，适用于人工或自动化监测。其基本原理是利用安装在被测结构物上的倾斜传感器精确测量倾斜度。

（3）测斜仪

测斜仪可分为滑动式测斜仪和固定式测斜仪。

滑动式测斜仪广泛用于检测坝体、边坡的内部水平位移及其分布。通过预先在被测工程中埋设测斜管，利用测量探头逐段量测测斜管的倾斜变化，来反映坡体的水平位移。滑动式测斜仪由装有高精度传感元件的测头、专用电缆、测读仪和测斜管等组成。

固定式测斜仪安装方法同滑动式测斜仪，只是在具体安装方法上稍有不同，它是采用连接杆来连接若干个测斜仪探头。

（4）水准仪

水准仪主要用于常规的水准测量，目前已从光学水准仪发展到电子水准仪。电子水准仪一般配条码尺，并且能够自动读数、自动记录，使作业精度、功效明显提高。

（5）全站仪

全站仪具有测角、测距离的功能，集水准仪和经纬仪的功能于一体。全站仪的生产厂家和型号较多，使用较多的有：徕卡、拓普康、索佳、宾得等。

（6）GNSS 接收机

GNSS 接收机主要用于接收卫星的 GNSS 信号，一般最少要有四颗卫星，对地面点进行三维测量，可以得到地面目标的三维坐标。通过对坐标的变化分析，评价位移变化。

（7）多点位移计

多点位移计是主要应用于边坡内部任意方向不同深度处的轴向位移及分布边坡工程的变形监测仪器，类似于土体中的分层沉降仪或沉降环，精度较高。可实现自动化监测、遥测。多点位移计安装如图 8-12 所示。

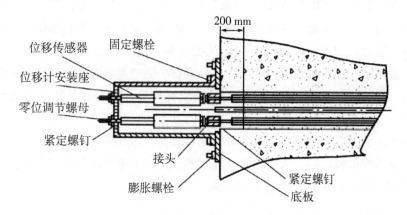

**图 8-12 多点位移计安装**

多点位移计通过埋设在坡体钻孔内，进行深层位移监测，能够监测任意钻孔方向不同深度处的轴向位移，从而了解岩体变形和松动范围，为合理确定岩体加固参数及稳定性判断提供科学依据。最大观测深度可达到百米。多点位移计的工作原理是当相对埋设于钻孔内不同深度的锚头发生位移时，经测杆将位移传递到测头内的位移传感器，就可获得测头相对于不同锚固点深度的相对位移、绝对位移。

（8）渗压计

渗压计根据传感器的不同可分为钢弦式、差动电阻式和压阻式等，目前常用的是钢弦式渗压计和差动电阻式渗压计。钢弦式渗压计由透水石、承压膜、压力传感器、线圈和外壳组成。当水压力经过透水石传递到承压膜上时，承压膜和传感元件一同变形，就能将液体压力转变为与之对应的电信号，经由率定参数就可得到渗透压力。

（9）锚索测力计

当边坡上做了锚杆加固时，就可通过锚索（杆）力值的变化，反映锚杆的工作状态，间接反映边坡体的稳定情况。锚索测力计主要由承重筒、保护筒、敏感元件、电缆和密封件组成。敏感元件一般由振弦式应变计或差动式应变计组成。

### 8.3.3 边坡工程监测常用方法

#### 1. 宏观地质观测法

宏观地质观测法，是用常规的地质路线调查方法对崩塌、滑坡的宏观变形迹象和与其有关的各种异常现象进行定期的观测、记录，以便能随时掌握崩塌、滑坡变形动态及发展趋势，达到科学预报的目的。该方法具有直观性、动态性、适应性及实用性强的特点，不仅适用于各种类型的崩塌滑体不同变形发展阶段的监测，而且监测内容比较丰富、面广，获得的前兆信息直观可靠，可信度高。结合仪器监测资料综合分析，可初步判定崩塌滑体所处的变形阶段及中长短期滑动趋势，作为崩塌、临滑的宏观地质预报判据。

#### 2. 简易观测法

简易观测法是在变形体及建筑物的裂缝处设置骑缝式简易观测标志，用长度量具直接观测裂缝变化与时间关系的一种简单观测方法。监测内容及方法主要包括在边坡体关键裂缝处埋设骑缝式简易观测桩；在建（构）筑物（如房屋、挡土墙、浆砌块石沟等）裂缝上设置简易玻璃条、水泥砂浆片、贴纸片；在岩石、陡壁面裂缝处用红油漆画线作观测标记；在陡坎（壁）软弱夹层出露处设置简易观测标桩等，定期用各种长度量具测量裂缝长度、宽度、深度变化及裂缝形态、开裂延伸的方向。

该方法监测的内容比较单一，观测精度相对较低，劳动强度较大，但是操作简单，直观性强，观测数据资料可靠，适合于在交通不便、经济困难的山区推广应用，并适合于崩滑体处于速变、剧变状态时的动态变形监测。

#### 3. 设站观测法

设站观测法是指在充分了解了工程场区的工程地质背景的基础上，在边坡体上设立变形观测点（呈线状、格网状等），在变形区影响范围之外稳定地点设置固定观测站，用测量仪器（经纬仪、水准仪、测距仪、摄影仪及全站型电子速测仪、GNSS 接收机等）定期监测变形区内网点的三维（$X$、$Y$、$Z$ 方向）位移变化的一种行之有效的监测方法。此法主要指大地测量、近景摄影测量及 GNSS 测量与全站式电子速测仪设站观测边坡地表三维位移的方法。

### 4. 大地测量法

常用的大地测量法主要有两方向（或三方向）前方交会法、双边距离交会法、视准线法、小角法、测距法、几何水准测量法，以及精密三角高程测量法等。常用前方交会法、双边距离交会法监测边坡变形的二维（$X$、$Y$ 方向）水平位移；常用视准线法、小角法、测距法观测边坡的水平单向位移；常用几何水准测量法、精密三角高程测量法观测边坡的垂直（$Z$ 方向）位移，采用高精度光学和光电测量仪器，如精密水准仪、全站仪等仪器，通过测角和测距来完成。

### 5. 近景摄影测量法

该方法是把近景摄影仪安置在两个不同位置的固定测点上，同时对边坡范围内观测点摄影构成立体像对，利用立体坐标仪量测相片上各观测点三维坐标的一种方法。其周期性重复摄影方便，外业省时省力，可以同时测定许多观测点在某一瞬间的空间位置，并且所获得的相片资料是边坡地表变化的实况记录，可随时进行比较。

### 6. 仪表观测法

仪表观测法是指用精密仪器仪表对变形斜坡进行地表及深部的位移、倾斜（沉降）动态，裂缝相对张、闭、沉、错变化及地声、应力应变等物理参数与环境影响因素进行监测。目前，监测仪器一般可分为位移监测、地下倾斜监测、地下应力测试和环境监测四大类。按所采用的仪表可分为机械式仪表观测法（简称机测法）和电子仪表观测法（简称电测法）。

### 7. 远程监测法

伴随着电子技术及计算机技术的发展，各种先进的自动遥控监测系统相继问世，为边坡工程，特别是边坡崩塌和滑坡的自动化连续遥测创造了有利条件。电子仪表观测的内容，基本上能实现连续观测，自动采集、存储、打印和显示观测数据。远距离无线传输是该方法最基本的特点，其自动化程度高，可全天候连续观测，故省时、省力和安全。

### 8. 声发射方法

岩石或岩体受力作用时会不断地发生破坏，主要表现为裂纹的产生、扩展及岩体断裂。裂纹形成或扩展时，造成应力松弛，储存的部分能量以应力波的形式释放出来，产生声发射（acoustic emission，AE）。通过对监测到的岩体声发射信号进行分析和研究，可推断岩石内部的形态变化，反演岩石的破坏机制。因此，声发射作为一种探测岩体内部状态变化的手段，近年来越来越多地为人们所重视。岩体声发射水平一般可用以下参数来表征。

①岩音频度（总事件频度）。

即单位时间内，声发射事件累计次数（次/分）。

②大事件频度。

即单位时间内，振幅较大的声发射事件次数（次/分）。

③岩音能率。

即单位时间内，声发射释放能量的相对累计值（能量单位/分）。

9. 时域反射法

时域反射法（time domain reflectometry，TDR）是一种电子测量技术。早在20世纪30年代，美国的研究人员开始运用时间域反射测试技术检测通信电缆的通断情况。从20世纪70年代起开始应用于岩土工程领域，主要应用于测定土体含水量，监测岩体和土体变形、边坡稳定性及结构变形等方面。到20世纪90年代中期，美国的研究人员将时间域反射测试技术开始用于滑坡等地质灾害变形监测的研究，针对岩石和土体滑坡曾经做过许多的试验研究。TDR技术以方便、安全、经济、数字化及远程控制等优点而广泛应用于边坡稳定性监测方面。目前，TDR技术在国内边坡监测领域的应用还处于起步阶段，基本的理论分析和大量室内试验是将其应用于实际工程必不可少的阶段。

10. 光时域反射法

光时域反射法源于光学检测和测距及激光雷达技术，后来又被发展用于光纤通信中的故障定位，现在普遍用于分布式光纤传感系统中。这一方法的实质是传感器输出信号反映了被测参数（如裂缝）在空间上的变化情况，输出信号主要沿光纤前向传输，但还有部分光信号被后向散射并与所经历的传输时间有关，再考虑光波的传输速度，即可确定光源到被测验点距离的信息。

### 8.3.4 监测技术

科学技术发展到今天，边坡工程变形监测技术也有了跨越式的发展，正由过去的人工皮尺简易的监测过渡到精密仪器监测，如今又向着自动化、高精度、全寿命期及远程监测系统飞速发展。不单是常规的大地测量方法，近几年GNSS测量法和近景摄影测量法也得到了很好的应用，取得了令人满意的监测效果。另外，随着科学技术的发展，"3S"集成技术、光纤传感器监测技术、无线传感器网络技术、合成孔径雷达干涉测量技术、边坡三维激光扫描技术、无人机与数字摄影测量结合技术等也发展成熟并应用于边坡工程的监测中。

1. 测量机器人自动监测技术

常规的大地测量法在边坡工程的地表监测中占主导地位。特别是随着测量机器人的出现，它克服了以前监测工作量大、观测周期长、连续观测能力较差等弱点。以测量机器人为核心的智能化监测系统，极大地削弱了人为因素的影响。凭借着其高度的自动化，较强的时效性连续观测，能在各种恶劣的条件下，全天候无人看守的高精度反复监测，极大地提高了监测工作的效率。

快速、实时自动获取监测数据是目前边坡监测工程中首先需要满足的要求。测量机器人自动监测系统通过获取监测点三维坐标值，比较不同时间的变形值、移动速度等，能快速而准确地掌握边坡稳定性信息，与传统的监测技术相比，其在监测精度、时效性及自动化程度上均具有一定的优势。通过有线或无线方式进行远程遥控监测，节省监测人力物力。

在实际的边坡监测中，首先将测量机器人安置在测站上，在各固定监测点和控制点处设置反射棱镜，获得各固定监测点的初始三维坐标，利用各固定监测点的初始三维坐标对测量机器人进行学习训练，同时，设定测量机器人的观测程序（测量次数、正倒镜、时间间隔、通信参数、限差等）；其次启动自动测量功能，测量机器人就自动按系统设置的时间间隔和设定的程序进行各固定监测点的三维坐标循环测量，根据各固定监测点的三维坐标值的变化趋势，可以判断边坡的稳定性。

### 2. GNSS 监测技术

GNSS 测量技术利用 GNSS 定位原理测定地面监测点的三维坐标，在边坡稳定性监测领域已经有很成熟的理论和应用。在测程大于 10 km 时，其水平位移量的相对精度可以达到毫米级，优于精密光电测量。正是由于 GNSS 的大跨度高精度的优越性，很多国家都建立了长期的变形监测网。将 GNSS 测量法用于边坡工程监测有以下优点。

①观测站之间无须通视，选点方便。

既要保持良好的通视条件，又要保障测量控制网的良好结构，这一直是经典测量技术在实践方面的困难问题之一。而 GNSS 测量在此方面的优点既可减少测量工作的经费和时间，又使点位的选择变得较为灵活。

②定位精度高。

现已完成的大量试验表明，在小于 50 km 的基线上，其相对定位精度可达 $(1 \sim 2) \times 10^{-6}$，而在 $100 \sim 500$ km 的基线上可达 $10^{-7} \sim 10^{-6}$。随着观测技术与数据处理方法的改善，可望在大于 100 km 的距离上，相对精度达到或优于 $10^{-8}$。

③观测时间短。

利用经典的静态定位方法，完成一条基线的相对定位所需要的观测时间，根据要求的精度不同，一般为 $1 \sim 3$ h。为了进一步缩短观测时间，提高作业速度，近年来发展的短基线（20 km 左右）快速相对定位法，其观测时间仅需数分钟。观测点的三维坐标可以同时测定，对于运动的观测点还能精确测出它的速度。GNSS 测量在精确测定观测站平面位置的同时，可以精确测定观测站的大地高程。

④全天候、全寿命期作业。

GNSS 观测工作，可以在任何地点、任何时间连续地进行，一般不受气候条件的影响。

GNSS 监测技术的缺点是 GNSS 信号接收器价格昂贵，该技术应用之初，一套 GNSS 仪器只能监测一个点位，大量点位监测需要较大投入，应用成本较大。虽然随着 GNSS 一机多天线系统应运而生，一台 GNSS 信号接收器能同时连接多个天线，从而使得一套 GNSS 仪器可以监测多点位置，应用成本大大降低。但 GNSS 测量法仍存在着不足，即监测数据精度受卫星信号和解算时间间隔的影响。

### 3. "3S" 集成技术

"3S"（RS、GIS、GNSS）的应用在边坡工程研究中起到了很重要的作用，也是当今滑坡研究的一个热门课题。众所周知，现在的滑坡预测预报都是建立在历史数据基础之上，要得到比较准确的监测数据，先进手段的运用是其中的一个方面，因此 RS 和 GNSS 的应用将大大提高数据的精度。同时近年来发展起来的 GIS 技术是一个可以使数据库和地理信息一体化，并可提供空间模拟能力的计算机系统。利用 GIS 技术能详细、直观地掌握研究区地质背景资料和滑坡发育特征，为管理决策者提供丰富的定量信息和图像、图形信息，其收集、分析空间数据的强大功能也减少了人为因素在预报中的影响作用。因此，充分利用 "3S" 技术将是边坡监测的未来发展方向。

### 4. 光纤传感器监测技术

光纤传感器是最近几年出现的新技术，可以用来测量多种物理量，还可以完成现有测量技术难以完成的测量任务。由于光纤传感器不受电磁干扰，传输信号安全，可实现非接触测量，具有高灵敏度、高精度、高速度、高密度，适于各种恶劣环境下使用以及非接触、非破坏和使用简便等特点。

光纤技术具有多路复用分布式、长距离、实时性、精度高和长期耐久等特点。与常规滑坡监测技术相比，光纤技术的主要优势是价格低廉、监测时间短、数据提供快捷、可遥测等特点，通过合理的布设，可以方便地对目标体的各个部位进行监测。由于光纤技术还存在抵抗破坏能力较弱、量程小的缺点，所以多用于对滑坡滑面的探测。

### 5. 无线传感器网络技术

无线传感器网络是由部署在监测区域内的大量智能传感器节点组成的网络系统，其目的是协作地感知、采集和处理网络覆盖区域中被感知对象的信息。

无线传感器网络的实时性、大范围、自动化、全天候，恰好可以有效地弥补边坡监测领域所存在的不足，以先进的技术手段提升群测群防和专业化监测的水平。对地质灾害的发生发展进行更为有效的预报，以便根据险情采取相应的防治措施，在发生地质灾害时能及时地进行抢险救灾，保证交通的通畅和人身财产安全。无线传感器网络的这些特点使其能够有效地提升边坡监测的技术水平。

### 6. 合成孔径雷达干涉测量技术

合成孔径雷达（synthetic aperture radar，SAR）是一种微波传感器，具有全天候、全天时和监测范围大、无须监测人员进入现场等优势。差分合成孔径雷达干涉技术（differential interferometric synthetic Aperture Radar，DInSAR）是 SAR 的一个重要分支，在近十几年中得到了迅速的发展，利用 SAR 影像中的相位信息提取地面点的形变分量，在地表形变监测中取得了广泛的应用。空基和地基合成孔径雷达干涉技术是 DInSAR 的两种应用形式，具有监测成本低、监测范围广、监测周期短的优势，为边坡工程监测提供了更有利的选择。

### 7. 边坡三维激光扫描技术

在20世纪90年代中期出现了一种高新监测技术，它就是地表三维激光扫描技术（实景复制技术）。测量过程中激光雷达通过发射红外激光，直接测量雷达中心到地面点的角度和距离信息，地面点的三维数据以点云的形式返回，并直接被完整地采集到电脑中，进而快速重构出目标的三维模型及线、面、体、空间等各种数据。

三维激光扫描技术最大的优势是测量精度高、测量速度快、模型逼近原型。但是影响三维激光扫描测量技术的因素较多，主要包括仪器的测时精度、步进器的测角精度、激光信号的反射率、回波信号的强度、激光信号的信噪比、背景辐射噪声的强度、激光脉冲接收器的灵敏度等。在中、远程测量中采用地表三维激光扫描仪，通常情况其精度为几厘米。地面三维激光扫描仪因为是非接触式高速激光测量，在高陡边坡地形测量等工程中具有明显优势。

地表三维激光扫描技术在众多研究与实际应用中积累了较多的经验，但是仍然存在较多难以解决的问题：第一，由地表三维激光扫描技术测得的数据是离散性的点云，且其数量极大，无法直接利用这些离散的点云数据；第二，三维激光扫描仪器设备制造成本较高，测量仪器硬件、软件欠缺成熟；第三，地表三维激光扫描技术采集数据时也会受到气候条件和地形通视条件的限制；第四，其测量扫描距离有限，很难实现对大型边坡的有效扫描监测。

### 8. 无人机与数字摄影测量结合技术

近年来，无人机技术和数字摄影测量技术快速发展，使得无人机航测进入了实用化阶段。在公路方面，无人机航测技术可用于公路勘察，尤其是大比例尺的带状地形图测绘以及公路的日常养护和地质灾害应急测绘。

由于地形和地质条件的制约、雨季降水多等原因，公路路堤和边坡极易发生崩滑，严重影响公路使用者的安全，因此及时了解公路路堤边坡崩滑的几何形态和崩滑的土方量对于公路的迅速修复具有关键作用。通常，崩滑发生后，由于作业设备及人员难以接近滑坡体，故采用传统的地面测绘手段费时、费力，困难很大。若采用无人机技术进行测量，则可以快速飞临边坡的滑坡体上空，利用机载数码相机快速获取现场影像，无须与地面目标发生直接接触，既可迅速获取测区的测绘信息，且外业作业也相对安全。

无人机航测系统除无人机本身外，一般需在飞控系统上集成GNSS、气压高度计、磁力计和惯导电路等导航设备以帮助其实现程控飞行。此外还需有地面控制站系统，其控制无人机的起飞、降落，监控无人机的程控飞行和航摄过程。数码相机是无人机航测的重要组成部分，对于小型无人机和超轻型无人机，目前一般采用单反相机或者价格更为便宜的微型单反相机。此外，无人机航线规划设计软件也是无人机航测的重要组成部分。目前有公开文献报道的精度评估显示，测区平面中误差为5 cm，而高程方向精度稍差，为0.12 m。无人机航测技术可以基本满足边坡崩滑监测的基本要求。

边坡是一项复杂的岩土工程项目，对其进行准确、全面的监测是对其进行预测预报的一个前提条件。但是要得到比较准确及时的监测数据，单凭几种先进的仪器或方法手段是不能完全解决的。因此监测技术未来发展的另一个方向应该是实现综合性的监测方法，即同时采用多种监测手段对边坡进行多测点、多参数的监测。随之产生的一个问题便是监测信息的协同利用问题。因此综合性监测方法与现场综合处理平台的集成运用便能协调好这个问题。然而进一步的研究表明，专家的经验知识在科学研究中特别是在预测科学中起着举足轻重的作用。专家往往具有不可思议的预见能力，而这种经验直觉几乎不可能用一般的数学方法建立定量模型。因此，可再附以专家系统以完善边坡工程的监测。

# 参考文献

[1] 崔文广，李瑾．岩土工程勘察中土工试验质量过程控制研究［J］．工程技术研究，2023，8（15）：152-154.

[2] 党昱敬．地基基础抗浮设计［J］．建筑技术，2018，49（3）：319-322.

[3] 邓佳．岩土工程勘察中的土工试验问题和对策分析［J］．世界有色金属，2023（09）：163-165.

[4] 董小黑，殷立锋，晏姝．深基坑项目地下水控制分析［J］．天津建设科技，2023，33（04）：76-80.

[5] 樊有龙．地基设计和岩土工程勘察过程中常见问题及对策分析［J］．工程建设与设计，2022（23）：49-51.

[6] 福建省建筑设计研究院有限公司．岩土工程勘察标准［S］．福州：福建科学技术出版社，2023.

[7] 韩亚明，王海林．岩土工程［M］．沈阳：辽宁科学技术出版社，2022.

[8] 呼延安娣．地基处理及深基坑支护技术在建筑工程中的应用研究［J］．中国高新科技，2022（09）：58-59+78.

[9] 建设部综合勘察研究设计院．岩土工程勘察规范：GB 50021—2001［S］．中国建筑工业出版社，2009.

[10] 姜宝良．岩土工程勘察［M］．郑州：黄河水利出版社，2016.

[11] 李林．岩土工程［M］．武汉：武汉理工大学出版社，2021.

[12] 李祥飞，孔达，路伟亚．边坡稳定性分析方法的对比研究［J］．工程与建设，2023，37（03）：939-942.

[13] 李渝生，苏道刚．地基工程处理与检测技术［M］．成都：西南交通大学出版社，2010.

[14] 刘尧军．岩土工程测试技术［M］．重庆：重庆大学出版社，2013.

[15] 柳志刚，三利鹏，张鹏．测绘与勘察新技术应用研究［M］．长春：吉林科学技术出版社，2022.

[16] 穆满根．岩土工程勘察技术［M］．武汉：中国地质大学出版社有限责任公司，2016.

[17] 庞传琴．地基与基础［M］．北京：人民交通出版社股份有限公司，2021.

[18] 彭和鹏，顾和生．考虑土体参数变异性的边坡稳定性分析［J］．水利技术监督，2024（01）：141-144.

[19] 冉思琦．深基坑支护与岩土勘察技术探讨［J］．江西建材，2021（10）：113-114.

[20] 舒志乐，刘保县．基础工程［M］．重庆：重庆大学出版社，2017.

[21] 王明秋，蒋洪亮．边坡工程防治技术［M］．重庆：重庆大学出版社，2021.

[22] 王荣彦，杜明芳，王江锋，等．地基基础工程的概念设计与细部设计［M］．郑州：黄河水利出版社，2020.

[23] 王文跃．岩土工程中的深基坑支护设计问题和解决措施［J］．工程建设与设计，2020（14）：65-66.

[24] 王元元．影响岩土工程中土工试验质量因素论述［J］．世界有色金属，2023（06）：190-192.

[25] 吴少龙，魏安邦，闫广柱等．基于不同方法的边坡稳定性分析对比［J］．水泥工程，2023（06）：70-75.

[26] 伍云超．岩土工程勘察及地基处理技术研究［J］．江西建材，2023（01）：132-133+138.

[27] 武金坤，张红光．地基处理［M］．北京：中国水利水电出版社，2018.

[28] 谢东，许传遒，丛绍运．岩土工程设计与工程安全［M］．长春：吉林科学技术出版社，2019.

[29] 徐琼．岩土工程勘察中的岩土室内试验技术及其应用分析［J］．建材与装饰，2019（28）：229-230.

[30] 徐长节，尹振宇．深基坑围护设计与实例解析［M］．北京：机械工业出版社，2014.

[31] 杨敏，朱雨轩，赵德彬，等．复杂条件下深基坑支护及地下水控制技术研究［J］．中国住宅设施，2022（10）：64-66.

[32] 杨绍平，苏巧荣．岩土工程勘察技术［M］．北京：中国水利水电出版社，2015.

[33] 杨志强．黄天荡闸堰工程深基坑降排水方案比选分析［D］．扬州大学，2023.

[34] 叶凡．浅谈 GIS 技术在岩土工程中的应用［J］．工程建设与设计，2018（04）：51-52.

[35] 于德忠．岩土工程中的地基处理与加固技术研究［J］．城市建设理论研究（电子版），2024（03）：133-135.

[36] 张金瑞．地基设计和岩土工程勘察常见问题探讨［J］．工程建设与设计，2017（01）：69-71.

[37] 张黎明．岩土工程中地基处理主要方法探析［J］．城市建设理论研究（电子版），2023（06）：100-102.

[38] 张勇．基于数字化的岩土工程勘察技术分析［J］．智能建筑与智慧城市，2023（06）：55-57.

[39] 郑坚持．岩土勘察技术在深基坑施工中的应用［J］．四川水泥，2022（12）：24-26.

[40] 中国建筑科学研究院．建筑抗震设计规范：CB 50011—2010［S］．中国建筑工业出版社，2016.

［41］中国水电顾问集团成都勘测设计研究院，水电水利规划设计总院，中国电力企业联合会．工程岩体试验方法标准：GB/T 50266—2013［S］．中国计划出版社，2013.

［42］重庆市设计院，中国建筑技术集团有限公司．建筑边坡工程技术规范：GB 50330—2013［S］．中国建筑工业出版社，2013.

［43］周国树，李振．现代测绘技术及应用［M］．北京：中国水利水电出版社，2019.

［44］朱志铎．岩土工程勘察［M］．南京：东南大学出版社，2022.

# 后 记

随着我国城市建设的高速发展，高层、超高层建筑物越来越多，建筑物的结构与体型向复杂化和多样化方向发展，地下空间的利用普遍受到重视，基础埋深不断加大，大型工程越来越多。这一工程发展需求对岩土工程勘察与设计提出了更高的要求。

目前我国的岩土工程勘察工作取得了一定的进步，但是仍存在诸多问题，例如许多勘单位为了可以节省成本与时间，会省略许多非常重要的准备工作，而且无法有效落实勘察的技术与机械设备，从而对岩土工程整体勘察结果的科学性与可行性造成严重影响；设计工作者在设计勘察方案时，对其影响因素缺乏全面的考虑，而且并未建立严格的监管制度、在选择勘察区域时并未考虑经济与时间等因素，进而使工程所设计的勘察方案缺乏可行性；无法有效落实岩土工程的勘察标准，取样与原位测试勘察不具备代表性、均匀性，因此也就会导致许多取样的数据及检测结果出现较为严重的异常，所编制的勘察报告数据资料的整理缺乏规范性，勘察报告内容的表现形式缺乏规范性，勘察报告中只是对各个方面的数据结果进行分析，并未提出与问题有关的解决策略等。上述问题的存在严重阻碍了我国岩土工程勘察工作质量的提高。

因此要严格管控工程勘察设施的质量水平，加大对相关工作人员责任意识的教育力度，强化岩土工程运用的勘察技术、研发与应用岩土工程勘察的数据库与系统、运用过程管理的方法对岩土工程勘察质量进行管理、贯彻落实我国制定的岩土工程勘察管理中的强制性条例等。

在岩土工程设计方面，未来的发展趋势是更加注重环境保护。因此，工程从业人员需要创新设计的理念，注重对问题的深入分析和思考、加强与相关领域的交流合作；增强经济意识和环保意识，岩土工程的设计需要兼顾经济性和环保两个方面；应用先进科技技术，引进新型材料和新工艺，注重人才培养和管理；提高设计人员综合素质，注重实践经验的积累和交流沟通的能力培养等。